動物地理の自然史
【分布と多様性の進化学】

増田隆一・阿部 永 編著

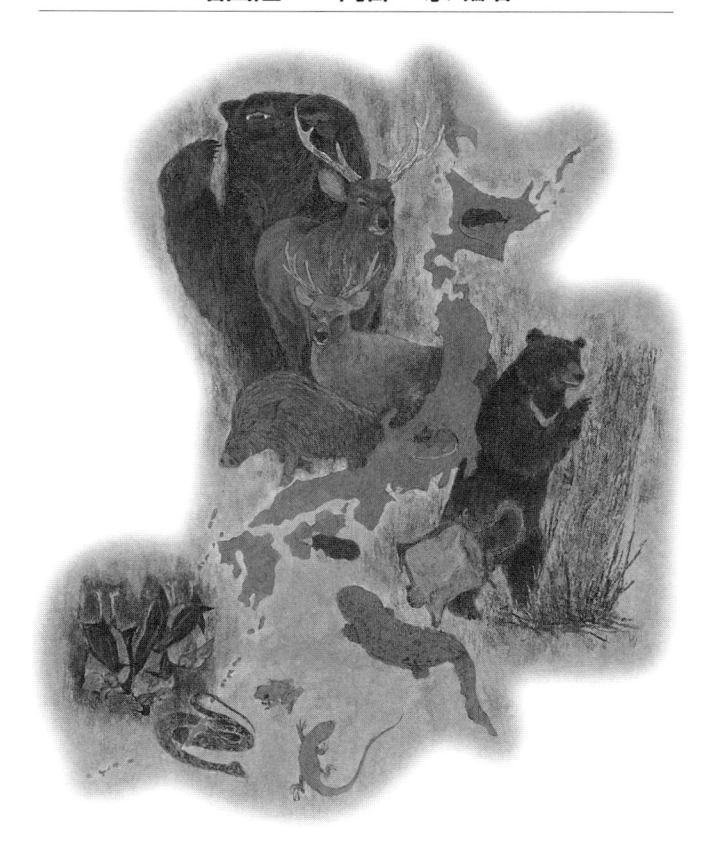

北海道大学出版会

はじめに

　どこにどのような動物が生息しているかを明らかにし，各々の分布や渡来の歴史について生息環境の変遷に照らし合わせながら考えるのが本来の動物地理学である。このような素朴な学問が，現在発展している生物多様性研究の原点の1つとなっている。今日の生物学は多くの研究分野に細分化されてしまったが，個々の分野を動物地理学に導入することにより，生物学が再び統合され，新しい総合学問としての自然史科学研究へ進展していくものと信じている。

　徳田御稔が著わした『日本生物地理』(1941年)と『生物地理学』(1969年)が出版されてから久しい。その後，私が知る限り動物地理を書名とした単行本はでていない。一方で，最近の学会やシンポジウムにおいて，動物地理学に精力的に取り組む多くの研究者と出会ってきた。動物地理学は新しい活力をもって脈々と息づいている。そこで，あらためて現在の動物地理学を見つめ直し，これからの動物地理学を展望する機会として，本書を企画することとなった。

　北海道大学図書刊行会からは，すでに15冊の興味深い「自然史シリーズ」が刊行されている。それらは，「チョウ，ハチ・アリ，魚，高山植物……の自然史」というように生き物，または「土の自然史」というような自然環境がタイトルとなっている。しかし，本書ではあえて学問分野である「動物地理」をそのままタイトルとした。この点が本シリーズの他書とは異なっている。「動物地理」が本書全体を通してのキーワードである。

　編者のお一人で，わが国の動物地理学の大家である阿部永先生には，序章においてこれまでの日本列島にかかわる動物地理学を概観していただいた。もう一人の編者である私の役目は，終章において総合科学としての動物地理学の展望について語り，次の新しい展開への橋渡しをすることにある。もっとも動物地理学研究のおもしろさは，私があらためて語るよりも各章をお読みいただければ十分に伝わるものと思われる。

　本書では特に，陸生の哺乳類，爬虫類，両生類，寄生虫などの生物地理研究の最前線で活躍している研究者に執筆をお願いした。その専門分野や研究

手法は，生態学，行動生理学，分類学，分子系統学，獣医学，考古学を中心として多岐にわたっており，動物地理学が多様性研究の中心にあることを物語っている。第Ⅰ部では，分子系統解析という新しい手法を用いて，従来の動物分布境界線を再考している。第Ⅱ部では，日本固有種や南西諸島の動物集団を対象にして，地理的変異と種分化や集団分化との関係そして宿主と寄生虫との生物地理的関係が議論されている。第Ⅲ部では，考古遺跡から出土する動物骨について形態的特徴や分子系統からみた地域変異の変遷，さらにそこから推定される家畜化の歴史を論じている。第Ⅳ部では，山脈や砂漠が生みだす局地的ならびに大陸間におよぶ動物地理が語られている。そして，第Ⅴ部では飛翔能力を獲得した動物の動物地理とその進化の過程が考察されている。読者が，現在進行形で展開している動物地理学のおもしろさを本書から体感できたならば，それはとりもなおさず各章を担当していただいた各執筆者の研究への熱意によるものである。

　なお，寒冷気候や高緯度への適応進化として知られるベルクマンの規則（Bergmann, 1847；英訳は James, 1970）は，本書のなかでも引用されているように，哺乳類の地理的変異を語るうえで重要な考え方の１つであるが，最近では，その適応進化が必ずしもベルクマンの規則だけでは説明できないということも提示されている（Ashton et al., 2000）。ここにも動物地理学が取り組むべき課題が残されている。

　また，動物地理学への扉を思わず開きたくなるような，すばらしいカバー絵を描いていただいた石田眞理子さんにもこの場を借りて深く御礼申し上げたい。

　最後に，本書が世にでることになったのは，ひとえに北海道大学図書刊行会の成田和男氏のおかげである。氏の動物地理学をはじめとする自然史研究への理解と先見の明は，私たち研究者が学ぶべきものがある。遅れがちになる脱稿には前向きに対応してくださり，いつも励ましていただいたことに深く感謝申し上げる。

2005 年 2 月 1 日

編者を代表して・増田　隆一

目　次

はじめに　　i

序章　日本の動物地理（阿部　永）　1
　1．分子情報　3
　2．生物地理学の範囲　4
　3．日本の自然と列島の地史を概観する　4
　4．日本産動物相の由来と生物地理を概観する　6
　　　北海道/本州・四国・九州/対馬/南西諸島
　5．今後の課題　11

第Ⅰ部　分子データで読み解く動物分布境界線再考

第1章　DNAより示唆される北海道産トガリネズミ群集の成立過程
　　　　（北海道大学・大舘智氏）　15
　1．トガリネズミとは？　16
　2．3つのアプローチ法　17
　3．バイカル/シントウトガリ・グループの系統　18
　4．チビ/アズミトガリ・グループの系統　23
　5．オオアシトガリの種内系統　24
　6．ヒメトガリの種内系統　27
　7．遺伝的/地理的距離の相関　28
　8．北海道を中心としたトガリネズミ群集の成立過程　30

第2章　DNAに刻まれたニホンジカの歴史
　　　　（森林総合研究所・永田純子）　32
　1．分布，形態分類そして地理的変異　33

2．新たな動物地理境界線　36
3．ニホンジカの過去・現在・北・南　38
4．動物地理生態と遺伝学　41
5．今後の研究へむけて　42

第3章　ヒグマの系統地理的歴史とブラキストン線
　　　　（北海道大学・増田隆一）　45

1．日本のクマ　45
2．ヒグマの分布と地理的変異　46
3．北海道ヒグマの三重構造　47
4．ヨーロッパにおけるヒグマの移動の歴史　51
5．北米におけるヒグマの移動の歴史　53
6．北海道はヒグマの十字路　55
7．最終氷期以降の日本列島とクマの自然史　58

第II部　種分化と動物地理

第4章　両生類の地理的変異（京都大学・松井正文）　63

1．本土産両生類の分布と変異　64
2．本土産両生類の分化年代と進化史の推定　70
3．南西諸島産両生類の分布と変異　73
4．南西諸島産両生類の分化年代と進化史の推定　74

第5章　琉球列島および周辺離島における爬虫類の生物地理
　　　　（琉球大学・太田英利）　78

1．トカラ海峡の両側に分布する爬虫類　79
　　ヘリグロヒメトカゲの場合/ミナミヤモリの場合/オキナワトカゲの場合/トカラ海峡および周辺地域における爬虫類の洋上分散
2．尖閣諸島における爬虫類の生物地理　86
　　尖閣諸島の爬虫類相の特徴/形成プロセスの推定と問題点
3．大東諸島における爬虫類の生物地理　88

大東諸島の爬虫類相の特徴/オガサワラヤモリにおけるクローンの多様化プロセスの推定と問題点

第6章　アジアのネズミ類相の成因に関する時空間要因
　　　　（北海道大学・鈴木　仁）　94

1．多様化戦略その1：地理的分断　94
2．多様化戦略その2：異なるニッチへのシフト　96
3．多様化戦略その3：ニッチの分化　97
4．同調する系統分化：地球規模の環境変遷とともに　101
5．日本列島の動物地理学的役割　102
6．「ゆりかご」としての日本列島の特性その1：南北に長い構造　106
7．「ゆりかご」としての日本列島の特性その2：島嶼構造　108

第7章　齧歯類と線虫による宿主-寄生体関係の動物地理
　　　　（酪農学園大学・浅川満彦）　111

1．寄生蠕虫の外来種問題　111
2．宿主-寄生体関係のタイプ　113
　外来の宿主-寄生体関係/外来宿主と在来線虫の宿主-寄生体関係/在来の宿主-寄生体関係/その他の宿主-寄生体関係
3．自然生態系としての宿主-寄生体関係の概観　116
4．野ネズミと線虫の宿主-寄生体関係の動物地理　116
　宿主/方法/生活史/動物地理学的検討のための指標線虫/世界と日本のヘリグモソームム科の宿主域と分布/分布類型成立の推定/アカネズミとヒメネズミの線虫/島での絶滅/なぜヤチネズミ類に*Heligmosomoides*がいない？

第Ⅲ部　化石と考古遺物の動物地理

第8章　ニホンイノシシの分布・サイズ・変異
　　　　（千歳サケのふるさと館・高橋　理）　129

1．遺跡出土のイノシシ　130

歯の萌出と咬耗からみた年齢構成/遺跡出土イノシシの歯の大きさ/体の大きさ
2. 北海道・伊豆諸島のイノシシはどこからきたのか？　138
3. 遺跡出土イノシシの特徴　138
4. 遺跡出土イノシシにおける「飼育」と「管理」の問題　139
5. 北海道・伊豆諸島イノシシの大きさの謎　141

第9章　イノシシの遺伝子分布地図と起源（岐阜大学・石黒直隆，シグマアルドリッチジャパン・渡部琢磨）　143

1. 日本に生息するイノシシ　144
2. mtDNAにおける日本のイノシシの系統関係　146
3. ニホンイノシシ集団の分布と成立過程　148
4. 先史時代の人々とイノシシとのかかわり　153
5. ニホンイノシシの生息に関する最近の動き　158

第Ⅳ部　山脈と砂漠の動物地理

第10章　土壌環境がモグラの分布を制限する　（阿部　永）　161

1. 日本のモグラ科動物　161
2. 大型化の場は沖積地　162
3. モグラ類の形態と分布　163
4. 分布境界の変化　165
木曽川上流上松地区/天竜川支流北小野地区/天竜川本流諏訪地区
5. 土壌条件が分布を制限する　170
上松地区/北小野地区
6. 遺存個体群が意味するもの　173
7. 日本産モグラ類の分布変遷　176

第11章　シルクロードの動物地理：アカシカのダイナミックな大陸移動
　　　　（中国新疆大学・馬合木提 哈力克）　178

　1．アジアでの第四紀哺乳類相の起源と変遷　179
　2．シカ科ならびにアカシカの生態学的特徴および系統進化　180
　3．mtDNA からみたアカシカの系統進化と大陸移動　181
　4．新疆におけるアカシカの頭蓋形態の地理的変異と遺伝的変異　185
　5．タリムアカシカの分子系統的位置および遺伝的多様性　190
　6．タリムアカシカの未来：保護対策の提言　191

第V部　飛行への適応と動物地理

第12章　滑空性リス類の進化を探る（帯広畜産大学・押田龍夫）　195

　1．滑空とは？　現生哺乳類に見られる滑空形質　195
　2．なぜ滑空？　滑空の利点について　198
　3．滑空性齧歯類の起源　201
　4．遺伝学的解析結果からみた滑空性リス類の系統進化　203
　5．滑空性哺乳類の進化学・動物地理学的研究の意義とは？　209

第13章　コウモリ類における地理的変異と動物地理
　　　　（奈良教育大学・前田喜四雄）　210

　1．ユビナガコウモリとコキクガシラコウモリの地理的変異　210
　　広範囲での形態変異/狭い範囲での形態変異/ユビナガコウモリにおける地理的変異と分類の問題/コキクガシラコウモリの地理的変異と分類の問題/大東諸島に生息していた小型コウモリの謎
　2．テングコウモリ類の地理的変異　218
　3．大洋島の動物地理　220
　4．コウモリ類の動物地理における人間の影響　221

第14章　小コウモリ類超音波音声の地理的変異
（山口大学・松村澄子）　225

1. FMコウモリ音声の2型性　227
2. CF音周波数の変異の背景　228
3. キクガシラコウモリCF音周波数の地理的変異　229
4. コキクガシラコウモリCF音周波数の地理的変異　233
5. カグラコウモリCF音周波数と地理的変異　237

終章　これからの動物地理学（北海道大学・増田隆一）　243

1. 動物地理学はおもしろい！　243
2. 遺伝情報と動物地理学研究　245
3. 直接過去を知るための古代DNA分析：その有効性と問題点　247
4. 動物地理学におけるローカル研究の重要性　252

引用文献　255
索引　283

序章

日本の動物地理

阿部　永

　生物地理学は地球上の各地域における動物相を類別し，Sclater(1858)によって提案されWallace(1876)によって修正された，いわゆる6大生物地理区を基礎とし，生物の分布論を展開する区系生物地理学として始まった。日本列島は区系生物地理学的には旧北区と東洋区にまたがり，その境界は，多くの動物群に適用できることから渡瀬線と呼ばれるトカラ海峡(悪石島と小宝島間)にあることが認められている。日本列島域ではこのほかにも両生類や爬虫類の分布をもとに提案された宗谷海峡の八田線，鳥類や哺乳類による津軽海峡のブラキストン線，蝶類による大隅海峡の三宅線など異なった対象動物群により分布境界が提案されてきたほか，さまざまな生物を対象とした分布論が報告されている(図1)。

　1930年代までに盛んに行なわれてきたこれらの分布論を概括，整理し，さらに自身の研究に基づき日本列島域の生物地理学を発展させたものが徳田(1941)による『日本生物地理』である。徳田は日本を含む東アジアのネズミ類の分類を専門としたが，まずネズミ類における形態の個体変異や地理的変異など各種の変異研究を行ない，それに基づいて分類の再検討，改訂を行なった。このようにして得たネズミ類の種，亜種，変種などを基にそれらが分化するにあたっての相対的な隔離時間の違いを判定し，あるいは固有種の存在を考慮した種類相の構成などを基にそれらと地史との関係を考察することによって日本列島域における生物地理学を展開した。分布境界線の意義の検討にあたって，徳田は特に各地域内の土着動物に並行的な分化が認められるかどうかを重視した。

　徳田の時代においては，このように各地域間の構成種の組み合せの違いを

2　序章　日本の動物地理

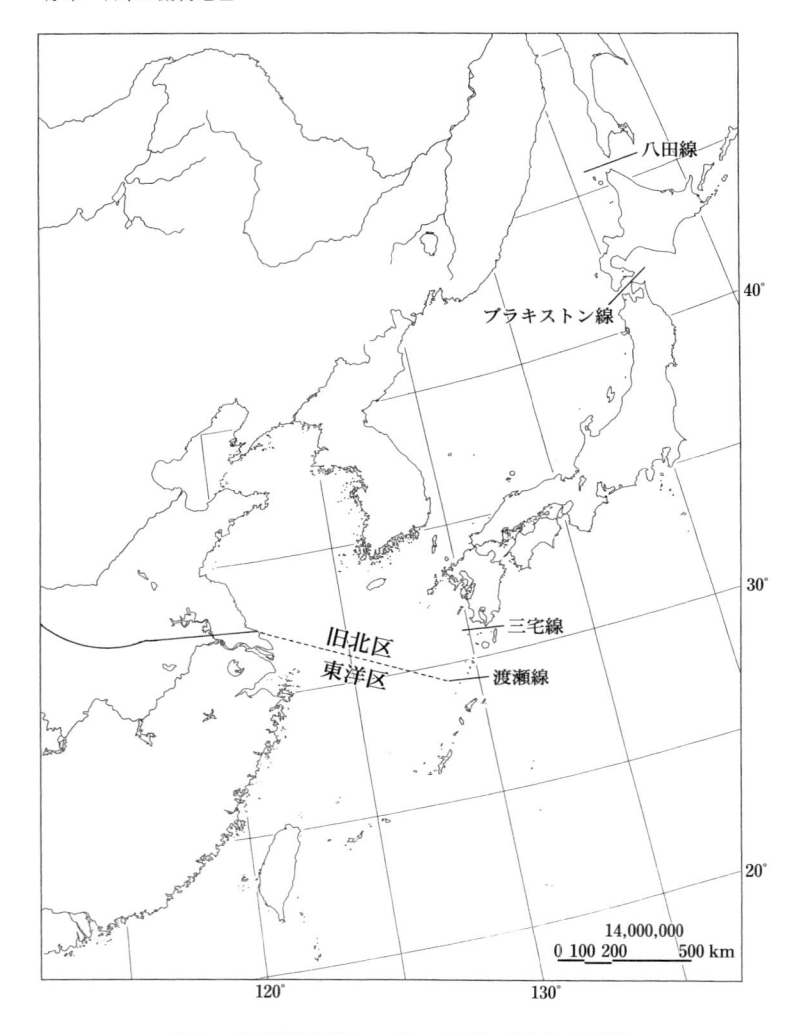

図1　日本列島周辺における主要な動物地理区界

基に生物地理を論ずるというのが主流であった．しかし，近年では種あるいは種群内の構成要素の系統関係と分布関係，あるいは分布の変遷と地史との関係などを追究する系統地理学へと発展し，急速に情報蓄積が進行中である．それは近年における分子情報による系統解析法の急速な発展と普及によるものである．

1. 分子情報

　生物地理学を進めるにあたって，対象とする生物種の分類学的位置づけ，すなわち正確な系統的関係の情報は不可欠のものである。しかし，形態形質を基にした分類においては，いかに詳細な変異研究などを行なったものでも，生活型の違いなどによって，たとえば同属内の異種間でも形態の変異傾向に著しい違いがしばしば認められ，評価基準を統一することは難しい。すなわち，通常変異の大きい適応的形質と非適応形質の区別・評価に問題がある。もちろん，形質の変異傾向や特異な形質の有無などから系統を推定できる場合も多いが，利用できる形態形質数は通常少数に限られ，また，種や種群によって利用できる形質の種類や数が異なることも問題である。したがって，このような手法で得られた種内，種間，あるいは種群間の関係を分布および地史と関係づけて進化史を検討する場合，利用するそれぞれのツールは鋭敏さに欠けることが多い。

　一方，近年多用されるようになった分子情報に基づく系統解析，さらにそれを利用した生物地理学はまったく新しい展開をみせており，本書の内容の多くははそれに類する最近の成果である。生物地理学に分子生物学を援用することの利点などに関してはすでに太田(2002)の優れた要約があるので，ここではそれを簡単に紹介する。情報分子の変異を調べる方法には，アロザイム法や制限酵素断片長法など間接的に遺伝的変異を検出する方法と，塩基配列決定法，マイクロサテライト法などDNA分子のうち相同な領域の塩基配列を直接的に解読し，変異を解析する方法がある。通常これらの解析に使われる情報量は形態形質の場合より1〜2桁多い。これらに利用される遺伝子の領域は通常生物の生存にとって直接的に影響をもたない，すなわち中立的で，環境からの淘汰圧を受けないと予想されている。したがって，突然変異の発生頻度に大きな変動がない場合，変異の割合は隔離時間に比例することから精度の高い系統推定が可能となる。また，ほかに隔離時期の明らかなものがある場合，それの変異程度と隔離時間の関係から変異係数を求め，それを援用することによって当該種の変異量から隔離後の時間を推定することが可能である。さらに核遺伝子の変異などから繁殖集団の地理的広がりや地域集団間の遺伝的交流の有無なども検出できるため比較的容易に隠蔽種などの

発見を可能とし，生物地理学にも新たな情報をもたらすことができるようになった。また，済州島や北海道におけるニホンジネズミの分布が，遺伝子の同一性から，それぞれ九州北部や東北地方から最近非意図的に移入された可能性が高いことを明らかにしたのもこの技術によるものである。

2．生物地理学の範囲

　生物地理学は現存する生物種の進化史あるいは地域生物相の形成史と地史との関係を追究し，分布の現状を合理的に説明するための学問分野である。したがって対象生物種の系統関係，分布や形態の変化と深い関係をもつ種の生態や種間関係，進化の道すじを探るための古生物学的情報，進化の場の環境を含む地史情報など，生物地理学は多様な情報を総合することによって初めて有意なものとなる。ただ，広義にはこれらのほかにも環境要素，たとえば温度，降水量，土壌やその基盤などの地理的傾斜と生物の分布との関係なども含まれる。後者の場合，たとえば植物ではサハリン(樺太)の中央を北北西より南南東に横切るシュミット線，南千島のエトロフ海峡の宮部線，植物や昆虫に関する北海道石狩低地帯線，本州西南沿岸から瀬戸内海をとおり房総半島にわたる本州南海岸線など，さまざまな分布境界線が提案されている。ただ，これらは何れも海流の影響などを受けて生じた特有の気候分布とそれに反応した一部の生物の分布境界を示したものである。この種の分布現象はそれ自体，当該生物種や種群と環境との関係を示すものとして意義をもつが，徳田(1941，1969)も指摘しているとおり，これらは地史とは直接的な関係がないものであり，地史と関連して生じたブラキストン線などとは厳密に区別した評価が必要である。生物種間の競争などによる分布境界などもこの部類にいれるべきであろう。

3．日本の自然と列島の地史を概観する

　現在の日本列島は南北 3000 km に及ぶ長い列島で，土地は多くの島じまに分断されているにもかかわらず，高山を中心とした複雑な山岳地形を備えている。気候的には亜熱帯から亜寒帯まで，さらに高山における寒帯までを含み，海洋性気候の影響が強いため雨量が多い。したがって，南西諸島の亜

熱帯植生，本土(本州，四国，九州)の温帯性常緑広葉(照葉)樹林，落葉広葉樹林，針葉樹林，本州の高山や北海道の亜寒帯性針葉樹林，高山帯における寒帯植生など，日本列島の現植生は平面的，標高的にきわめて複雑な構成となっている。ただ，日本の場合，前述のように雨量が多いため植物遷移の終末は一般に森林で，大規模な草原は発達しない。したがって草原性の動物は少なく，大部分は森林性のものである。

このような現在の日本の自然ができあがったのは地史的には比較的最近のことである。日本列島は2億年も前の中生代において，本州地向斜海と呼ばれる海域が隆起して陸化したことに始まる。新生代にはいった後，古第三紀における現・東シナ海域への海の進出，新第三紀中新世初期における現・日本海方面への海域の拡大，中新世中後期においては本土域と南西諸島域はつながり，それは中国大陸南部とも接続したと考えられている(木崎・大城，1981)。鮮新世になると北琉球を含む本土域は，中琉球とは分断されるが朝鮮半島域とつながり，木崎・大城らはこの状態が前期更新世まで続いたと考え，氏家(1990)も類似の考えを示した。ただ，鮮新世以降における中琉球以南の南西諸島の地史に関しては地球科学分野からいくつかの意見が提出され合意をみていない。しかし，トカゲ類の系統学的研究とそれから得られた系統樹の分岐関係に合致するような，更新世における南西諸島の島々の新しい形成史という，生物の側からの提案は現代における生物地理学の重要な展開の1つを示すものである(Hikida and Ota, 1997; Ota, 1998; Hikida and Motokawa, 1999)。

一方，本土域とその周辺の島々の成立の歴史に関してもいくつかの意見がある。現在の本土域とその周辺の離島，あるいは近隣大陸とのあいだの海峡は比較的浅く，琉球列島のトカラ海峡や慶良間ギャップ(沖縄諸島と宮古列島間)のような水深1000mを越えるような深い海峡はない。したがって，現生の生物相形成に関係の深い比較的最近の列島形成史は南西諸島ほど複雑ではないようである。まず，アジア大陸との関係で重要な朝鮮海峡は水深約140mで，津軽海峡(水深約140m)とともに更新世後期の最終氷期には陸化しなかったというのが最近の有力な説であり(表1)，これらの海峡に陸橋ができたのは更新世中期のリス氷期であろうと考えられている。また，大嶋(1990)は九州と対馬間の対馬海峡や九州と種子島間の大隅海峡の成立も比較的古く，リス・ウルム間氷期であるとしている。大陸とサハリンのあいだの

表1 動物相の形成に重要なかかわりをもつ日本列島周辺海峡の形成史(大嶋,1990 より)

地質時代		絶対年代	海水準(m)	形成された海峡	分断された島
完新世		5,000 7,000 8,500	+3±1 0 −30±5	関門海峡 備讃瀬戸 五島灘	本州と九州 本州と四国 九州と五島
更新世後期	最終氷期	12,000 16,000 18,000 20,000	−45±5 −60±5 −80±5	種子島海峡 鳴門海峡 宗谷海峡 済州海峡 隠岐海峡	種子島と屋久島 四国と淡路島 北海道と樺太 朝鮮半島と済州島 本州と隠岐
	間氷期	60,000 100,000	+20±10 −100±10 −110±10	対馬海峡 大隅海峡 津軽海峡 朝鮮海峡	九州と対馬 九州と種子島 本州と北海道 大陸と本州陸塊
	氷期	150,000	−130±10		
更新世中期				奥尻海峡 佐渡海峡 宮古水道	北海道と奥尻島 本州と佐渡 沖縄と宮古島

間宮海峡(水深10m以下)やサハリン・北海道間の宗谷海峡(水深約45m)は非常に浅く,約7万年前から約1万年前まで,最終氷期の大部分を通じて北海道はアジア大陸の一部であったことが知られている(小野・五十嵐,1991)。水深約400mの海峡をもつ北海道奥尻島や水深200m以上の海峡をもつ佐渡島は更新世中期にはすでに本土から分断されていたといわれる(大島,1990)。また,本州とのあいだに水深400m以上の海を挟む伊豆諸島の場合もこれらと同じであろう。本土周辺および北海道周辺のその他の島々や瀬戸内海の成立はごく新しく,最終氷期の終わり以降のことである。

4. 日本産動物相の由来と生物地理を概観する

さて,ここでは哺乳類を例として動物相の起源や生物地理を概観したい。日本列島はユーラシア大陸の東端に近接した大陸島であるところから,その

動物相も大陸のものの影響を大きく受けている。旧北区に属する九州域以北の動物相はサハリン・北海道の北ルートおよび朝鮮半島経由の2ルートでの交流を主体とし，一方，東洋区に属する南西諸島の動物相は台湾を通じた大陸南部や東南アジアとの交流によって成立したものと考えられている。

北海道

津軽海峡が最終氷期には陸化しなかったことから，北海道は少なくとも過去十数万年間は本州から隔離され，それがブラキストン線の有効性をもたらすことになった主要因であると考えられている。北海道土着の現生陸上哺乳類は41種であるが，これらは周辺地域における同類の分布との共通性という観点から大きく3群に分けることができる(Abe, 1999)。(A)チビトガリネズミ，ユキウサギ，エゾリス，タイリクヤチネズミ，ヒグマなど18種(43.9%)は前述のような最終氷期の陸橋を渡って最も新しく北方から渡来したものを主体としている。次に(B)キクガシラコウモリなど12種のコウモリ類，タヌキ，キツネ，イイズナ，オコジョ，シカなど19種(46.3%)は本州ばかりでなくアジア大陸にも分布する広域種である。さらに(C)本州など本土域だけに共通種をもつテングコウモリ，コキクガシラコウモリ，ヒメネズミ，アカネズミの4種(9.8%)は本土域で進化した日本固有種であり，津軽海峡に陸橋が形成された更新世中期またはそれ以前に本州から渡来したものである。

これらのうち，B群に含まれる本州との共通種は後期更新世以来本州の同類とは十数万年間隔離され，あるいは最終氷期に北方から渡来したものを含んでいるはずで，種は同じであってもその系統的内容には本州のものとのあいだにやや差が生じているものと考えられる。また，同様にC群のものも本州の同類とは最近の十数万年間隔離されていたものである。ここで興味深いことは本州と北海道の同類間に見られる次のような分化度の違いである。明らかな種分化が認められるアズミトガリネズミ：チビトガリネズミ，シントウトガリネズミ：バイカルトガリネズミ，ノウサギ：ユキウサギ，ホンドモモンガ：タイリクモモンガなどがある一方，ホンドアカネズミ：エゾアカネズミ，ニホンイイズナ：イイズナ，ホンドオコジョ：エゾオコジョ，ホンドタヌキ：エゾタヌキ，ホンシュウジカ：エゾシカなど亜種レベルの分化と考えられるものが含まれており，これは両群間に隔離の違いがあったことを

示唆するものである．同じ地史のなかでこのような差が生じた原因は今のところ特定できていないが，分散能など生態の違いを超えて両群が構成されているところから，これの解明は今後の重要な課題である．これに関連して，もう1つ北海道北側の海峡が浅いことから予測されることは，北海道は最終氷期以前においても頻繁にアジア大陸と接合・分離を繰り返した可能性が高いと考えられることである．したがって現存の北海道の動物相のうち北方系の種は，ヒグマにみられるように（増田，2002），複数回の渡来要素を内包している可能性があることである．以上のように，北海道の特産種は主として最後の氷期に渡来した新参者たちであり，北海道の哺乳類に固有種といえるものはなく，本州との共通種のなかにアカネズミやヒメネズミなど日本列島固有種の一部が含まれるだけである．

本州・四国・九州

これらの本土域（対馬を除く）は属島を含めて，島間の海峡の水深は浅く，ごく最近まで1つの陸塊であったことから，土着の哺乳類相の構成種56種においても島間で大きな分化は見られない．これらを周辺大陸のものとの類縁性やその分布状況との関連性から3群に分けることができる．(A)アズミトガリネズミ，シントウトガリネズミ，ノウサギ，ニホンリスなど6種（10.7%）は類縁種の分布が北方に偏っているものである．次の(B)は類縁種が温帯域を中心に分布するもの，あるいは広域分布をするもので，ヒミズ類，モグラ類，20種のコウモリ類，ホンドモモンガ，ヤマネ，ヤチネズミ，アカネズミ，タヌキ，テン，イノシシ，シカなど43種（76.8%）がそれにあたる．もう1つの(C)に属するものは本土近隣温帯域の大陸に近縁種が見られず，それが中国南部からヒマラヤにかけた南方に偏った分布を示すもので，カワネズミ，ミズラモグラ，アズマモグラ，ニホンザル，ムササビ，スミスネズミ，カモシカなど7種（12.5%）をあげることができる．

前述のように，津軽海峡，朝鮮海峡，対馬海峡などが後期更新世の最終氷期には陸化しなかったことから，本土域は最近だけでも十数万年以上にわたって大陸から孤立してきた．それを含め本土域の哺乳類は長い隔離を経ているため，陸生哺乳類のうち28種（50%）が固有種で占められている．さらに前述の3群について固有種率をみると，A群は4種（66.7%），B群は17種（39.5%），C群は7種（100%）であり，北方，南方を問わず本土域には複

数のルートを通り，古くから渡来していたものがここで長期間保存されてきたことを示している。

　河村ほか(1989)による小型哺乳類を中心とした古生物学的研究によると，中期更新世の中期にはシントウトガリネズミ，ヒミズ，ミズラモグラ，アカネズミ，タヌキ，オコジョなど本土域に現存する哺乳類の半数ほどが化石として出現し，この時期すでに多くのものが固有種となっていたとされる。したがって，これらの動物はこの時期より前のかなり古くからすみついていたものである。特に，本土域のもののうち，ヒメヒミズ属，ヒミズ属，ヤマネ属などは属レベルでも固有であり，それらの近縁なものはヨーロッパの第三紀中新世から知られているところから，これらは第三紀の動物の生き残りとして本土域の哺乳類相の根幹をなすものであるとされている(亀井ほか，1988)。なお，河村ほかによると，後期更新世に化石として新たに出現したものがきわめて限定されているところから，現存している日本の哺乳類相の基本的部分は，前述のように中期更新世中期までにすみついていた比較的多くの種類と，中期更新世後期に大陸から渡来したと考えられるカワネズミ，ニホンザル，モモンガなど少数のものの組み合せとして構成されているという。

　前述のように，大嶋(1990)によると佐渡島は中期更新世以来本州と接続したことはないとされる。しかし，サドモグラ，シントウトガリネズミ，オサムシなどの分子情報の解析結果によると，これら島の動物の分化の程度は低く，その地史的データとは合致しないため，もう少し新しい陸橋が形成された可能性が高い(Okamoto, 1999; Ohdachi et al., 1997; 曽田, 2002)。

対馬

　対馬では21種の土着の陸生哺乳類が知られているが，その地理的位置から予想されるとおり，その哺乳類相は朝鮮と日本本土の両方の要素を含んでいる。すなわち，コジネズミ，クロアカコウモリ，チョウセンイタチ，ツシマヤマネコなど4種(19.0%)は大陸地方だけに類縁種がいるものである。また，大陸と本土の両地域に分布するものにコウベモグラ，モモジロコウモリ，テン，シカ，イノシシ，カヤネズミなど12種(57.1%)がある。さらにヒミズ，コキクガシラコウモリ，ヒメネズミ，アカネズミなど4種(19.0%)は本土だけとの共通種で，これらは日本本土の固有種である。なお，このほかに

現在のところ対馬だけの固有種とされるものにクチバテングコウモリがあるが，この分類にはまだ問題があり島型変異にすぎない可能性がある。このように，大きく3群から構成されている点や，本土域だけとの共通種が本土の固有種であることなど，対馬の哺乳類相の構成は同じく列島の周辺に位置する北海道の場合に類似している。

南西諸島

　奄美諸島以南の南西諸島では22種の土着の陸生哺乳類が記録されている。これらのうち，どちらかといえば温帯域に類縁をもつものがいる種にはオリイジネズミ，セスジネズミ，イノシシなど7種(31.8%)がある。他方，地理的位置から南方に類縁種がいるものは多く，ワタセジネズミ，アマミノクロウサギ，アマミトゲネズミ，ケナガネズミなど15種(68.2%)に達しており，これがこの地域を東洋区に含める根拠の1つになっている。また，これらのなかにはコキクガシラコウモリのように本土域が主要な分布域である固有種もあるが，オリイジネズミ，センカクモグラ，オキナワコキクガシラコウモリ，アマミノクロウサギ，アマミトゲネズミ，ケナガネズミなど14種(63.6%)はこの地域だけの固有種であり，固有種率が高いのが特徴である。さらに，アマミノクロウサギ属，トゲネズミ属，ケナガネズミ属は属レベルでも固有である。

　南西諸島の多くの哺乳類がこのように特殊化しているのはこの諸島の成立の歴史と関係がある。アマミノクロウサギは第三紀中新世までさかのぼることができ，本土域のヒミズやヤマネに相当する起源の古い動物である(亀井ほか，1988)。前述のように，中新世中・後期において南西諸島は中国大陸南部とともに日本本土域ともつながったといわれる(木崎・大城，1981)ことから，この時期，日本列島の最も古い哺乳類群を共有していた可能性がある。トゲネズミに関してはアマミノクロウサギに近い古い起源をもつ動物である可能性をもつが，ケナガネズミの起源はそれらよりはるかに新しく更新世初期であるという説がある(Suzuki et al., 2000)。なお，南西諸島のうち中琉球域では，このように長い隔離の歴史を示す古い動物群が維持されているが，南琉球西表島のイリオモテヤマネコに関してはベンガルヤマネコにごく近縁であることが分子情報から明らかにされ(Masuda et al., 1994; Suzuki et al., 1994)，比較的最近の渡来者であることが示唆された。南琉球，宮古島産出

の最終氷期の化石群のなかに北方性のハタネズミやノロジカが含まれていることから，この時期南琉球と大陸とのあいだに陸橋があったことを示しており(長谷川，1985)，この時期にヤマネコも渡来した可能性が高い。

5. 今後の課題

　本土域における現存の非飛翔性小型哺乳類(ネズミ大以下)17種のうち15種(88.2%)が固有種であるのに対し，イタチ大以上の中・大型種では18種中6種(33.3%)だけが固有種である。また，本土域に生息するコウモリ類20種のうち固有種はわずかに5種(25%)である。このように小型で移動性が弱く，寿命が短く，繁殖速度の速い動物で固有度が高い，すなわち分化が速いことを示唆している。なお，コウモリ類は小型であるが一般に非常に長命な動物であり，また移動性も大きいことが地域固有化を遅くしている原因になっている可能性がある。このような分散能，増殖能，寿命などの違いと種分化速度の違いに関する，きちんとした広範な研究は生物地理学の質を高めるために不可欠のものである。

　塩基置換速度から分岐年代を推定する，いわゆる分子時計の利用が盛んに行なわれるようになった。しかし，現在ではまだその基準の取り方に安易な援用例が多い。地史やそれぞれの動物の生態などとも整合性が高く，検証可能な仮説の構築こそが今後の発展のために重要なことである。分子系統学は種の適応形質とは無関係の塩基配列の解析によって進んでいるが，今後両者の関係がより具体的に解明されれば，生物地理，特に種内の生物地理学的諸問題の理解は格段に深まるであろう。

　現在，分子情報に基づいた系統や生物地理学的研究は多いが，まだheuristic process(試行的作業過程)に位置づけられるものも多く，たとえば，形態，核型，情報分子など多様な研究が行なわれているアカネズミなどの現状をみるときその感が強い。このネズミでは形態においても詳しい変異研究により，それぞれの形質の変異挙動を十分理解したうえで地理的変異や種間変異などを評価し分類を再編したものはまだない。このネズミに限らず，従来，核型や分子の研究者がそれらに基づいて得た結果を検討する場合，比較のために援用する分類体系はいわゆる細分主義に基づいたものがなぜか多かった。細分主義の場合，形質の変異の意味を吟味せず，その大小を機械的に使って

分類を行なうのが普通である。徳田(1941)のいう一般的地理的変異などに属する，系統を反映しないこれらの変異に基づいてつくった多数の分類群と遺伝的基礎を反映する核型や分子情報の結果を比較することは，両者の差を際だたせるものにはなっても，比較そのものに意味があるかどうか疑問である。

　これと関連した興味深いものにアカネズミと同属のヒメネズミの関係がある。アカネズミは環境変動の激しい林縁や低木林にすみ，形態変異の激しい種である。一方，森林という樹種構成が異なっても比較的安定した環境にすむヒメネズミは形態変異の少ない動物である。日本列島においてほぼ同じような地理的分布をもつ両種のmtDNAの変異傾向が上述の形態と同様アカネズミで激しく，ヒメネズミで弱い(鈴木，2002)ということの原因追及は重要な課題である。森林性のヒミズと林縁・草原性のモグラ類でも同様の傾向が見られる可能性がある。

　最後にもう1つ，生物地理学的に重要な課題について述べる。それは本土域に広く分布する複数の哺乳類において，種内変異が東西2群に分かれることである。アカネズミにおいて離島を含め本州中部の富山‐浜松線を境として核型が2型に分かれるもの(土屋，1974)，ヒミズにおいて2つの核型レースが本州中部の黒部‐富士線を境に分かれるもの(Harada et al., 2001)，ヤマネにおいてrDNA，mtDNA，Sry遺伝子の変異が境界はまだ確定されないが福井‐和歌山以西と山梨‐長野のもので分化が見られるもの(Suzuki et al., 1997)，ニホンジカのmtDNAの変異において北海道から本州の兵庫までの北日本グループと，それより西の南日本グループ(対馬，種子，屋久を含む)に分かれるもの(玉手，2002)などがある。昆虫でもゲンジボタルで同様の現象が見られるという。種内変異ではないがコウベモグラとアズマモグラの分布境界がほぼ石川‐静岡線にあることも類似の現象である(阿部，本書10章)。系統的あるいは渡来の古さ，および分散能の違いを超えてこのような2群があることを単に2回の渡来に原因を求めることでよいのかどうか今後検討が必要である。

　以上，思いつくままに一部の例を示したが，日本列島は複雑な環境と多様な動物相を備えているところから，生物地理に関する諸問題を追求する場としてきわめて優れた場所であるといえる。

第 I 部

分子データで読み解く
動物分布境界線再考

日本列島周辺域を対象とした従来の動物地理学では，日本を取り囲む種々の海峡が動物分布境界線とされてきた。また，日本列島における動物相の成立過程には，陸橋を経た大陸からの動物の渡来を無視することができない。ここでは，日本列島とユーラシア大陸に広く分布する哺乳類，特に，トガリネズミ類，ニホンジカ，ヒグマを対象とした分子系統データに基づいて，日本列島周辺に描かれた古典的な動物分布境界線を再考し，その有効性を検証し新たな知見を紹介する。興味深いことに，分子情報から種内の地理的変異をみたとき，分布境界線は海峡のみならず，1つの島内にもいくつか存在することがある。動物集団の移動が単に島の形成史のみに影響を受けただけではなく，島内の自然環境の変遷とも深く関係していることが明らかになってきた。一方，北ユーラシアと北米大陸に広く分布する哺乳類の移動は，少なくともベーリング陸橋の形成史や最終氷期以降の温暖化や森林化の拡大と密接にかかわっており，短期間で分散した種内の集団間では遺伝的分化がまだ十分に生じていないこともわかってきた。

　第1章では，北海道産トガリネズミ類4種とその近縁種2種について，全分布域から採集した標本のmtDNAの系統地理的解析結果に基づき，それぞれの種内系統，地理的距離－遺伝距離の関係，遺伝的多様度，北海道への渡来時期などについて議論する。

　第2章では，DNAに刻まれた足跡を手がかりに，現在にいたるまでのニホンジカの歴史を考察する。日本列島全域に分布するニホンジカが北日本グループと南日本グループに分類できること，両グループが時代を異にして日本列島へ渡来してきたことなどを議論する。

　第3章では，北海道と本州を分かつ津軽海峡"ブラキストン線"を分布の南限とするヒグマの分子系統地理的解析から判明した北海道集団の三重構造を紹介する。さらに，北海道ヒグマとユーラシア・北米大陸間のヒグマの系統関係についても考察し，北海道がヒグマの移動の十字路であったことを示す。

第1章 DNAより示唆される北海道産トガリネズミ群集の成立過程

北海道大学・大舘智氏

　時間スケールを基準にすると，生物群集の研究には大きく2つのアプローチの仕方がある。1つは現時点での群集構造がどのように維持されているのか，あるいはどのように成り立っているのか調べることを目標とする。それは群集構成種間の相互作用やそれに関連する各種の個体群動態を調べることによってなされる(たとえば，佐藤ほか，2001；宮下・野田，2003を参照)。もう1つは生物群集がどのような歴史過程を経て成立してきたかを調べることを目標とする。これはおもに生物地理学と密接なかかわりあいをもち，現分布や古生物学的知見，系統学的研究などを主な情報源として研究を行なう(たとえば，ワイリー，1991)。またこれら2つのアプローチの中間的なアプローチの仕方として，種数−面積関係や島の生物地理学などの研究もある(たとえば，MacArthur and Wilson, 1967；木元・武田，1989の4章)。いずれにせよ，これらは相互補完的なもので，たとえば群集成立の歴史がわかることにより，その相互作用がいつから生じたものであるかも知ることが可能で(Brooks and McLennan, 1991)，かつて群集生態学が問題としていた「過去の競争の亡霊」(Connel, 1980)から解き放たれるだろう——つまり現在共存している種は過去に競争が起こった結果，ニッチをずらすことで現在共存可能になったのか，もともと競争を行なわないどうしが共存するようになったのかという，歴史上の問題に答えることができる。さらにはある種(個体群)とある種の共存期間が推定できることにより，共存してからどのように形態やニッチを変えていったかといった問題も解くことができるかもしれない。

　筆者は北海道産のトガリネズミ類(食虫目トガリネズミ科)という小型哺乳

動物の群集構造の維持機構を明らかにすることを目標に，分布(Ohdachi and Maekawa, 1990a)，餌資源利用(Ohdachi, 1995a)，空間利用(Ohdachi, 1992a, 1995b, 1997)，活動時間(Ohdachi, 1994)などの群集生態学的研究を行なってきた(大舘，1995 も参照)。その結果，餌資源をめぐる競争関係が群集成立に重要な役割を果たしているのではないかという示唆が得られた。しかし群集の成立を論ずるには単に競争などの種間関係が重要かどうかといった決定論的な要因だけでは十分に理解できないことがわかり，群集の成立史をきちんと押さえなければならないことを痛感した。

　従来，生物地理学的な歴史を論じるには，化石や現分布の情報に基づいた分析が主要な手法であった(たとえば，直海，2002 の第 1 章 5 節；MacDonald, 2003 参照)。現在でもこれらの情報が必要であることには変わりがない。一方，生物の歴史は進化の本体である遺伝子情報に直接刻み込まれている。したがって，現在では生物地理学的歴史を論じる強力な手法として DNA の情報を用いて近縁種間あるいは種内の個体群間の系統を比較することが主流となっている。このような学問分野は系統地理学(phylogeograpy)と呼ばれ(Avise, 2000)，分子系統学の発展とともに生物地理学あるいは群集生態学の歴史的アプローチで盛んに行なわれている。本章では北海道を中心とする北東アジア地域のトガリネズミ群集について，おもに系統地理学的な手法を用いてその成立史について今までわかっていることを述べる。

1. トガリネズミとは？

　本章で扱うトガリネズミは一般になじみが薄いので初めに簡単な紹介をしておく。トガリネズミとはネズミと名がつくが〝ネズミ〟(齧歯類)の仲間ではなく，モグラに近縁な仲間である。本章ではトガリネズミ類を狭義の意味で使い，哺乳綱食虫目トガリネズミ科トガリネズミ亜科の動物の総称とする(広義にはトガリネズミ科動物全体をさす)。トガリネズミ科は世界で約 340 種が知られており，この科は 2 つの亜科，トガリネズミ亜科とジネズミ亜科に分けられる。ジネズミ類はユーラシア大陸のおもに中低緯度地域及びアフリカ大陸に約 220 種が分布し，トガリネズミ類は新旧大陸の周極地域を中心に約 120 種が分布している(Wolsan and Hutterer, 1998)。トガリネズミ類は一般に 20 g 以下の小型の哺乳動物で，なかにはチビトガリネズミ *S.*

minutissimus のように成獣で 2 g 前後という陸生哺乳類のなかでは最小の種もいる。いずれの種も昆虫類やクモ，ムカデなどの小型節足動物やミミズ類を主要な餌としている。生息場所は多くの種は地表性であるが，なかには地中や水中適応したものもいる(阿部，1985；Churchfield, 1990)。またトガリネズミ類は高い基礎代謝率をもち，飢餓に非常に弱いことが知られている(Churchfield, 1990)。この性質はトガリネズミ類の人為的分布の可能性をほぼ排除するので，生物地理学的歴史を研究するにはつごうがよい。

　トガリネズミ類はユーラシア大陸においては，ロシア極東部を中心とした北東アジア地域に 10 種が共存し，最も種多様度が高い地域となっている(Dolgov, 1985)。北東アジアでは，大陸から間宮(タタール)海峡を渡り樺太(サハリン)にいくと 6 種，そこから宗谷(ラ・ペローズ)海峡を挟んだ北海道には 4 種，さらに津軽海峡を南下し本土地域(本州，四国，佐渡)にいたると 3 種が生息している(大舘，1999)。さらに北東アジア地域は，日本列島(樺太を含む)，千島列島，韓国南部の済州島およびこれらの周辺に小さな島々があり，島によってトガリネズミの種構成が変わるので，トガリネズミ類の生物地理学や進化史を研究するのにつごうのよい地域となっている。

　本章では，北海道に生息する 4 種のトガリネズミ(以下，トガリと表記)，すなわちオオアシトガリ *Sorex unguiculatus*，バイカルトガリ *S. caecutiens*，ヒメトガリ *S. gracillimus*，およびチビトガリ，を中心にすえ，バイカルの近縁な姉妹種であるシントウトガリ *S. shinto* とチビトガリの姉妹種のアズミトガリ *S. hosonoi* も含め，これらの分布域全域内の遺伝情報の比較によりトガリネズミ群集の生物地理学的な歴史について推測していく。なお，生物地理や群集の成立を論ずるにあたり生態，行動について述べる必要があるが，今回は紙面の都合上，これらについては触れない。興味ある人は，北海道産 4 種の生態については著者の一連の論文(Ohdachi, 1992ab, 1994, 1995ab, 1996, 1997; Ohdachi and Maekawa, 1990ab)を，トガリネズミ類一般については阿部(1985)の解説や Churchfield(1990)の本を参考にされたい。

2. 3 つのアプローチ法

　トガリネズミ群集の成立過程を調べるために，DNA の情報を用いて，(1)近縁種間および種内の系統，(2)遺伝的/地理的距離の相関，(3)遺伝的多様性，

の3つのアプローチによる分析を行なう。DNAの情報源としてはミトコンドリアのチトクロム b 遺伝子(mtDNA cyt$b$)の塩基配列データと補足的に核リボゾームRNA遺伝子(核rDNA)のスペーサー領域の制限酵素断片長多型(RFLP)を用いる。核とミトコンドリアの遺伝子による系統は一致しない場合がある。このため，理想的にはこの2つのゲノムの両方の情報を系統上に盛り込むことが必要である。今回はrDNA-RFLP分析はバイカル/シントウトガリにのみ用いた。

　mtDNA cyt$b$ の塩基配列に関しては，現在広く系統分析に用いられており本書のほかの章でも説明があるのでここでは説明を省き，一般になじみが薄いと思われるrDNA-RFLPによる分析について簡単に説明しておこう。コード領域とスペーサー領域よりなる核リボゾームRNA遺伝子ユニットは1つの核ゲノムのなかで数百コピーが散在し，それぞれのコピーは同じような塩基配列をもっている(Arheim et al., 1980; Suzuki et al., 1990；鈴木，1994)。RFLP分析では，ある塩基配列を特異的に切断する制限酵素を用いてその特定の塩基配列が遺伝子のどこの部分にあるかをマッピングする。したがってrDNA-RFLP分析によって核ゲノム全体にわたる大まかな遺伝変異を調べることができる。

3. バイカル/シントウトガリ・グループの系統

　バイカルトガリとシントウトガリは単系統をつくり，これをバイカル/シントウトガリ・グループと呼ぶ(Ohdachi et al., 1997, 2001)。このグループの分類および2種の分布境界については，形態の解釈の難しさから論議が混乱していたが(Dokuchaev et al., 1999)，著者らの一連の系統学的研究(Ohdachi et al., 1997, 2001, 2003; Naitoh, 2003)により，本州，四国，佐渡島などの日本列島南部のものはシントウトガリ，北海道，樺太，ユーラシア大陸，済州島のものはバイカルトガリということがわかった(図1・図2)。特に近年，韓国南部の済州島の高地より発見されたトガリネズミ(呉弘植，未発表)は外部形態・頭骨形態からはシントウトガリともバイカルともはっきりとは区別がつかない(阿部ほか，2001)が，ミトコンドリア，核の遺伝子からは共にバイカルトガリに含まれることが示された(図2)。このように，形態に基づく「種」の判別や系統関係の推定が難しい場合には，進化の直接的媒体で

A. バイカル／シントウトガリ・グループ

B. チビ／アスミトガリ・グループ

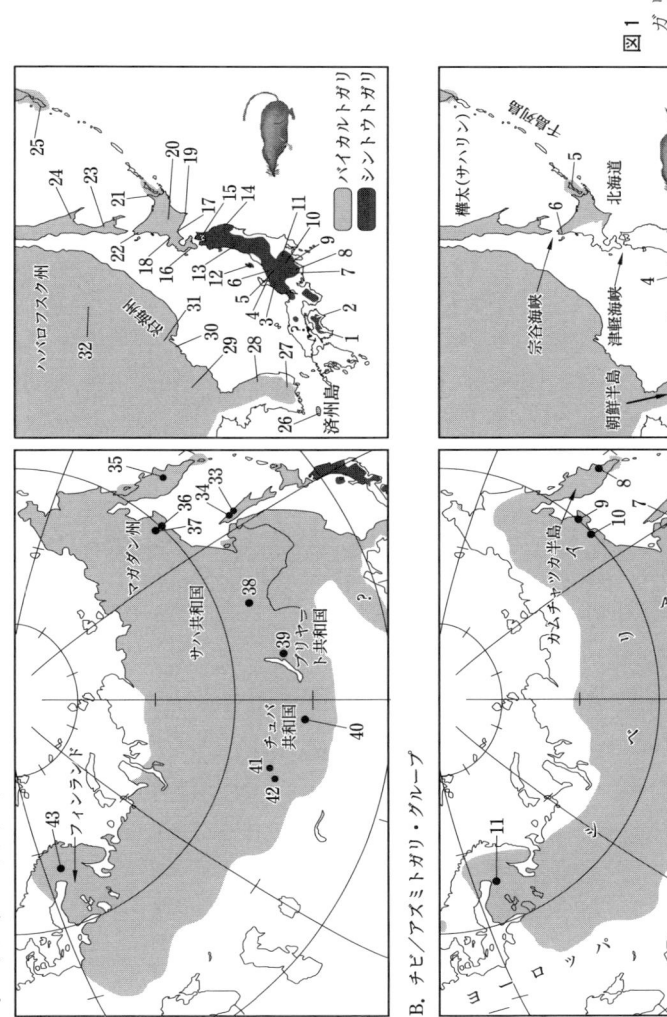

図1 バイカル／シントウトガリ・グループ(A)とチビ／アスミトガリ・グループ(B)の分布と採集地点（Ohdachi et al., 2001を元に新知見を加えて改編）。"?"は不確かな分布情報。

20 第Ⅰ部　分子データで読み解く動物分布境界線再考

(A) ミトコンドリア・チトクロム b 遺伝子に基づく系統樹

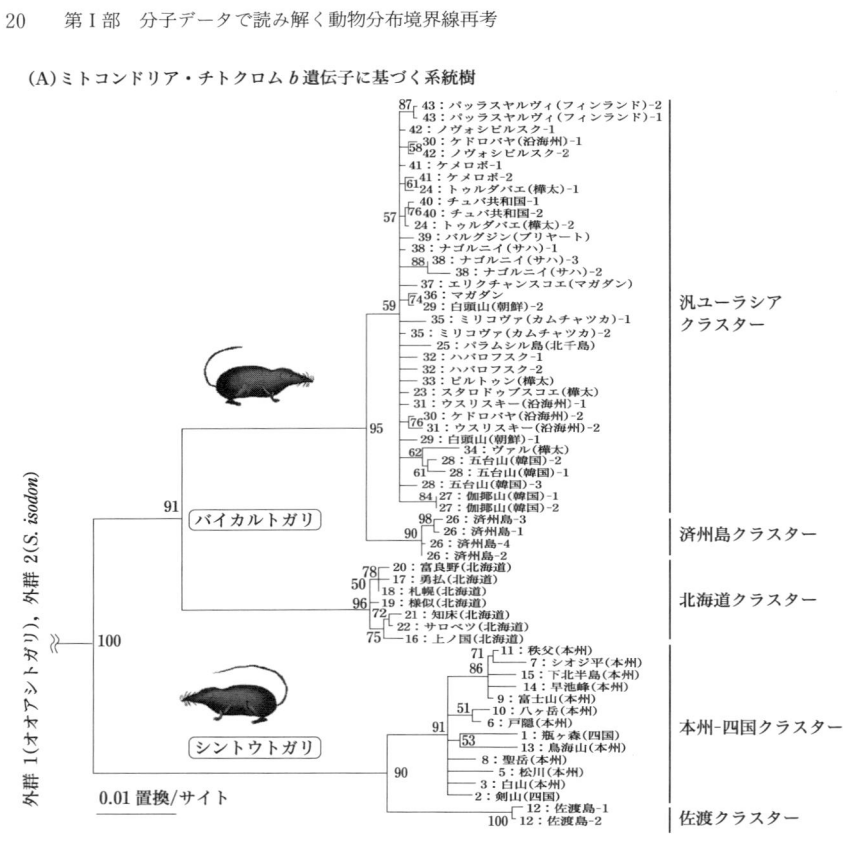

```
                                    ┌ 87 ┌ 43：パッラスヤルヴィ(フィンランド)-2
                                    │    └ 43：パッラスヤルヴィ(フィンランド)-1
                                    ├ 42：ノヴォシビルスク-1
                                ┌ 58 ┌ 30：ケドロバヤ(沿海州)-1
                                │    └ 42：ノヴォシビルスク-2
                                ├ 41：ケメロボ-1
                             ┌ 61 ┌ 41：ケメロボ-2
                             │    └ 24：トゥルダバエ(樺太)-1
                           ┌ 76 ┌ 40：チュバ共和国-1
                        57 │    └ 40：チュバ共和国-2
                           ├ 24：トゥルダバエ(樺太)-2
                           ├ 39：バルグジン(ブリヤート)
                           ├ 38：ナゴルニイ(サハ)-1
                        ┌ 88 ┌ 38：ナゴルニイ(サハ)-3
                        │    └ 38：ナゴルニイ(サハ)-2
                        ├ 37：エリクチャンスコエ(マガダン)
                     ┌ 74 ┌ 36：マガダン
                  59 │    └ 29：白頭山(朝鮮)-2
                     ├ 35：ミリコヴァ(カムチャツカ)-1
                     ├ 35：ミリコヴァ(カムチャツカ)-2
                     ├ 25：パラムシル島(北千島)
                     ├ 32：ハバロフスク-1
                     ├ 32：ハバロフスク-2
                     ├ 33：ビルトゥン(樺太)
                     ├ 23：スタロドゥプスコエ(樺太)
                     ├ 31：ウスリスキー(沿海州)-1
                     ├ 30：ケドロバヤ(沿海州)-2
                  ┌ 76 ┌ 31：ウスリスキー(沿海州)-2
                  │    └ 29：白頭山(朝鮮)-1
                  ├ 34：ヴァル(樺太)
               ┌ 62 ┌ 28：五台山(韓国)-2
            61 │    └ 28：五台山(韓国)-1
               ├ 28：五台山(韓国)-3
            ┌ 84 ┌ 27：伽倻山(韓国)-1
            │    └ 27：伽倻山(韓国)-2
         ┌ 98 ┌ 26：済州島-3
      90 │    └ 26：済州島-1
         ├ 26：済州島-4
         └ 26：済州島-2
```

汎ユーラシアクラスター

済州島クラスター

北海道クラスター

本州-四国クラスター

佐渡クラスター

外群1(オオアシトガリ)，外群2(*S. isodon*)

バイカルトガリ

シントウトガリ

0.01 置換/サイト

(B) 核 rDNA-RFLP 分析に基づく系統仮説

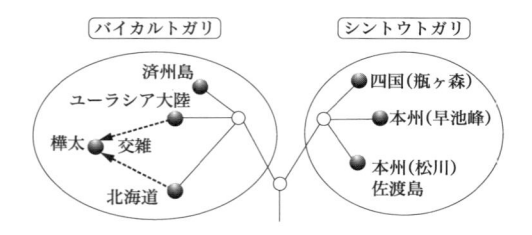

バイカルトガリ：済州島，ユーラシア大陸，樺太，交雑，北海道

シントウトガリ：四国(瓶ヶ森)，本州(早池峰)，本州(松川)，佐渡島

ある遺伝情報を調べることによって解決する場合が多い。

　チトクローム b 遺伝子による分析では，バイカルトガリは大きく北海道と汎ユーラシア＋済州島・クラスターに2分される（図2-A）。つまり北海道の個体群とそれ以外のユーラシアの地域の個体群は系統的に同等の位置関係にある。同様に核の遺伝子である rDNA の制限酵素断片長多型（RFLP）分析でも，同じことが示された（図2-B）。北海道のバイカルトガリがこれほど深い分岐をもっているとは予想外の結果であった。これによって北海道の個体群はバイカルトガリのなかでは古い分岐をしたことがわかった。一方，汎ユーラシア・クラスター内では，まったく同一の捕獲地点からの個体どうしを除くと，必ずしも地理的に近いものが系統的に近いという傾向はみられなかった（図2）。これも意外な結果であった。なぜならサンプル収集はカムチャッカからフィンランドといったユーラシア大陸北部の東端から西端までの広大な地域からのものであり（図1），当然，東と西端ではそれぞれ異なるクラスターをつくると予想されたからである。核 rDNA-RFLP 分析でも，ユーラシア大陸のさまざまな地域から採集した個体は変異がほとんど見られず同一のタイプを示した（図2-B；Naitoh, 2003）。つまり核の rDNA 遺伝子においても地理的な系統分化が起こるほど時間が経ていないことが示唆された。したがって，バイカルトガリはユーラシア大陸で現在の分布域に分布を広げてからは地理的な遺伝分化を起こすには十分な時間を経ていないと考えられた。

図2　バイカル/シントウトガリ・グループにおけるミトコンドリア・チトクローム b 遺伝子に基づく系統（A）と核 rDNA スペーサー領域の RFLP 分析に基づく系統（B）。（A）チトクローム b 遺伝子1140塩基の配列データに基づいて最尤法により描く。計算はModeltest 3.06（Posada and Crandall, 1998）の階層尤度率テストの結果，HKY 塩基置換モデル＋ガンマ分布（8カテゴリー）＋1 invariable サイトのモデルを採用し，Tree-Puzzle 5.0（Stirrimer and von Haeseler, 1996）を用いてカルテット・パズリング法で計算を行なった。ノードの近くの数字はカルテット法による支持率。Ohdachi et al. (2001) と Ohdachi et al.(2003)の合計データに，今回新しく分析した12個体（アクセッション番号 AB119181-AB119192）を追加して行なった。採集場所番号は図1-A に対応。（B）Naitoh(2003)の結果より解釈した系統仮説。分析した地域と個体数は以下の通り。ユーラシア大陸は図1の27-29, 31, 36番よりそれぞれ1個体。樺太は24番より1個体。北海道は16, 22番より2個体。済州島は26番より2個体。四国は1番より1個体。本州（早池峰）は14番より1個体。本州（松川）は5番より1個体。佐渡島は12番より2個体。白抜きの丸は仮想的な OTU（操作的分類単位）。

また核rDNA-RFLP分析では樺太のバイカルトガリの個体群はユーラシア大陸と北海道の個体群の交雑個体群であることが示唆された(図2-B)。これはミトコンドリア遺伝子の結果(図2-A)と異なる点であるが(もっとも分析する個体数を多くすれば樺太で北海道タイプのハプロタイプが見つかるかもしれない)，この点については，別の機会で詳しく述べるつもりである。交雑(種間および種内)が進化過程に重要な役割を果たすことはほかの動物でも知られており(たとえば，曽田，2000，2002；向井，2001)，進化過程(系統)を考えるうえで，系統樹(tree)ではなく系統網(phylogenetic network)も考慮していくことが今後ますます重要になっていくであろう。このため，核とミトコンドリアなど独立した遺伝子をもっているオルガネラの両方の遺伝子を分析することが重要である。

　チトクロム b 遺伝子によるとシントウトガリは大きく2つのクラスターに分けられ，佐渡の個体群はほかのシントウトガリよりも古く分岐したことが示された(図2-A)。しかし，核rDNA-RFLP分析では佐渡の2個体は本州中部の1個体と同じタイプを示したので(図2-B)，この遺伝子では佐渡と本州の個体群はまだ十分に遺伝的分化が進んでいない。またチトクロム b 遺伝子に基づく系統樹では，本州と四国の各地域の個体群は地域ごとのまとまりをつくらないので，本州‐四国の各地域個体群は分岐をしてから十分に時間が経っていないか，あるいは地域間の移住率が高いことが考えられた。しかし，シントウトガリは関東より南部では亜高山よりも高いところしか分布しておらず(阿部，1994)，現時点において各地域個体群間の移住が頻繁に起こっているとは考えがたい。特に現在において四国と本州の個体群は明らかに個体の移動が見られない。したがってミトコンドリア・チトクロム b 遺伝子に関しては，本州‐四国クラスターの各個体群は分岐をしてから各地域特有の系統が見られるほど時間が経っていないと考えるのが妥当である。

　また，チトクロム b 遺伝子配列の遺伝的多様度を表わす π (たとえば，根井，1989；Nei and Kumar, 2000を参照)は，北海道クラスターと汎ユーラシア・クラスター(済州島，韓国は除く)のあいだではそれぞれ6.31(×1/1000)と7.59(×1/1000)で，有意差は認められなかった(Ohdachi et al., 2001)。これに対し，シントウトガリの遺伝的多様度は20.48(×1/1000)でバイカルトガリの北海道，汎ユーラシアの両クラスターより有意に大きいことがわかった。核rDNA-RFLP分析でもユーラシア大陸全域からの6個体

は変異が見られず1つのタイプしか示さないが，シントウトガリでは調査した5個体は3つのタイプに分かれた（図2-B；Naitoh, 2003）。つまり，広大なユーラシア全体でのバイカルトガリの遺伝的多様度は，面積的にずっと小さい北海道と異ならず，また分布域がずっと小さいシントウトガリよりも少ない。このことからもユーラシア大陸でのバイカルトガリの分布域占有の歴史はシントウトガリのそれよりも新しく，また北海道での分布域占有の歴史とあまり変わらないことが示唆された。

4．チビ/アズミトガリ・グループの系統

チビトガリとアズミトガリは単系統をつくり，これをチビ/アズミトガリ・グループと呼ぶ（Ohdachi et al., 1997, 2001）。このグループはバイカル/シントウトガリ・グループと似た分布パターンを示しユーラシアに広く分布する（図1-B）。そして，北海道から樺太，大陸とこれら周辺のいくつかの小島にチビトガリが，本州中部にアズミトガリが分布する。大舘（1999）は甲能直樹の私信により青森県から出土した更新世の化石をヒメトガリのものではないかと述べたが，これはアズミトガリである可能性がある（N. E. Dokuchaev，私信）。また長谷川（1966）は本州西端より出土した更新世の化石をチビトガリと比定しているが，これもアズミトガリである可能性が高い（N. E. Dokuchaev，私信）。またチビトガリの現分布においてユーラシア北部西端のノルウェーと東端のチュコト半島に隔離小個体群が見られる（図1）。したがってこのグループは更新世以降，しだいに分布域を狭めていると思われる。

チビトガリの系統をチトクロム b 遺伝子に基づいて分析してみると，東ユーラシアとフィンランド（西ユーラシア）に二分された（図3）。さらに前者のクラスターのなかでは，北東部（ハバロフスク州，マガダン州，カムチャツカ半島）の個体は高い支持率（96％）でサブ・クラスターを形成する。したがって，広大な分布域から予想されるように，チビトガリではチトクロム b 遺伝子の地理的な分化が認められた。このようにチビトガリでは現在の分布を示すにいたるまでに地理的な遺伝分化を許すほど十分な時間が経っていると考えられた。またチトクロム b 遺伝子の遺伝的多様度 π も 18.32（×1/1000）と高い値を示すこと（Ohdachi et al., 2001）からも，現分布域を占める

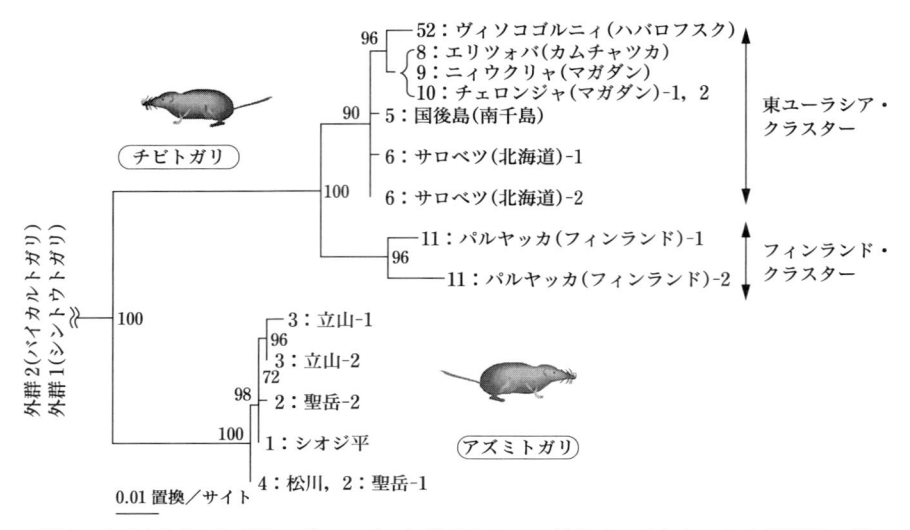

図3 チビ/アズミトガリ・グループにおけるミトコンドリア・チトクロム b 遺伝子に基づく系統。チトクロム b 遺伝子501塩基の配列データに基づいて最尤法（カルテット・パズリング法；HKYモデル＋ガンマ分布）により描く（Ohdachi et al., 2001の結果に基づく）。ノードの近くの数字はカルテット法による支持率。採集場所番号は図1-Bに対応。

にいたってから十分な時間が経っていることを支持している。アズミトガリに関しては捕獲地点が少なすぎるので種内変異についての正確な論議はできないが，分布域内ではあまり地理的な遺伝分化は見られないと思われる（図3）。

5．オオアシトガリの種内系統

オオアシトガリは東アジア特産種で，北海道，南千島，樺太，アジア大陸北東部と周辺の小島に分布している（図4-A）。今回は大陸からはロシア・ハバロフスク州より2個体の分析結果しか示していないが，本章の論議には十分である。

チトクロム b 遺伝子に基づく種内系統によると，オオアシトガリは地理的にまったく分化が進んでいないことがわかる（図5）。遠くかけ離れた地域のものどうしでクラスターを形成したり（たとえば，札幌とネベリスク），まったく同一の捕獲地点のものが系統的には遠くかけ離れていたりしている。

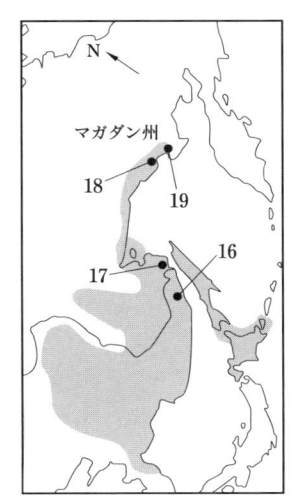

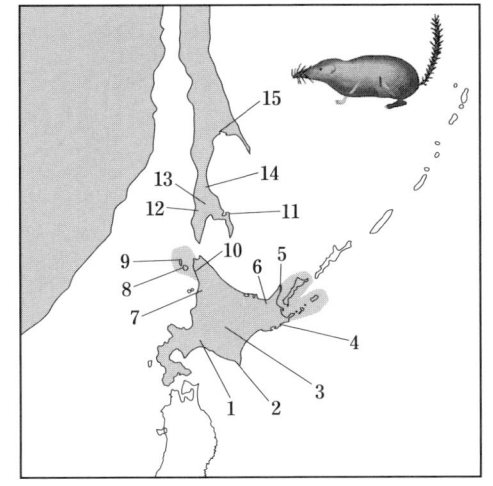

図4 オオアシトガリネズミ(A)とヒメトガリネズミ(B)の分布と採集地点(Ohdachi et al., 2001 に基づき描く)。

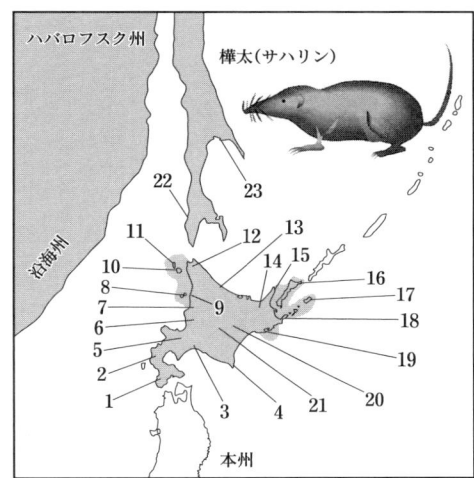

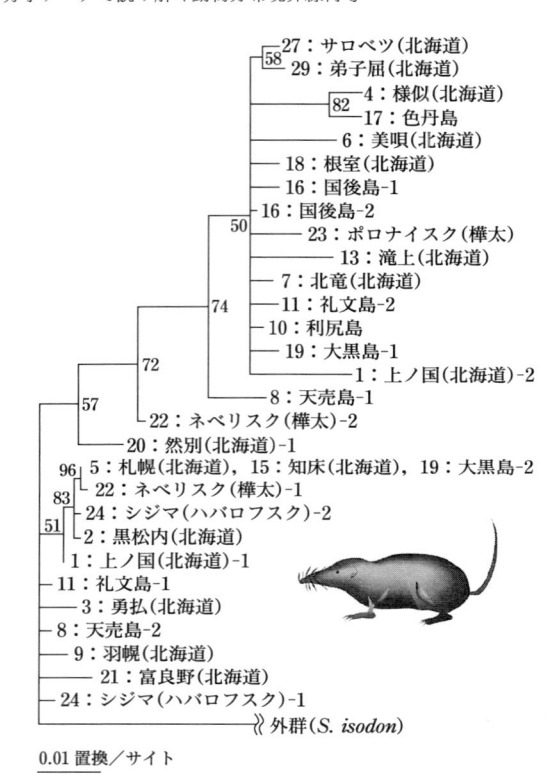

26   第Ⅰ部　分子データで読み解く動物分布境界線再考

```
              ┌─ 27：サロベツ(北海道)
           ┌58┤
           │  └─ 29：弟子屈(北海道)
         ┌─┤     ┌─ 4：様似(北海道)
         │ │  ┌82┤
         │ └──┤  └─ 17：色丹島
         │    └─ 6：美唄(北海道)
         │─ 18：根室(北海道)
         │─ 16：国後島-1
       ┌─┤  ┌─ 16：国後島-2
       │ │50┤
       │ │  └─ 23：ポロナイスク(樺太)
       │ │─ 13：滝上(北海道)
     ┌─┤74├─ 7：北竜(北海道)
     │ │  ├─ 11：礼文島-2
     │ │  ├─ 10：利尻島
     │ │  ├─ 19：大黒島-1
   ┌─┤72│  └─ 1：上ノ国(北海道)-2
   │ │  └─ 8：天売島-1
 ┌57┤  └─ 22：ネベリスク(樺太)-2
 │  └─ 20：然別(北海道)-1
 │     ┌─ 5：札幌(北海道), 15：知床(北海道), 19：大黒島-2
 │  96 │─ 22：ネベリスク(樺太)-1
 ├─83──┤─ 24：シジマ(ハバロフスク)-2
 │  51 │─ 2：黒松内(北海道)
 │     └─ 1：上ノ国(北海道)-1
 │─ 11：礼文島-1
 ├─ 3：勇払(北海道)
 ├─ 8：天売島-2
 ├─ 9：羽幌(北海道)
 ├─ 21：富良野(北海道)
 └─ 24：シジマ(ハバロフスク)-1
       外群 (S. isodon)
```

0.01 置換／サイト

図5 オオアシトガリのミトコンドリア・チトクロム *b* 遺伝子に基づく種内系統。チトクロム *b* 遺伝子1140塩基の配列データに基づいて最尤法(カルテット・パズリング法；HKYモデル＋ガンマ分布)により描く(Ohdachi et al., 2001の結果に基づく)。ノードの近くの数字はカルテット法による支持率。採集場所番号は図4-Aに対応。地名のあとの(北海道)は北海道本島の意味。

　この理由として，オオアシトガリは現在の分布を占めるようになってから地理的分化を引き起こすのに十分に時間が経っておらず，祖先個体群の多型を保ったままであると考えられる。
　Nesterenko et al.(2002)は化石の情報からオオアシトガリは過去に一度分布を拡大したとしているが，それは北海道が大陸と陸続きであった最終氷期であると推測される。今回の系統データも最近に1回のみの分布拡大が起こったという説を支持している。

6. ヒメトガリの種内系統

ヒメトガリもオオアシトガリと同様に東アジア特産種で，北海道，南千島，樺太，アジア大陸北東部と周辺の小島に分布している（図4-B）。しかしオオアシトガリとは異なりオホーツク海ぞいにマガダンまで分布が続いている。マガダンまでの分布拡大は完新世以降のごく最近（歴史時代以降）になってなされたのではないかともいわれている（N. E. Dokuchaev，私信）。

チトクロム b 遺伝子に基づく種内系統によると，ヒメトガリは分析したサンプルでは5つのクラスターと2つの個体の7つのグループに分けられる（図6）。マガダン・クラスターと樺太 - ハバロフスク・クラスターはそれぞれ地理的に近い個体の集まりである。また北海道の個体は3つのクラスターに分割された。このことからヒメトガリではある程度の地理的な系統分化が

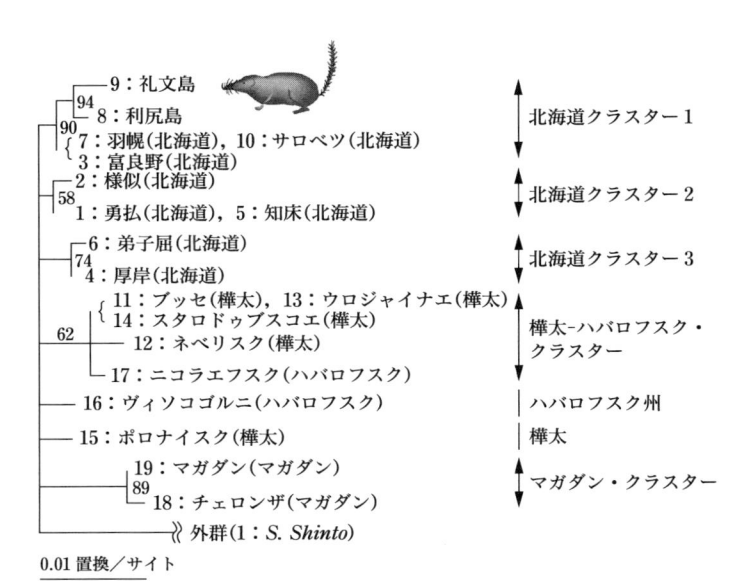

図6 ヒメトガリのミトコンドリア・チトクロム b 遺伝子に基づく種内系統。チトクロム b 遺伝子630塩基の配列データに基づいて最尤法（カルテットパズリング法；HKY モデル＋ガンマ分布）により描く（Ohdachi et al., 2001 の結果に基づく）。ノードの近くの数字はカルテット法による支持率。採集場所番号は図4-Bに対応。地名のあとの（北海道）は北海道本島の意味。

行なわれていることがわかった。したがって，ヒメトガリでは現在の分布域を占めるようになってから，遺伝的分化を生じるのに十分な時間が経っていると推測された。

またNesterenko et al.(2002)の化石出土の情報からヒメトガリは少なくとも3回の分布の拡大を行なったらしい(V. Nesterenko，私信)。チトクロム b 遺伝子の系統(図6)でも偶然にも北海道の個体群は3つのクラスターに分割されている。このことから，ヒメトガリではオオアシトガリとは違い北海道に複数回に渡り移入してきた可能性が示唆された。

7．遺伝的/地理的距離の相関

Huchison and Templeton(1999)は遺伝距離と地理的距離の相関と遺伝的浮動(genetic drift)と遺伝子流入(gene flow)の平衡状態との関係について重要な発表を行なった。個体群間の地理的な距離を独立変数に遺伝的距離を従属変数にとって相関をみると，正の相関がみられる場合とそうでない場合がある。種内のそれぞれの個体群の分布が連続あるいは飛び石モデル(個体群の構造モデルについては，たとえば，野澤，1994を参照)をしている場合，遺伝的浮動と遺伝子流入が平衡にあるとき，距離による隔離(isolation by distance)により地理的に遠いものほど遺伝的な距離も遠くなり，これら2つの距離間で正の相関がみられる。ある種が分布をいっきに拡大したとしよう。すると始めのうちはどの個体群でも同じような遺伝型組成をもっているが，時間が経つにつれて地理的に遠い個体群どうしは遺伝的距離も大きくなっていくことが考えられる。したがって，遺伝距離と地理的距離に正の相関がみられる種はそうでない種よりも分布を広げてから長い時間が経っていることが考えられる。もっとも移動性が非常に高い種とか突然変異が頻繁に起こる種の場合，遺伝的浮動と遺伝子流入が平衡に達せずに十分な時間が経っているにもかかわらず，距離による隔離が生じないこともある。しかし，遺伝距離と地理的距離の相関を調べることによって，分布変遷の歴史について有用な情報をもたらすことには変わりがない。

Huchison and Templeton(1999)の論文は，個体群をユニットとしての論議であったが，これは個体をユニットとした分析にも拡張できるアイデアである。そこでOhdachi et al.(2001)は，ミトコンドリア・チトクロム b 遺伝

(A)オオアシトガリ $r=0.027^{ns}$

(B)ヒメトガリ $r=0.576^*$

(C)バイカルトガリ(樺太 - ユーラシア) $r=0.122^{ns}$

(D)チビトガリ $r=0.880^*$

(E)シントウトガリ(本州 - 四国) $r=0.297^{ns}$

(F)アズミトガリ $r=0.246^{ns}$

遺伝的距離(置換/サイト)

地理的距離(km)

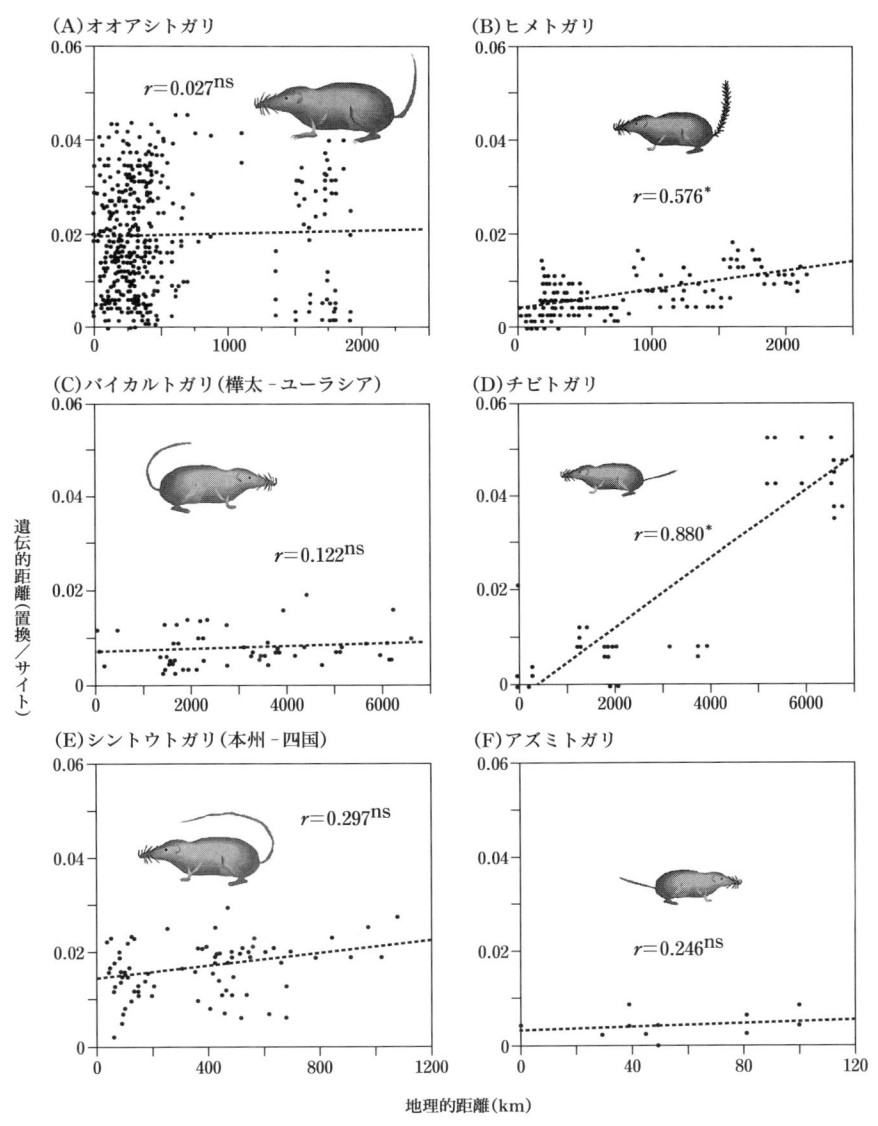

図7 トガリネズミ6種の地理的距離と遺伝距離の相関関係。2個体ペア総あたりで捕獲地点の地理的距離と遺伝距離(チトクロム b 遺伝子のサイトあたりの塩基置換数)のあいだの相関。相関の有意検定はマンテル・テストによる(＊：$P<0.01$)。詳しくはOhdachi et al.(2001)を参照。

子配列に基づいて，捕獲地点の地理的距離と遺伝距離(サイトあたりの塩基置換数)の関係を調べた(図7)。その結果，ヒメトガリとチビトガリにのみ正の相関がみられた。これによりこの2種では遺伝的浮動と遺伝子流入が平衡状態にあり，距離による隔離が生じていることがわかった。ここで，本章で扱ったトガリネズミ類において移動能力とチトクロム b 遺伝子の突然変異率にそれほど違いがないとする。すると似たような分布パターンを示すチビ - バイカルトガリとヒメ - オオアシトガリの2つの組み合せにおいて，それぞれチビトガリとヒメトガリが現在の分布域を占めてからの歴史が長いことが示唆された。

8. 北海道を中心としたトガリネズミ群集の成立過程

本章で示したDNAの分析により，北海道のトガリネズミ群集の成立過程でわかったことをまとめてみる。種内系統の分析(図2，3，5，6)により，大陸から北海道にかけて，まったく地理的な分化が見られなかったのがオオアシトガリである。したがって，北海道にはオオアシトガリが一番最近になってはいってきたと思われる。最終氷期最寒冷期が約1.8万年前で(小野・五十嵐，1991；五十嵐，2000)，この時期にオオアシトガリが分布拡大を開始し(Dokuchaev, 1990; Nesterenko, 1999)，北海道が大陸と最終的に陸続きだった約1.1万年前(五十嵐，2000)という短いあいだに北海道への移入が続いたと考えられる。一方，ヒメトガリは，北海道産の個体が複数の地理的クラスターをつくることと，地理的 - 遺伝的距離に正の相関がみられることから，オオアシトガリよりも北海道にはいってきた歴史が古いと思われる。しかも大陸方面より，樺太経由で数度にわたる波状の移入をした可能性がある。

次に，汎ユーラシア分布種であるバイカルトガリとチビトガリを比較してみよう。種内系統をみると北海道と大陸のバイカルトガリとは深い分岐をしていることがわかった。これにより北海道の個体群はかなり古い時代に分岐したと思われる。しかし，この分岐はシントウトガリとバイカルトガリが分化した後に起こったものである。シントウトガリとバイカルトガリは津軽海峡が分布の境界線である。したがって，北海道個体群の分岐は，恐らくは最終的な津軽海峡形成後つまり約15万年前(大嶋，1991；五十嵐，2000)以降

に起こったと考えられる．これに対し，北海道のチビトガリはユーラシア東部の個体群とはそれほど遺伝的な分化は見られなかった．したがって，北海道での出現はチビトガリよりもバイカルトガリのほうが古いのではないかと思われるが，これについてはデータ数も少ないので詳しくは述べられない．また，北海道でのチビトガリの出現はアズミトガリとの分岐後と考えられるので，この「種」もバイカルトガリ同様に津軽海峡が最終的に形成された約15万年前以降に北海道に出現したと思われる．

　また，ユーラシア大陸でのバイカルトガリとチビトガリの生物地理学上の比較をしてみる．大陸内において，バイカルトガリは分布全域にわたりほとんど地理的遺伝分化が認められずに，また遺伝的多様性が低かった．これに対しチビトガリは大陸の西と東側で遺伝的に大きく異なり，また大陸東部内においても地理的分化の傾向が認められた．さらに，遺伝的距離－地理的距離はチビトガリでは正の相関はみられたが，バイカルトガリではみられなかった．以上のことから，ユーラシア大陸内においてはバイカルトガリはチビトガリよりも最近に分布を広げたと思われる．著者はバイカルトガリの大陸での分布の拡大は最終氷期の最寒冷期が終わる1.5万年前以降というごく短期間に，東アジアより広がったと考えている．これについての詳しい論拠は別の機会に最新の研究結果も取りいれて論ずる予定である．

　以上のように現在の分布状況や形態の情報だけでは決して解明され得なかった生物地理上の仮説をDNAの情報を用いることにより，ある程度信頼のおける論拠をもって論じることができた．今後はそれぞれの種の分布域内の個体群の遺伝構造の比較を行なってより細かい生物地理学上の歴史を解き明かす必要がある．このような目的には，マイクロサテライト遺伝子などの遺伝的マーカーを用いた研究が有効である．我々はこれを用いて現在，分析を行なっている（一部の結果はNaitoh, 2003を参照）．さらにトガリネズミ類の生物地理学的歴史の仮説をより確からしいものにするために，(1)過去の分布の直接的証拠を得るためのトガリネズミ類の化石の分析，(2)どのような生息環境であったかを調べるための古環境学的研究，(3)種間競争などの種間関係が分布の変遷の歴史に与える影響を調べるための現生種の群集生態学的研究，などの知見を総合していく必要がある．

第2章 DNAに刻まれたニホンジカの歴史

森林総合研究所・永田純子

　日本列島は南北に細長く，高山から低地まで，そして亜寒帯から亜熱帯までのさまざまな地形や気候帯が存在する。そして，現在にいたるまでに，日本列島は幾度もの氷河期とそれに続く温暖な間氷期を経てきた。氷河期には海水面が下って，日本列島と大陸のあいだには陸橋が形成され，生物の移動をもたらした。そして間氷期には海水面が上昇し，島嶼は孤立あるいは水没し，生物は大陸から隔離された。日本列島の生物はこの多様な環境および環境変動のなか，長い年月におよぶ適応や淘汰の複雑な歴史を経て，現在ある姿になった。生物地理学という研究分野において，まさに日本列島は理想的な大きな野外実験の場であるといえる。

　野外実験を行なうためには，まず適切なフィールドと適切な材料が必要である。私はフィールドとして多種多様な環境をもつ日本列島を，材料としてニホンジカを選んだ。意外と感じる読者諸氏もなかにはいるかもしれないが，ニホンジカはとても身近な動物だ。彼らは日本列島の哺乳類のなかでは大型であり，北海道から沖縄にかけてほぼ日本全国に生息している。積雪がそれほど多くない開けた森林や林縁地帯が彼らの好みの環境だ。近年，日本では各地でニホンジカの個体数や生息地域が増加していて，農業や林業の現場では人間社会との軋轢が生じている。人間の側からみれば，彼らはいわば食害を起こすほど"増えすぎた動物"で，有害獣として駆除されていることを残念ながら付け加えておかなければならない。野生動物の研究において大型哺乳類のデータを集めることは概して難しいが，有害獣駆除のシステムを有効に利用すれば，ニホンジカなら効率的に日本全国から研究試料が得られる。私は，野生動物の科学的理解や彼らの保護や管理に，このような試料を用い

た研究が役立てばと考えた。

　ニホンジカは，その和名のために日本にしか分布していないという誤解を招くことが多いが，本来の分布地域はベトナムから極東アジア（中国東部，ロシア沿海州，朝鮮半島，台湾）までと広く，その生息環境も多様だ。特に，日本列島に生息するニホンジカは，生息地のさまざまな植生・気候・地理的差異に細かく対応するかのごとく，驚くべき形態的・生態学的な地理変異を示す。これほどの違いが1つの種のなかで見られるということは，世界中の哺乳類を見渡してみても非常に珍しく，興味深い研究対象だ。いったいこの多様性はどのように生まれたのだろう。単純に気候・植生・地形への適応によるものなのだろうか。それとも先祖代々遺伝的に決まっていることなのだろうか。

　近年，遺伝学的手法の発達とともに，分子進化の理論が確立され，DNAの配列情報は生物の系統関係をみるのに非常に有効であることがわかってきた。それまで，もっぱら形態に基づいて系統関係を類推していたが，その際，研究者の主観的な判断がはいる余地がしばしばあった。一方DNAは誰にでも同じ技術を使って分析でき，得られたデータは客観的な規準を与えてくれる。また，形態情報のような収斂が起こりにくいために，DNAを用いた系統解析は生物学のさまざまな分野で広く用いられるようになった。もちろん，野生動物への応用も盛んになってきている。私たちもDNAの技術を用いニホンジカの地域系統関係を見直すことで，起源・進化を解き明かそうと，研究を続けている。そして，これまでの研究結果から，分布や形態の比較からだけでは想像もできないダイナミックな歴史を経て，現在のニホンジカの姿があることがわかってきた。これは，彼らのDNA上のみに刻まれた歴史が潜んでいることを暗示している。本章では，従来の形態分類による亜種分類・分布様式と分子遺伝学的研究による結果との相違点を概観し，日本産哺乳類の成立史とのかかわりを考察することによって，ニホンジカの日本渡来物語を紐解いてみよう。

1. 分布，形態分類そして地理的変異

　ニホンジカ *Cervus nippon* は，ロシアの沿海州からベトナムにかけて，東アジアに広く生息する偶蹄類シカ科シカ亜科の動物だ。亜種分類にはたく

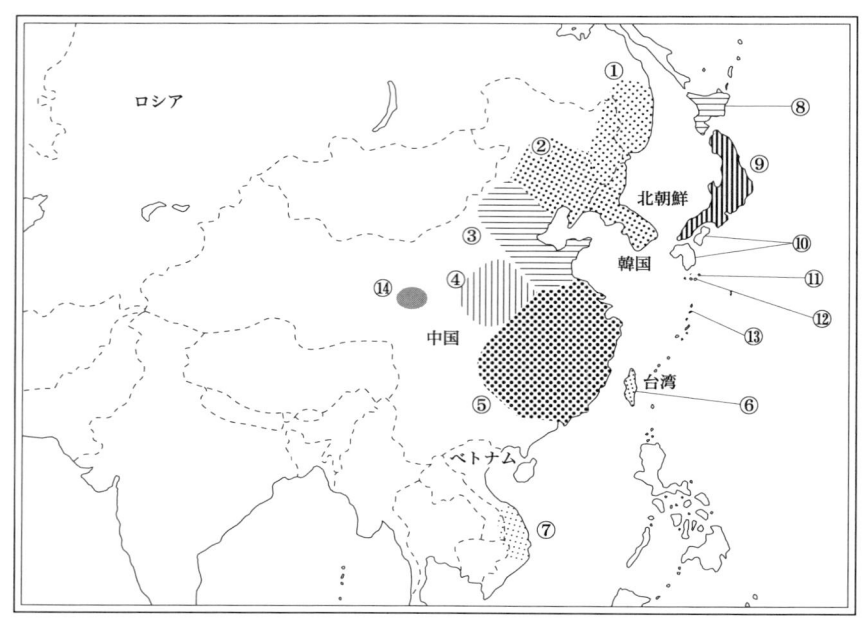

図1 ニホンジカの分布と亜種分類(Whitehead，1993 を改編)。1：*C. n. hortulorum*，2：*C. n. mantchuricus*，3：*C. n. mandarinus*，4：*C. n. grassianus*，5：*C. n. kopschi*，6：*C. n. taiouanus*，7：*C. n. pseudaxis*，8：*C. n,. yesoensis*(北海道)，9：*C. n. centralis*(本州・対馬)，10：*C. n. nippon*(四国・九州・五島列島)，11：*C. n. mageshimae*(馬毛島・種子島)，12：*C. n. yakushimae*(屋久島)，13：*C. n. keramae*(慶良間諸島)，14：*C. n. sichuanicus*(大泰司，1986 を採用)。8〜13 が日本産亜種である。

さんの説があるが，専門家のあいだで最も支持されている大泰司(1986)の説によると，14亜種に分類される(図1)。そのうち，大陸に生息する4亜種(*C. n. mantchuricus, mandarinus, grassianus, taiouanus*)はすでに絶滅したと考えられている。日本には，北海道，本州，九州，四国，瀬戸内諸島，五島列島，馬毛島，屋久島，種子島，対馬，慶良間列島などに分布していて(阿部，1994)，エゾシカ *C. n. yesoensis*，ホンシュウジカ *C. n. centralis*，キュウシュウジカ *C. n. nippon*，ヤクシカ *C. n. yakushimae*，マゲジカ *C. n. mageshimae*，ケラマジカ *C. n. keramae* の6亜種に分類されている。このうちケラマジカは，1600年代に九州(薩摩藩)から人為的に移入されたものであるらしい(沖縄県教育委員会，1996)。

日本産ニホンジカの形態学的・生態学的な地理的変異は著しく，それは特

筆に価する。たとえば北海道に生息するものは日本産ニホンジカのなかで最大であり，6歳前後以上の成獣オスの冬季標準体重は120 kgである。東北では100 kg，近畿で60 kg，九州では50 kg，屋久島では35 kgである。最小の日本産ニホンジカは沖縄県慶良間諸島に生息しており，成獣オスの体重は30 kgで，北海道産ニホンジカのおよそ4分の1にすぎない(大泰司，1986)。また，体の大きさにともない，角の長さや頭骨の大きさにも北から南への減少勾配が見られる。このように日本産ニホンジカの形態には，ベルクマンの規則を彷彿とさせる，北から南への減少勾配が見られる。

日本産ニホンジカに見られる上述のような著しい地理的変異は，彼らの亜種分類に関してさまざまな説をもたらした(遠藤，1996)。北海道に生息するニホンジカに関しては，別の種に分類されたり，大陸産と同一亜種にされたり，北海道産として独立亜種とされたりとさまざまな説がある。また長崎県対馬に生息するニホンジカにも，ツシマジカという独立種に分類する説，本州産と同一亜種にする説，対馬産として独立亜種にする説が存在する。ニホンジカの亜種分類は，実は，専門家のあいだでも意見の統一は依然されていない。

さて，形態の地理的変異は，餌条件，密度などの環境要因と密接に関係していることが知られている。たとえば，隔離され，ごく限られた環境に動物が高密度に生息する状態が続くと，餌条件が悪化し，その結果その動物に島嶼化現象と呼ばれる小型化をもたらす。実際に，北海道洞爺湖中島や宮城県金華山島，長崎県五島列島に生息するニホンジカには体の小型化が見られる。一方，九州産や屋久島産のニホンジカを北海道や本州で累代飼育をしても本来のサイズを保ち，エゾシカやホンシュウジカのサイズにはならないという，体の大きさが遺伝的に決まっていることを示す報告もある(大泰司，1986)。

形態学的な地理変異は，気候や個体群密度，餌資源などの生息環境の差違，そして遺伝的な違いによって生まれると考えられている。したがって，形態の違いから系統関係を判断することは非常に難しい。そこで注目されているのが，これらの疑問を解き明かすための1つの道具としての遺伝学的手法である。

2．新たな動物地理境界線

　mtDNA は細胞中に存在するミトコンドリアのなかにある。メンデルの法則に従う核 DNA とはまったく異なった遺伝様式をもっており，母系遺伝にかぎる細胞質遺伝をする。mtDNA は 1 つの細胞に数千コピーあり，その大きさは哺乳類では約 16,000 塩基対で，環状二重鎖構造をもっている。また，塩基置換速度が核の遺伝子よりも 5〜10 倍速いため（Brown et al., 1979），種内の DNA 多型（塩基配列の違い）がよく観察される。そのためさまざまな動物において DNA 多型を調べるのに有効なマーカーとして用いられ，集団内および集団間の遺伝的関係を探る手段として，1980 年代から盛んに研究が行なわれてきた。また，突然変異が起きる度合いは生物の種に関係なくほぼ一定とされ，ある 2 つの生物の塩基配列を比べて変異の数を数えると，その生物たちがどれくらいの時間をかけて同じ先祖から分岐してきたか推測できる。これが「分子時計」と呼ばれるゆえんであり，それを用いてさまざまな動物の種間，亜種間（地域集団間）の分岐年代を推定する研究が盛んに進められている。現存動物の DNA を調べて，そこに刻まれた過去を知る，そのような可能性を mtDNA は秘めている。

　私たちは，mtDNA の一部であるコントロール領域をもちいて，ニホンジカの分子系統学的研究を進めている。コントロール領域は遺伝子をコードしていないために，とりわけ変異速度が速い（Aquadro and Greenberg, 1983）。変異速度が速い領域は塩基配列に突然変異が蓄積されるために，集団間や個体間の遺伝的な違いを反映しやすい。このような性質をもつコントロール領域は，私たちの研究にとって絶好の材料である。Nagata et al.(1999)は，日本産ニホンジカ 6 亜種のうち（マゲシカを除く）5 亜種をカバーする 13 地域集団から計 30 個体と大陸（中国）産のサンプルを集め，PCR（ポリメラーゼ連鎖反応）法を用いて mtDNA のコントロール領域を増幅し，約 800 塩基を決定した。塩基配列の違いをもとに近隣結合（NJ）法（Saitou and Nei, 1987）により分子系統樹を作成し，地域集団間の遺伝的関係を図示した（図 2）。こうして作成された図は，それまで私たちがまったく予想していなかった衝撃的な事実を示していた。

　日本産ニホンジカの各地域集団は，それぞれ独自のクラスターを形成し，

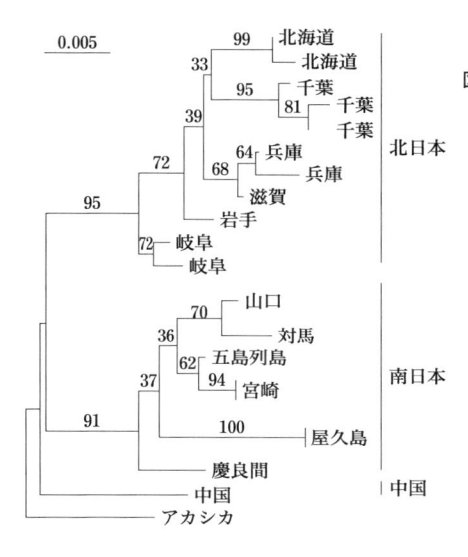

図2 日本産および中国産ニホンジカのミトコンドリアコントロール領域塩基配列(547塩基)の分子系統樹(Nagata et al., 1999より)。PCRダイレクトシーケンス法により約800塩基を決定した。コントロール領域に存在する繰り返し領域と塩基の欠失部分を除き，Kimura's two-parameter法(Kimura, 1980)を用いハプロタイプ間の遺伝距離を求め，近隣結合法(Saitou and Nei, 1987)によって，分子系統樹を作成した。アカシカは群外種として使用した。枝上の数値はブートストラップ(Felsenstain, 1985)を1000回行なったときの信頼度(%)である。北日本グループと南日本グループはそれぞれ95%および91%という高い信頼度をもっている。

地域を特徴づけるような特有のハプロタイプ(mtDNAのタイプ)をもっていた。しかし，地域集団間の遺伝的関係は，これまでに発表されたすべてのニホンジカ亜種分類とはまったく一致していなかった。たとえば，北海道産のクラスターは，私たちが分析した集団のなかでは千葉や岩手産などの本州産と近い関係にあり，亜種エゾシカとしての様相は呈していなかった。また，大泰司(1986)ではホンシュウジカに分類される対馬産(他の研究者によって独立種に分類されたこともあった)と山口産は，九州産と遺伝的に近い関係にあった。そして何よりも私たちが驚いたことは，日本産ニホンジカが北と南の2つのグループに明瞭に分けられたことだった。北日本グループには北海道から本州兵庫県までの集団が含まれ，南日本グループには本州山口県から，九州・対馬および九州以南の島の集団が含まれた(図2)。北日本グループと南日本グループ，そして中国グループのあいだにどのくらいの"距離"が存在するかということを知るために，塩基配列の違いから遺伝的距離を算出したところ，北日本-南日本間の平均遺伝距離3.7%，北日本グループと中国では3.2%，南日本グループと中国では，2.9%であった(表1)。驚くことに，北日本-南日本の遺伝的距離は，両者と中国との遺伝的距離に匹敵していた。このように，日本産ニホンジカには2つのミトコンドリア系統が存在し，これら2つの系統間の遺伝的関係は予想外に遠いものだった。またニ

表1 北日本，南日本，中国グループ間の遺伝的距離（対角線上）と分岐年代（対角線下）（Nagata et al., 1999より）

	北日本	南日本	中国
北日本	——	3.7(2.5〜5.0)%	3.2(2.4〜3.8)%
南日本	35万年	——	2.9(2.6〜3.4)%
中 国	30万年	27万年	——

分岐年代はmtDNAコントロール領域の進化速度10.6%/100万年を元に算出された

　ホンジカのコントロール領域には約40塩基が1ユニットの繰り返し配列が存在し，北日本グループは6〜7回，南日本グループには4〜5回の繰り返し配列があり，この部分構造にも南北グループ間に大きな違いがあった（Nagata et al., 1999）。Nagata et al.(1995)やTamate et al.(1998)のmtDNAチトクロムb領域や12S rRNA領域を用いた研究も，これら2つのミトコンドリア系統の存在を示していた。

　図2に示したNagata et al.(1999)のデータに未発表の中国産，鹿児島産，種子島産のデータを加えて，日本と中国におけるコントロール領域ハプロタイプ分布図を描いた（図3）。今回，あらたに種子島産（*C. n. mageshimae*）を加えたことで，日本産全6亜種（大泰司，1986）を図示できた。この図から，南北グループの境界線（もしくは重複領域，以下境界線という）は兵庫県から山口県のあいだに存在するということが読み取れる。細井ほか(2003)と山田ほか(1999)は，コントロール領域をもちいて中国地方および四国についてさらに詳しい遺伝学的研究を行なっている。それによると，日本産ニホンジカの2系統の新たな遺伝的境界線は，四国，そして本州では西中国山地（広島，島根）に存在することが明らかとなった。しかしそこには，ニホンジカ地域集団間の遺伝的交流を妨げるような山岳地帯や大きな河川などの地理的障壁は存在しない。そこで私たちは，ニホンジカの遺伝的境界線の成立には，日本列島における哺乳類相の成立の歴史と深いかかわりがあるのではないかと考えた。

3．ニホンジカの過去・現在・北・南

　日本列島の現生哺乳類相は，第三紀から第四紀にかけて起こった地殻変動と氷期の過程で成立したと考えられている。化石資料に基づく研究をまとめ

ると，中期更新世中期から中期更新世後期(〜約17万年前)に大陸から朝鮮半島を経て渡来した中国中部の温帯森林動物群と，後期更新世後期の最終氷期(ウルム氷期：約6万年前から1万年前)に大陸北部からサハリン(樺太)を経て渡来した北方系の動物群が，現代のおもな日本哺乳類相を形成したと考えられている(亀井ほか，1987；河村ほか，1989；近藤，1982)。これらの動物の渡来は日本周辺の海峡形成史と密接な関係があることはいうまでもなく，温帯系動物群の渡来時期は朝鮮半島と日本列島のあいだに朝鮮海峡が形成されるまでの時代に対応し，北方系動物群が渡来したとされる最終氷期は，宗谷海峡が形成(12,000年前：大嶋，1991)される前にあたる。それでは南北2つのミトコンドリア系統をもつ日本産ニホンジカには，果たしてどんな歴史があったと考えられるだろうか。

100万年で10.6%の違いが生じるというmtDNAコントロール領域の分子時計に基づいて，北日本グループと南日本グループそして中国グループのあいだの分岐年代を推定したところ，3グループはおよそ30万年前に共通祖先から分岐したと考えられた(Nagata et al., 1999；表1)。30万年前というのは南方系動物群が日本に渡来する前にあたるため，これら3グループは，ニホンジカの祖先が日本列島に渡来する以前にすでに分化していたと考えられる。それでは，日本産ニホンジカに見られる南北2つのグループの祖先が日本列島に渡来してきたのはいつだろう。さきに概観した日本産哺乳類相の成立の歴史をあわせて，年代的な矛盾がない仮説を考えると，ニホンジカの南日本グループが南方系動物群に対応し，北日本グループが北方系動物群に対応するというシナリオが考えられる。

Blakiston(1883)は日本の現存動物相が津軽海峡を境に異なることに注目し，宗谷陸橋を渡ってきた北方系の動物は，そのころすでに形成されていた津軽海峡(大嶋，1991は15〜10万年前に形成されたと報告している)の存在によって南下を阻まれ，本州には到達できなかったと考えた。のちに，津軽海峡に存在する生物境界線はブラキストン線と名づけられた。ところが，私たちの遺伝学的研究から得られたニホンジカの遺伝的境界線はBlakiston線に一致していない(図3)(永田，1999を参照)。これにはどのような歴史的背景が考えられるだろう。津軽海峡成立後におとずれた最終氷期には北海道と本州のあいだに狭い水路が存在し，氷上を長距離移動できるような大型動物のいくつかは，この水路に形成された氷の橋を利用し本州に侵入できたとい

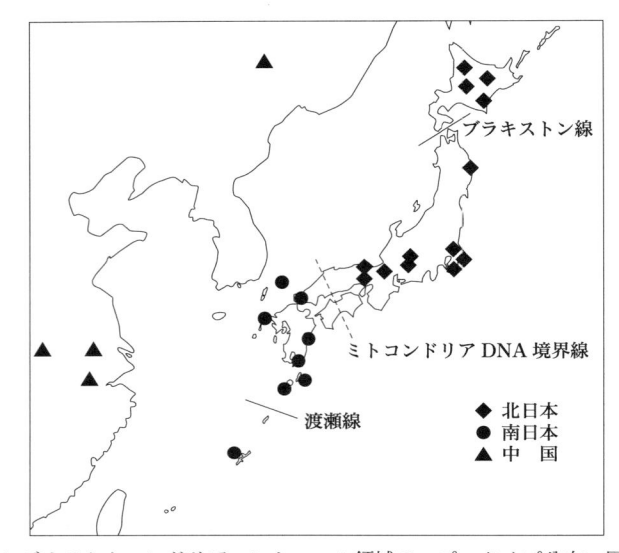

図3 ニホンジカのミトコンドリアコントロール領域のハプロタイプ分布。図中の北日本（◆），南日本（●），中国（▲）は図2の3グループに対応している。図2に含まれていない種子島，鹿児島，中国の未発表データも加えた。破線はmtDNAを用いた研究から予想される遺伝的境界線。日本列島に存在するおもな動物境界線である，ブラキストン線（津軽海峡）と渡瀬線（トカラ海峡）も図中に示した。沖縄県慶良間諸島に生息するケラマジカは九州から人為的に移入されたらしいので，本来の日本産ニホンジカの生息南限は渡瀬線に存在するといえるだろう。一方，ブラキストン線には明瞭な遺伝的境界線はみられず，北日本グループと南日本グループの境界領域が本州中国地方と四国に存在することが読み取れる。

う説がある(Sakaguchi and Jameson, 1962；亀井ほか，1987)。実際，長谷川ほか(1988)は，日本では北海道のみに生息しているヒグマ *Ursus arctos* の化石を下北半島から発見し，北方系要素が津軽海峡を越えて本州へ南下したことが明らかとなっている。さて，ニホンジカの移動能力であるが，たとえば北海道に生息するものは数十キロから100 kmくらいは移動できる。北海道と本州の最短距離は現在約20 kmであるが，おそらく最終氷期にはそれ以下であっただろう。20 km足らずの距離であれば，ニホンジカは難なく氷の橋を移動できたに違いない。一方，北方動物群の生息地と考えられる亜寒帯の植生地帯は，最終氷期には北海道から本州まで続いていたらしい。さらにウルム最盛期(約2万年前)には本州中部までに達していたと考えられている(那須, 1980)。これは，亜寒帯気候がそこまで達したことを暗示して

いる。このような状況下で，仮に北方動物群としてニホンジカが大陸からサハリン経由で日本列島に渡来したとすると，さらに南下し，より温暖な本州南部へと進出・定着するチャンスは十分あったと考えられる。一方，南方系の動物は，最終氷期に津軽海峡を越えた化石証拠は今までに見つかっておらず，たとえそのころ北海道と本州が氷橋でつながっていたとしても，本州から津軽海峡を越え，より寒冷で生息条件の悪い北海道に渡ることは困難だったのではないだろうか。

以上のことから，ニホンジカの歴史(仮説)をざっとまとめてみよう。

「およそ30万年前，ある共通祖先からニホンジカのさまざまな系統が生まれ，あるものは温暖な環境へ，あるものは寒冷な環境へと，さまざまな環境へと適応放散をとげた。朝鮮海峡が陸化していた中期更新世中期から中期更新世後期(〜約17万年前)に，温帯系動物群に属するニホンジカのある1つの系統(現在の南日本グループの祖先にあたる)が，朝鮮陸橋を渡り日本に渡来し，分布を広げた。宗谷海峡が陸化していた後期更新世後期の最終氷期(約6万年前から1万年前)に大陸北部から北方系動物群に属するニホンジカのある1つの系統(現在の北日本グループの祖先にあたる)が，宗谷陸橋を渡り日本(北海道)に渡来した。このときすでに津軽海峡が存在していたが，冬季に形成された氷橋を通り本州に到達し，さらに本州中部まで南下した。そのころ，先に日本に渡来してきた南日本グループの祖先は，寒冷な気候の南下にともない生息地を南下させた。この時点で，北海道および本州北部では北日本グループの祖先が優勢となった。」

このように，氷期と間氷期の気候変動およびそれにともなう温帯と亜寒帯系の植生帯の南北移動が，現存ニホンジカの遺伝的境界線が兵庫県と広島県のあいだに存在することに非常に大きな影響を及ぼしたのではないか，と私は考えている。

4. 動物地理生態と遺伝学

さて，日本産ニホンジカの南北グループのあいだで，生物学的特徴は異なるだろうか。高槻(1991)は，本州の北緯35度付近を境にして，北日本のニホンジカの食性はイネ科を主体とするグライミノイド優先型であり，南日本のニホンジカの食性は種子・果実・木本の葉が優先することを明らかにし，

南北での食性が異なることを指摘している。興味深いことに，ニホンジカの食性の移行帯はニホンジカの南北グループの遺伝的境界線と地理的に非常に近い。また，北海道，岩手，栃木，神奈川ではニホンジカが季節移動をすることが報告されていて(三浦，1974；丸山，1981；伊藤・高槻，1987；Uno and Kaji, 2000。しかし，例外も存在し，Takatsuki et al.(2000)と Igota et al.(2004)はそれぞれ岩手県五葉山と北海道において，季節移動型と定着型が存在すると報告している)，南日本のニホンジカは比較的狭い生息地に定着する傾向にあるという(矢部，私信)。

　しかし，最近になって，ニホンジカの生態は非常に柔軟で，生息環境の違いに応じて変化しうるということがわかってきた。たとえば，資源制限下では今まで食べなかった不嗜好性植物を採食するようになるという，食性の変化が観察されている(Takahashi and Kaji, 2001)。この事実から考えると，先ほど述べた南北の生態学的な違いは，ただ単にニホンジカの高い可塑性によるものであるとも考えられる。その一方で，日本列島に渡来してきたときからすでに存在していた北方系・南方系動物としての特質であるとも考えられる。また，これらの複合的な作用の結果であるかもしれない。残念ながら，今のところ，先に述べたニホンジカの歴史に関する仮説を裏づけるような，南北グループの遺伝的な境界線と最終氷期における環境変動や植生の変遷とを直接つなぐ手がかりはまだつかめていない。ある特徴が遺伝形質か獲得形質かという判定をする1つの方法として，南日本グループのシカを北日本で，北日本グループのシカを南日本で経代飼育し，環境を変えてもそれぞれのグループに特異的な特徴が遺伝するかどうかを確認するという実験が考えられる。つまり，環境が変化しても特徴が変化しなかったら，それは遺伝形質であると考えられるし，逆に環境が変化することによって，特徴が変化するようであれば，それは獲得形質であるといえるだろう。しかし，現実的には，このような大がかりな実験は非常に難しいだろう。

5. 今後の研究へむけて

　私たちが研究の道具として扱っている mtDNA であるが，その遺伝様式は母系遺伝であるし，遺伝型は直接表現型には現われない。だから mtDNA の研究から得られた結果はオスの遺伝子流動をまったく現わしていないし，

mtDNA の遺伝学的変異と，形態学・生態学的な違いとは直接関連づけられない。それではどのような遺伝学的研究を進めたら，彼らの生態や歴史についてもう一歩踏み込んだ議論ができるだろうか。いくつか案を考えてみた。

　ニホンジカではオスが長距離の移動分散をし，メスはどちらかというと定着する傾向にあるので，集団間のおもな遺伝子流動はオスが担っているといえる。mtDNA をもちいた私たちの研究結果は，本州南部に遺伝的境界があることを示していたが，それはまさにメスの定着性を反映しているといえるだろう。一方，メンデル遺伝をする核 DNA を調べれば，オス・メス両方の遺伝子流動を知ることができるだろう。さらに，Y 染色体上の DNA 領域に関する集団遺伝学的研究が進められれば，オスを介した集団間の遺伝子流動が追えるはずだ。オスの移動分散能力を考えると，南北グループ間を核 DNA が柔軟に流動しているような遺伝的重複地域が存在するはずだ。そのような地域に注目すれば，それぞれのグループに特有な Y 染色体上の対立遺伝子を追うことにより，オスの遺伝子分散がどのような方向(南から北，北から南，もしくは両方向)で起こっているかということを明らかにできるだろう。

　Wilson(2001)は核 DNA 上に存在するマイクロサテライト DNA という部位をもちいて日本産ニホンジカの地域系統関係について調べた。北海道・宮城県金華山・兵庫県・長崎県・長崎県対馬・山口県・島根県から得られた個体の 21 座位を分析，個体間に共通する対立遺伝子の頻度から遺伝的距離(Bowcock et al., 1994)を算出し，その遺伝的距離をもとに NJ 法(Saitou and Nei, 1987)によって系統樹を作成した。しかし，その系統樹に見られた地域系統関係は，基本的には mtDNA にから得られた地域系統関係(図 2)と同じであった。残念ながら彼女の研究では，核 DNA をもってしても南北グループが混在する遺伝的重複地域を絞り込むことはできなかった。しかしあきらめるにはまだ早い。今後，遺伝的重複地域に注目してさらに遺伝学的研究を進めれば，mtDNA と核 DNA の伝播の違いを明らかにできると思う。そして，もし核 DNA 上の適切な領域(形態形成などに直接かかわるような領域)を用いて研究を進めることができれば，先に述べた南北グループの形態学的・生態学的特徴に関する遺伝的な背景を直接的に明らかにすることができるかもしれない。

　また遺存体や化石から DNA を抽出し，時間軸にそった地理系統学的研究

ができれば，ニホンジカのより詳細な歴史を明らかにできるだろう。たとえば，年代的に異なる化石や遺存体の遺伝学的データを蓄積することによって，南北グループの分布が時代とともにどのような変遷をしたかということを明らかにできるだろう。しかし，それには多数の試料が必要であるし，化石のDNA解析技術をさらに洗練させる必要がある。現時点では，化石DNAの分析は技術的に難しいが，将来強力なツールになるに違いない。

　分子遺伝学的研究から得られた結果には，もちろんその生物が経てきた歴史，地理的環境など多くの因子がかかわっている。そのような背景を解釈するためには，現代の地理，植生，気候などとの比較が必要であり，さらに古生物学，古地理学，生態学，形態学などの研究分野との連携が重要だ。こうしたさまざまな分野を巻き込みながら，多面的に検討されることによって，研究はあらゆる方向に広がっていくだろう。

第3章 ヒグマの系統地理的歴史とブラキストン線

北海道大学・増田隆一

1. 日本のクマ

　クマは物語やアニメに登場する親しみ深い動物であると同時に，現実には人を襲い恐ろしい印象を与える動物でもある。日本には2種類のクマ（ツキノワグマ *Ursus thibetanus*，ヒグマ *U. arctos*）が生息しており，その地理的分布の違いは私たちの身のまわりの事柄や日本文化にも反映されている。昔話のなかで足柄山の金太郎が相撲をとった熊は，本州，四国，九州に生息しているツキノワグマをさしている。一方，北海道の土産物店に並ぶ鮭を担いだ木彫り熊は，ヒグマがモデルである。また，アイヌ文化のイヨマンテと呼ばれるクマ送り儀礼では，ヒグマが山の神とされている。なぜ，北海道にはヒグマがいて本州にはいないのだろうか？　その答えを求めて，ヒグマが北海道へやってきた歴史を探ることにする。

　世界に生息するクマ科 Ursidae は7種である（Servheen et al., 1999）。そのうちユーラシアに生息している5種は，熱帯（マレーグマ *Helarctos malayanus*，ナマケグマ *Melursus ursinus*）から温帯（ツキノワグ，ヒグマ），寒帯（ヒグマ），冷帯（ホッキョクグマ *U. maritimus*）にかけて分布し，北方の寒冷な地域に分布する種ほどその体サイズが大きくなる傾向がある。体重が大きいほど単位重量あたりの体表面積の割合は小さくなり熱の放散量が減少することは，ベルクマンの規則として知られている。クマ科の体サイズの種差は，寒冷気候に適応するための進化ととらえることができる。残る2種は，北米に生息するアメリカクロクマ *U. americanus* と南米のメガネグマ

Tremarctos ornatus である。

　現在の日本列島に生息するヒグマとツキノワグマの分布パターンは，生物分布境界線であるブラキストン線（津軽海峡）の生物地理学的意義をよく表わしている。津軽海峡を境にして，北側の北海道には北方系で大型のヒグマ，南側の本州には南方系で小型のツキノワグマが分布している。一方，アジア大陸の北部にはヒグマが，南部にはツキノワグマが分布し，ロシア沿海州地方およびヒマラヤ山脈から中国南西部にかけては両種の分布が重なっている（ブロムレイ，1972）。よって，北半球全域を見わたすと，北海道はヒグマ分布域の南限にあたり，本州はツキノワグマ分布の北限となっている。このような近縁種間の地理的分布パターンの違いが，日本列島における動物相に多様性をもたらしている一因である。

　ブラキストン線にかかわる生物地理学的検討は，従来，平面的な分布や形態の地理的変異の情報に基づいて行なわれてきた。これらの研究成果に加えて，最近の遺伝子情報による地理的分布の再検討により，北海道ヒグマのユニークな生物地理的歴史（分布移動の歴史）が明らかになってきた。本章では，筆者らによる分子系統地理学的成果と従来の知見とを交えながら，ヒグマのたどった自然史を考察する。

2．ヒグマの分布と地理的変異

　ヒグマはユーラシアおよび北米にまたがる北半球に広く分布し，世界で最も広い生息域をもつ陸生大型哺乳類である。この広い分布により，ヒグマは世界的にみても最も親しみのある動物の一種となっている。たとえば，テディベアやくまのプーさんは，ヒグマがモデルである。ヒグマは食肉目 Carnivora に分類されるが，じつは雑食性で天敵がなく，比較的寒冷な気候に適応している。このため，その生息域は亜寒帯針葉樹林から冷温帯広葉樹林およびゴビ砂漠などの乾燥地帯まで多様な自然環境に及んでいる。

　先に述べたように，日本列島では北海道が現在のヒグマ分布域の南限であり，それ以北の分布はサハリン（樺太），南北千島，ロシア沿海州地方，シベリア，カムチャツカ半島など北東ユーラシアに広がっている。ユーラシア大陸からみれば小島にすぎない北海道において，毎年約200〜300頭のヒグマが有害獣駆除などで捕殺され，総生息数はその10倍以上と推定されている

(北海道環境科学研究センター，2000)。すでに多くの国々でヒグマが絶滅してしまったヨーロッパに比べると，北海道における個体数密度の高さは，ここにはまだ自然環境が残されていることを示している。

分類上，亜種エゾヒグマ *U. arctos yesoensis* と記載され，1つのまとまった集団とみなされてきた北海道ヒグマにも，体サイズの地理的変異が報告されている。Ohdachi et al.(1992)は，北海道を南部，中央部，北東部の3地域に分け，各地域間でヒグマの年齢別・性別の頭骨サイズを統計的に比較解析した。その結果，北海道の南部から中央部，さらに北東部へと寒冷地にむかうにしたがって，頭骨が大型化することを見出した。雌雄を問わずどの年齢でもこの傾向がある。哺乳類の頭骨サイズは体サイズに比例しているので，寒冷地にむかうほど体サイズが大型化する現象はベルクマンの規則によるものと考えられた。米田・阿部(1976)は，南千島のエトロフ島に生息するヒグマが，北海道本島産よりさらに大型化していることを報告した。1つの亜種と分類されるエゾヒグマ内でも，各地域の自然環境に適応して形態的多様性が生みだされてきたといえる。

さらに，ヒグマに外部寄生するダニ類の種類と寄生率について，北海道における地理的変異が報告されている(門崎ほか，1990；門崎ほか，1993；小澤・門崎，1996)。ヒグマに寄生するダニの種類は多いが，主要なダニ種に共通する寄生パターンの特徴は，ヒグマの生息地の緯度が高くなるにつれて寄生率が低下する点である。たとえば，ヤマトマダニ *Ixodes ovatus* の寄生率は，道南地方(北海道南部)の渡島半島におけるヒグマで90％と高率であるのに対し，道央地方(北海道中央部)の夕張‐日高で75％，それより北東部の地域では0～22％と低下している。この寄生率の地理的変異は，ヒグマ地域集団間の生物学的差異または生息環境の違いに関連するものと考えられている。または，体表部に寄生するダニ類は低温への耐性が低いのかもしれない。

これらの従来の知見を踏まえ，筆者らは遺伝子の違いを「ものさし」にして，北海道ヒグマ集団における地理的変異の分析に取り組むことにした。

3．北海道ヒグマの三重構造

北海道ヒグマの遺伝的特徴を把握するため，北海道全域から収集したヒグ

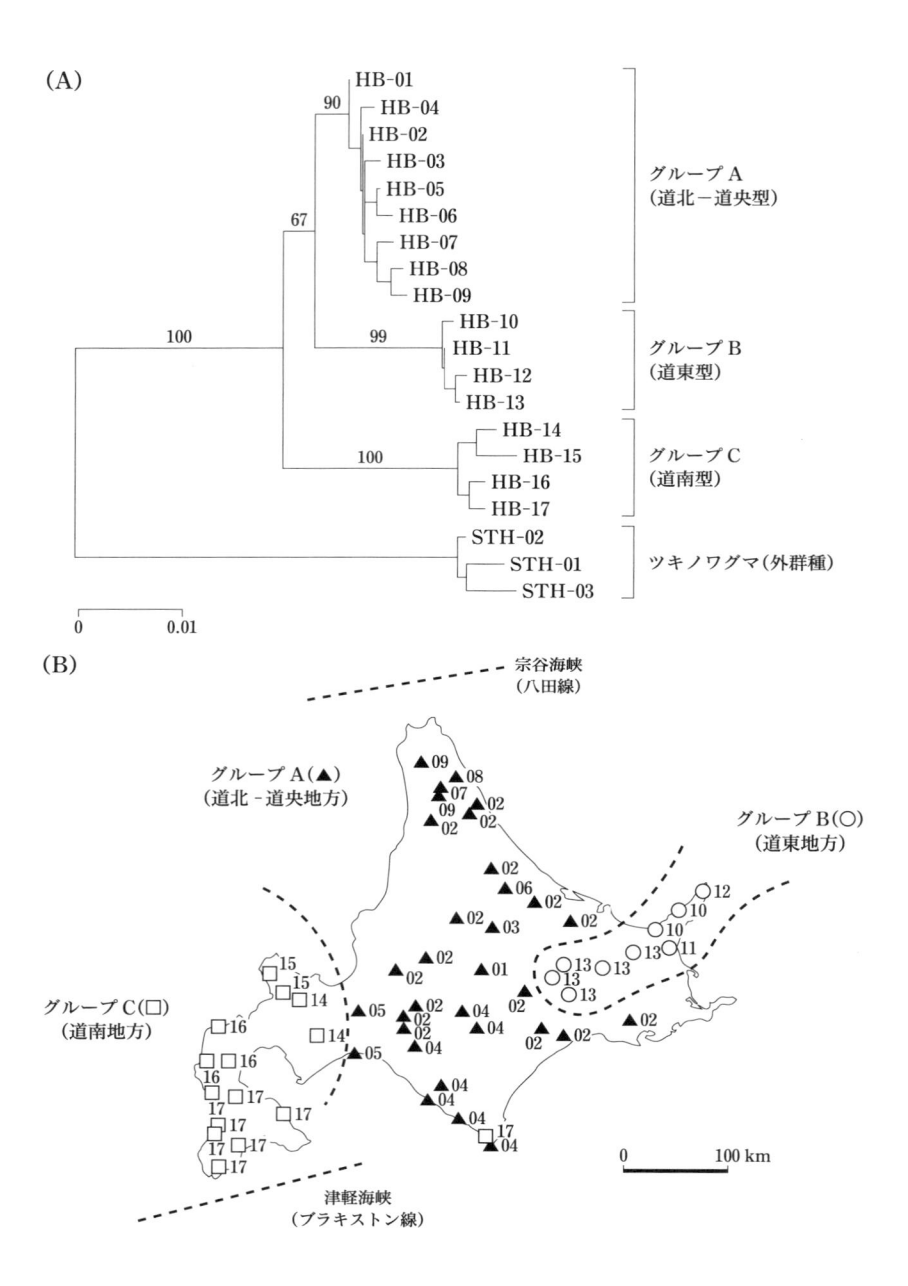

(A)

```
        ┌─ HB-01
      90├─ HB-04
        ├─ HB-02
        ├─ HB-03      グループ A
     67 ├─ HB-05      (道北－道央型)
        ├─ HB-06
        ├─ HB-07
        ├─ HB-08
        └─ HB-09
        ┌─ HB-10
     99 ├─ HB-11      グループ B
        ├─ HB-12      (道東型)
        └─ HB-13
        ┌─ HB-14
    100 ├─ HB-15      グループ C
        ├─ HB-16      (道南型)
        └─ HB-17
        ┌─ STH-02
        ├─ STH-01     ツキノワグマ(外群種)
        └─ STH-03
```

0 0.01

(B)

宗谷海峡
(八田線)

グループ A (▲)
(道北-道央地方)

グループ B (〇)
(道東地方)

グループ C (□)
(道南地方)

0　100 km

津軽海峡
(ブラキストン線)

マ組織標本について，mtDNAコントロール領域の約700塩基を解読した(Matsuhashi et al., 1999)。哺乳類のコントロール領域は，mtDNAのなかでも進化速度(塩基置換速度)が比較的速く，種内の地理的変異を検出するのにつごうのよい指標である。分析の結果検出された17種類のmtDNAタイプについて分子系統関係を調べたところ，高い支持率(ブーツストラップ値)で3つのグループ(A，B，C)に分けることができた(図1A)。さらに，地理的分布を調べると，グループAに含まれるmtDNAタイプが道北‐道央地方(北海道北部‐中央部)，グループBが知床半島から阿寒を中心とする道東地方(北海道東部)，グループCが渡島半島を中心とする道南地方に分かれて分布していた(図1B)。筆者らは，これら3グループの異所的な分布パターンを「北海道ヒグマ集団の三重構造」と名づけた。

　では，3グループ間でのヒグマの移動は，まったく見られないのであろうか？　電波発信器を用いた行動調査により，オスグマの行動圏は数十〜数百kmに及ぶのに対し，メスグマでは数kmにすぎないことが報告されている(岡田・山中，2001)。たとえば，グループC地域内の支笏湖周辺で捕獲されたオスグマが一晩で石狩低地帯を横切り，グループA地域に移動したことが知られている。少なくとも，隣接するmtDNAグループ地域間では行き来しているオスグマがいるようだ。つまり，母系遺伝するmtDNAの分布パターン(三重構造)は，メスグマの狭い保守的な行動圏を反映しているものと考えられる(図2)。さらに，ほかの生物学的障壁も考えられる。たとえば，グループCが分布する渡島半島は起伏に富んだ山地帯であると同時に，日本列島におけるブナ林の北限でもある。このグループC地域に生息するヒグマでは，ブナ林が生みだす豊富なドングリなどの木の実への食性偏向や自然環境への適応により定着性が強いことが予測される。さらに，ヒグマは

図1　(A)北海道ヒグマにおけるmtDNAコントロール領域(約700塩基)の遺伝子タイプの分子系統樹(近隣結合法)(Matsuhashi et al., 1999より)。遺伝距離は二変数法による。検出された17個のmtDNAタイプ(HB-01〜17)は，高い信頼度(90，99，100％)で3グループ(A，B，C)に分類された。ツキノワグマのmtDNAタイプ(STH-01〜03)を外群として用いた。(B)北海道ヒグマの3グループ(A，B，C)の分布(Matsuhashi et al., 1999より)。グループA，B，Cは，それぞれ道北‐道央地方，道東地方，道南地方に分布し，その境界線は明瞭である。記号の横に付した数字はmtDNAタイプ(HB)を示す。この異所的な分布パターンを三重構造と名づけた。

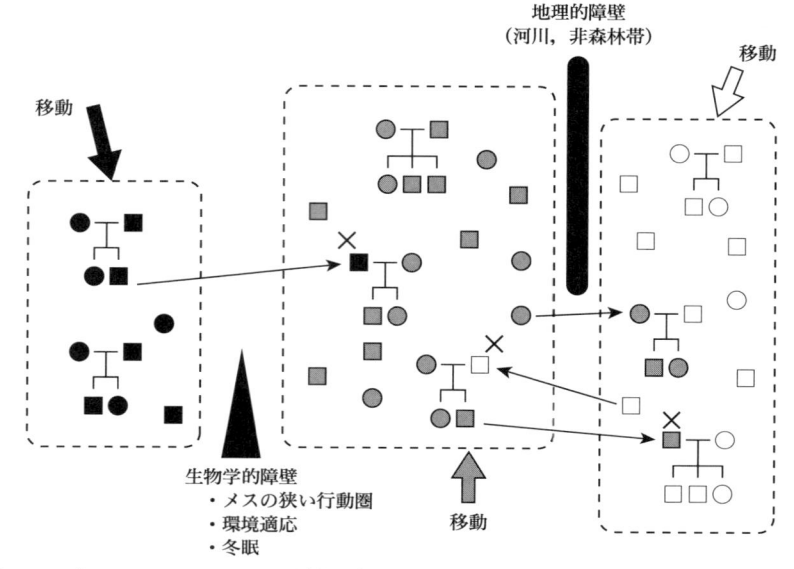

図2 ヒグマにおける mtDNA の遺伝と拡散の様式。地理的障壁のほか，渡来の経路と時代の違い，生物学的障壁（メスの狭い行動圏，なわばり，生息環境への適応，冬眠など）がヒグマの三重構造の形成要因であると考えられる。丸はメス，四角はオス，その色の違い（黒色，灰色または白ぬき）は異なる mtDNA グループを表わす。オスが隣のグループ地域へ移動し，その地域在来のメスと交配しても，その子孫にはオスの mtDNA タイプは遺伝せず（そのオス親には×を付した），メスの mtDNA タイプが伝播していく。

冬眠するため，冬季間に少ない餌を求めて広い範囲を移動することがないことも，mtDNA タイプの分布境界線が固定している要因の1つであろう。

このように，遺伝子解析を導入することにより，従来，1つの亜種エゾヒグマと見なされてきた北海道のヒグマが，じつは系統の異なる3つの集団から構成され，各地域の自然環境に適応進化していることがより鮮明になってきた。

コントロール領域塩基配列の進化速度に基づいて計算すると，北海道ヒグマの3グループ間の分岐年代は，今からおよそ30万年以上前の中期更新世と推定された(Matsuhashi et al., 1999)。また，ヒグマが種分化したのは更新世以前の時代（鮮新世）のアジア大陸と考えられている(Mazza and Rustioni, 1994)。さらに，中期更新世から現代までには，北海道は陸橋により何度も大陸とつながっていた。これらのことから，3つの mtDNA グループ

は北海道において分岐したのではなく，それらの祖先集団がまずアジア大陸において分かれた後，異なる時代または異なる経路を経て北海道へ渡来し定着したと理解される。さらに，図1Aと図1Bを照らしあわせると，道南地方に分布するグループCでは，分子系統的に近縁なmtDNAタイプどうし(HB-14とHB-15，HB-16とHB-17)が近隣に分布していることから，北海道に渡来・定着後もグループ内で小さな進化が起こっているものと考えられる。

　それでは，3グループの祖先は，いつ，どのような経路で北海道へやってきたのだろうか？　北海道には鍾乳洞などの石灰岩土壌が少なく，これまでにヒグマを含めて更新世の動物化石がほとんど出土していないため，ヒグマが北海道へ渡来した時代を古生物学的に特定することができない。しかし，最終氷期(約70,000〜12,000年前まで)以降である縄文時代の貝塚からはヒグマ骨が多数出土しているため，この時代にはすでに北海道に定着していたと考えてよいだろう。

　また，元来ヒグマが自然分布していない礼文島など離島の考古遺跡(たとえば，紀元後5〜12世紀のオホーツク文化期の住居跡)から出土するヒグマ骨は，島外から人為的に持ち込まれたと考えられており，そのmtDNAタイプと北海道本島に分布するmtDNAタイプを比較解析することにより，離島から出土したヒグマ骨の生前の生息地を推定することもできる(終章参照：Masuda et al., 2001；増田，2002)。今後は，このような考古標本を用いた分子系統解析により，過去の動物地理的歴史を直接的に解明できるものと思われる。

4．ヨーロッパにおけるヒグマの移動の歴史

　ここで，ヨーロッパのヒグマに関する研究に目をむけてみよう。前述したようにヨーロッパの多くの国々ではヒグマはすでに絶滅したが，まだ数カ国で生息している集団について分子系統解析が行なわれている。Taberlet and Bouvet(1994)はmtDNAコントロール領域の分析を行ない，ヨーロッパヒグマを東西の2系統に分け，さらに西グループをイベリア系列とバルカン系列に分類した。これら東西ヨーロッパグループの分岐年代は約85万年前，そして，西グループ内の分岐年代は約35万年前と推定されている(Taber-

52　第Ⅰ部　分子データで読み解く動物分布境界線再考

(A) ヒグマ

境界線
東ヨーロッパグループ
イベリア系列
バルカン系列

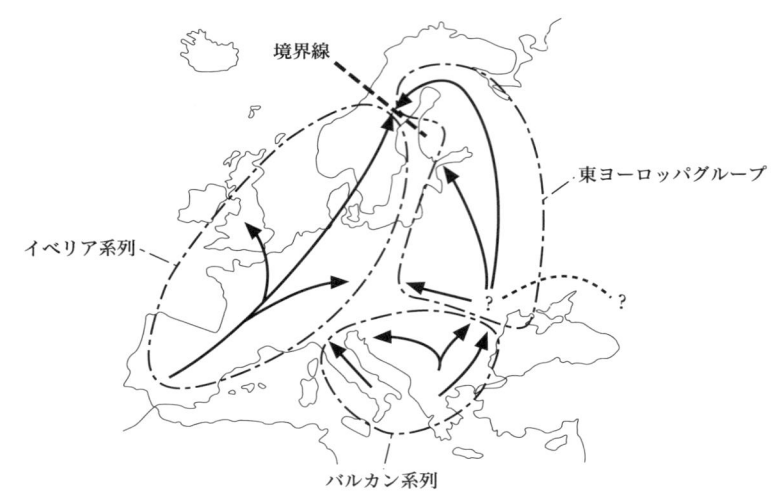

(B) ヨーロッパトガリネズミ

境界線

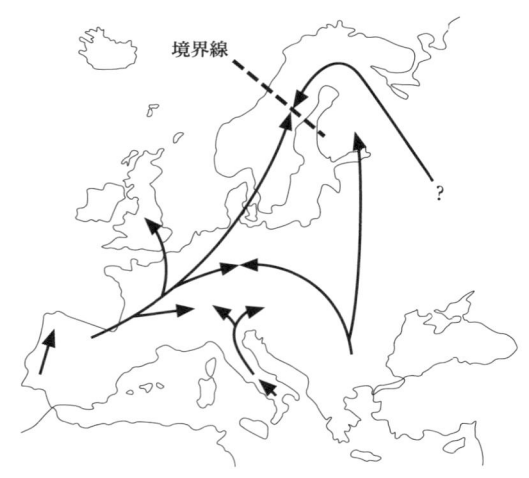

図3　分子データと化石データに基づく最終氷期以降のヒグマ(A),およびヨーロッパトガリネズミ(B)の移動経路(Hewitt, 1999 より)。温暖化とそれにともなう森林化の北上により,両種は互いに類似した経路を経て生息域を拡大したものと考えられている。

let and Bouvet, 1994; Hewitt, 1999)。さらに，Hewitt(1999)は，蓄積された種々の生物種に関するDNAデータおよび化石データに基づき，最終氷期以降のヨーロッパにおける生物地理的歴史を考察した。図3Aはヨーロッパにおけるヒグマの移動経路を表わしている。それによると，地中海周辺に避難していたヒグマは，最終氷期以降にイベリア半島(イベリア系列)やバルカン・イタリア半島(バルカン系列)から北上・移動している。これらのヒグマはともに西グループに含まれる。特に，イベリア系列は大西洋沿岸を北上しスカンジナビア半島中部まで到達したとき，東ヨーロッパからスカンジナビア北部を経由して南下してきた東グループと出会い，分布境界線が成立したと考えられる。このような明瞭な分布境界線の形成は，北海道における分布境界の成立と共通している。やはり，メスグマが保守的な行動範囲をとること，すでに形成された先入者のなわばり中には新参者は潜入しない傾向があることによるものと考えられる。興味深いことに，ヨーロッパトガリネズミ *Sorex araneus* もヒグマと同様な移動経路の歴史をもっており(図3B)，スカンジナビア半島中部において別系統集団の境界線が形成されている(Hewitt, 1999)。これらの移動範囲はヨーロッパ大陸全域レベルで考えられているが，地図上での北海道の大きさが図3のアイルランドと同程度であることを考えると，北海道のような小さな島に3つのmtDNA系列が存在していることは世界的にも特異的なケースである。北海道の3グループの分岐年代は，西ヨーロッパグループに含まれるイベリア系列とバルカン系列の分岐年代にほぼ相当する。以上のことを考えると，小島でありながらも北海道は，北東ユーラシアにおけるヒグマの生物地理的歴史を考察していくうえで，重要なキーポイントになるものと思われる。

5. 北米におけるヒグマの移動の歴史

北米大陸のヒグマについても研究が進んでいる。前述したように，古生物学的にみて，ヒグマはアジア大陸で進化した後，ヨーロッパへ移動した集団，およびベーリング陸橋を経て北米大陸へ移動した集団があったと考えられている。特に，北米大陸の内陸部では，最終氷期以前のヒグマ化石は報告されていないので，北米でヒグマの分布拡散が果たされたのは最終氷期以降と考えられている(Kurten, 1980)。Talbot and Shields(1996)は，mtDNAコン

54　第Ⅰ部　分子データで読み解く動物分布境界線再考

(A) 現在のmtDNA分布

- 西アラスカグループ(A)
- 東アラスカグループ(B)
- アラスカ3島グループ
- ロッキー山脈グループ

(B) 15,000年前の化石DNA

- 東アラスカグループ(B)
- これより南方にはヒグマ不在

(C) 35,000〜45,000年前の化石DNA

- アラスカグループ(東西は不明)，アラスカ3島グループ，ロッキー山脈グループが混在
- ヒグマ不在

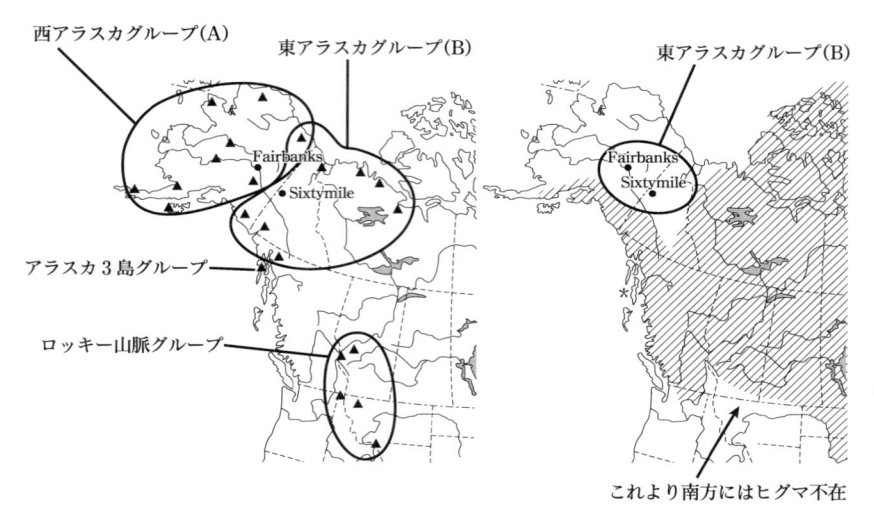

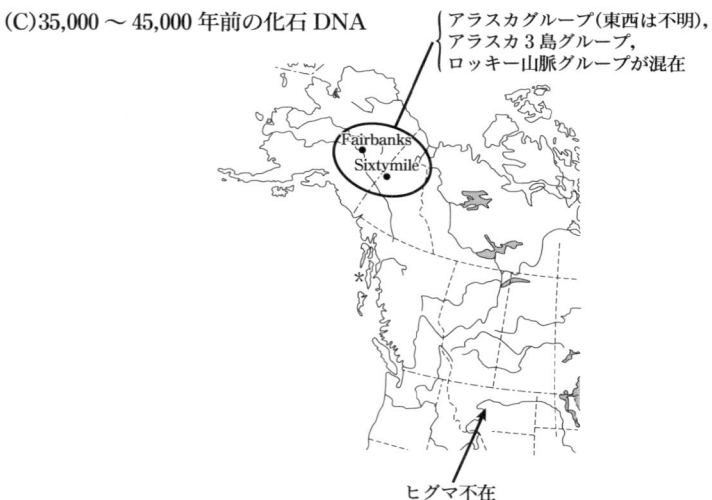

図4 中期更新世，最終氷期および現代のアラスカ周辺におけるヒグマの分布拡散の歴史 (Leonard et al., 2000 より)。過去のヒグマデータは，永久凍土から発掘された化石骨の古代DNA分析による。(A)現在の北米産ヒグマには4つの系列(西アラスカ，東アラスカ，アラスカ3島(ABC島)，およびロッキー山脈グループ)が見られ，それぞれが異所的に分布している。(B)約15,000年前にはすでに東アラスカグループのヒグマが分布していた。最終氷期に北米大陸を覆っていた大氷河(斜線)がヒグマの南下を阻んでいた。(C)35,000〜45,000年前には，アラスカ3島(ABC島)，東西アラスカ(東西系統の分類は不可)，ロッキー山脈グループが到来していた。

トロール領域の分子系統解析により，北米産ヒグマが，現在の西アラスカ，東アラスカ，アラスカ3島(ABC島)，ロッキー山脈の4地域のグループに分けることができると報告した(図4A)。さらに，Leonard et al.(2000)は，アラスカの永久凍土層から発掘された更新世のヒグマ化石骨について古代DNA解析を行ない，アラスカ周辺に分布していた更新世ヒグマのmtDNAタイプとその変遷を検討した。その結果，今からおよそ35,000〜45,000年前の中期更新世のヒグマ化石から，ロッキー山脈グループ(現代のヒグマDNAに基づいて分類されているグループ名称，以下同様)，アラスカ3島グループおよび東西アラスカグループに含まれるmtDNAタイプが検出された(図4C)。もちろん，この時代にはロッキー山脈周辺にはヒグマは生息していなかった。アラスカ周辺に生存していたこれらのヒグマは，その後の氷期のあいだにいったんは絶滅したのか，または周辺域のどこか温暖な地域に避難していたのかは定かではない。しかし，約15,000年前の最終氷期になると，アラスカ周辺に少なくとも東アラスカ系列が存在していた(図4B)。最終氷期に北米大陸を覆っていた巨大な氷床(図4Bの斜線域)は，ヒグマがアラスカ周辺域から南下するのを拒んでいたと考えられる。化石記録では，この時代にはロッキー山脈辺りにはまだヒグマは分布していなかった(Kurten, 1980)。ユーラシア大陸からベーリング陸橋を渡ってきたアメリカ先住民の祖先も，ヒグマと同様に，氷床に阻まれて北米大陸への南下拡散は果たせていなかった。その後，最終氷期が終了し，温暖化が進むと2つの大氷床のあいだに無氷回廊が形成され，そこを通ってヒグマはロッキー山脈あたりまで南下したと考えられている。人類も同じ時代に南下し，中米を経て南米の最南端まで到達した。しかし，寒冷地に適応したヒグマは，ロッキー山脈より南方へは移動できなかった。

6．北海道はヒグマの十字路

　上述したヨーロッパと北米におけるヒグマの遺伝的特徴や移動の歴史と対比しながら，北海道ヒグマの祖先の渡来史を考えると，最初に北海道へやってきたのはグループC(道南型)，次にグループB(道東型)，最後にグループA(道北‐道央型)と推定される(図5)(Matsuhashi et al., 2001；増田，2002)。まず，道北‐道央型であるグループAは，ユーラシア大陸の東ヨーロッパ

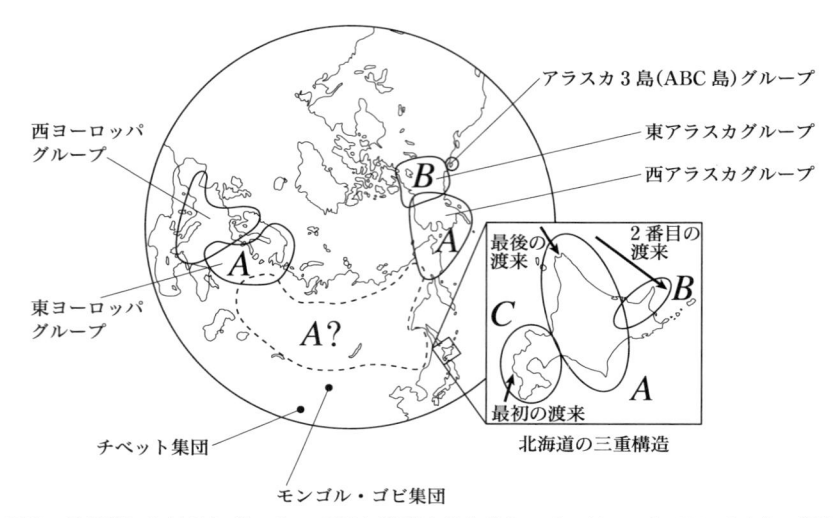

図5 北半球におけるヒグマのmtDNA系統の分布（Matsuhashi et al., 2001より）。北海道ヒグマのグループBと同系統がアラスカ東部に分布している。グループAは北半球の広範囲にまたがっているものと思われる。北海道への渡来順序は，最初がグループC，次いでグループB，最後にグループAと推定される。

グループ，およびベーリング海峡をはさんだ東シベリアや西アラスカグループと同じ系統であることが明らかとなった（Matsuhashi et al., 2001）。ユーラシア大陸中央部辺りに生息するヒグマの遺伝的特徴の調査については今後の課題である。世界の古地理と照らしあわせると，グループAが分布する広い地域は，最終氷期に発達したツンドラ地帯または寒冷な低木林帯に相当している。最終氷期の終了後，針葉樹林帯へ移行したこの地域では，大型食肉類の生態的地位が空白となり，そこへ森林性のヒグマが短期間で分布拡散を果たしたものと思われる。北半球に広く分布する森林性の哺乳類2種，オオカミ *Canis lupus*（Vila et al., 1997）やアカシカ *Cervus elaphus*（Mahmut et al., 2002；本書第11章参照）においても，同じ系統のmtDNAタイプが広い範囲にわたって分布していることが報告されている。オオカミやアカシカも最終氷期以降，ヒグマと同様な移動の歴史をたどったものと考えられる。最終氷期の海水準の低下により，ベーリング海峡や宗谷海峡には最後の陸橋が形成され，そこを通ってヒグマは移動した。古生物学的データ（Kurten, 1980）によると，北米中央部から出土するヒグマ化石の年代はすべて最終氷期以降の時代であり，上述の分子系統に基づく考察と矛盾しない。

一方，道東地方に分布するグループBは，西アラスカグループよりも，さらに内陸に分布する東アラスカ集団と同じ系統であった（図5）（Matushashi et al., 2001）。これは，アジア大陸から拡散したグループBに所属する集団が，グループAよりも先にベーリング陸橋を経てアラスカへ渡り，同じ時期にグループBの別の集団が，サハリンを経て北海道東部へ渡来したことを示唆している。これは，前述したアラスカ永久凍土から出土した更新世ヒグマ骨のDNA分析からも支持される（図4B；Leonard et al., 2000）。つまり，この時代（おそらく最終氷期の前）に優占したmtDNAタイプはグループBであったのであろう。

道南地方に分布するグループCのmtDNAタイプは，海外のヒグマでは発見されていないが，高い信頼度でチベットのヒグマに近縁であった（Masuda et al., 1998; Matsuhashi et al., 2001）。間氷期であった約13～60万年前には，石狩低地帯への海進と津軽海峡により渡島半島が島化したと考えられている（日本第四紀学会，1987）。一方，現在はヒグマが生息していない本州において，中期から後期更新世にかけての地層からヒグマ化石が発掘されている（河村，1982）。これらのことから現在の道南ヒグマ集団の起源は，本州以南や中国大陸である可能性がある。

西ヨーロッパおよびロッキー山脈のmtDNAタイプは，さらに別の系統であるが，北海道周辺では見つかっていない（図5）。アラスカ南部の太平洋沿岸に位置する3島（ABC島）のヒグマは，興味深いことに，ホッキョクグマに近縁であると報告されている（Shields and Kocher, 1991）。また，北米やヨーロッパに分布するヒグマ集団を含めた分子系統樹では，ホッキョクグマはヒグマの1つの地理的変異に収まってしまう。従来の形態分析からも，ヒグマに近縁であることが指摘されてきたホッキョクグマは，ヒグマの一集団から形成された比較的新しい種であるといえる。また，筆者らが調べたモンゴル（ゴビ砂漠）ヒグマは，西ヨーロッパのヒグマに比較的近縁ながらも独自の系統的位置にあった（Masuda et al., 1998; Matsuhashi et al., 2001）。このように，ヒグマの分子系統地理的特徴は，大陸内ならびに大陸間でダイナミックに移動し，かつ，別系統の集団の分布が地理的に混在することなく異所的に分布することである。そして，小島である北海道は，ヒグマの移動の歴史を見つめてきた十字路といえよう。

7. 最終氷期以降の日本列島とクマの自然史

　本州における更新世から完新世にかけての動物化石相からも日本産クマの移動の歴史を考察することができる。河村(1982)は，本州，四国，九州から出土する更新世クマ化石にはヒグマ型が多く，ツキノワグマ型のものは比較的少ないと報告している。最近，岩手県のアバクチ洞穴・風穴洞穴から発掘された更新世の動物骨についても大型のヒグマ型が多い一方，完新世(縄文時代以降)の遺物にはツキノワグマ型が多く見られる(河村，2003)。中期から後期更新世にかけて，ヒグマは本州や九州においてツキノワグマと共存したが，その後，温暖化が進むと本州からヒグマが姿を消し，ブラキストン線をはさんで両種の分布が現在のようなパターンになったのは完新世にはいった約1万年前のことと考えられている(河村，1982)。本州は最終氷期におけるヒグマの避難所(refugia)になっていたと考えられる。

　北海道で見つかった3グループ(A，B，C)の祖先は，氷期に形成された陸橋を経て異なる時代または経路を経て北海道へ渡来したことは間違いないものと思われる(図5)。北海道も氷期におけるヒグマのrefugiaとしての役割を果たしたといえる。少なくとも，現在，道南地方に分布するグループCと道東地方に分布するグループBは，最終氷期には，別々に北海道の限られた地域に遺存的に残存したと考えられる。その時代まで，北海道における現在のグループAの分布域は，ツンドラや低木の寒冷地であり，ヒグマは生息できなかった。最終氷期の終了後，現在のグループAの地域に針葉樹林帯が発達し，シベリアからサハリンを経てグループAが分布拡大したものと思われる(図5)。

　従来の生物地理学では，ブラキストン線を境とし，南側の本州には多くの哺乳類固有種(ニホンザル *Macaca fuscata*，ニホンイタチ *Mustela itatsi*，テン *Martes melampus*，ムササビ *Petaurista leucogenis*，モモンガ *Pteromys momonga* など)が分布する一方で，北側の北海道にはほとんど固有種が見られずシベリアとの共通種が多いとされてきた。しかし，分子系統解析により，北海道のヒグマ集団には世界的にみても例のないダイナミックな動物地理的歴史の姿が見えてきた。今後，北海道における化石の発見や環オホーツク海地域およびアジア各地のヒグマ集団を分析することにより詳細な歴史が

明らかになるであろう。

　一方，最終氷期には本州の中部地方から東北地方にかけての山岳部に針葉樹林帯が発達し，そこにはヒグマが分布していた。しかし，南方系であるツキノワグマはそのような環境に適応できず，本州中部以南に分布していた広葉樹林帯(小野・五十嵐，1991)が彼らの最終氷期中の refugia になったものと思われる。その後，最終氷期が終了し現在まで(約 12,000 年間)の温暖化により，森林の変遷(北海道の針葉樹林化，本州の広葉樹林化)が起こり，最終氷期まで本州に生息していたヒグマは，新しい自然環境に適応できず絶滅した。一方，本州の山間部にブナ林を中心とした落葉広葉樹林帯が発達すると，そこへツキノワグマが分布を拡大していった。北海道では道北－道央地方において針葉樹林化が進むと，ヒグマのグループ A が，シベリアからサハリンを経て北海道へ渡来した。しかし，このときには既に津軽海峡が成立しており(約 130,000 年前；大島，2000)，ツキノワグマがブラキストン線を越えることはできなかった。一方，植物であるブナ林の北上は津軽海峡を越えて北海道の渡島半島にまで及び，気候の関係上，黒松内低地帯がブナ林の北限となり，現在にいたった。このように，ブラキストン線をはさんでヒグマとツキノワグマの対照的な自然史が展開してきたものと考えられる。

第 II 部

種分化と動物地理

種分化の一次的要因は主に地理的隔離と考えられ，種分化を議論する際には動物地理的歴史を明らかにしておくことが重要である。ここでは，特に，小型齧歯類や両生・爬虫類など移動能力が比較的小さいと考えられる動物を中心に，種間の遺伝距離に基づく系統関係そして動物地理を検討する。日本列島に生息するこれらの仲間には固有種も多く，その種分化と分布の歴史をたどる。また，南西諸島の小島に隔離された種について，遺伝距離から推定される分岐年代も動物地理的歴史と照らし合わせて議論する。さらに，宿主のネズミ類と共進化しながら種分化してきた寄生虫に着目し，日本列島における地理的分布の特徴から寄生虫の動物地理を考察する。

　第4章では，本土産と南西諸島産で大きく異なる両生類相を生化学的に調べると，前者のなかでは多くの系統で東西の二分岐が種内にみられること，後者のなかでは系統によって島嶼間で分化の程度が大きく異なることなどの新しい知見を紹介する。こうした知見を地史と結びつけ，日本産両生類相の由来を論じる。

　第5章では，南西諸島に分布する爬虫類のなかで，トカラ海峡を横断して分布する種の分布パターン，および尖閣諸島や大東諸島の爬虫類相の成立過程を語る。これまでの分子情報から得られた確度の高い系統仮説，および現行の古地理仮説を土台に，これらの爬虫類に関する歴史生物地理，特にその陸橋分散と海峡分断・種分化について検討を試みる。

　第6章では，種数が多く，環境変動の影響を受けやすいネズミ類の種分化と動物地理を語る。特に，アカネズミやヒメネズミなど小型野ネズミ類の分子系統の成果と生態学的要因や日本列島の地史に基づき，日本固有種の種分化の歴史を議論する。

　第7章では，人為的移動が少ない野ネズミ類から同定されている多種の寄生性線虫類を対象とする。特にヘリグモソームム科と蟯虫科は，いくつかの日本産固有種を含み，かつ，宿主と寄生体のあいだに共進化関係があるため，寄生虫の生物地理学の対象として優れている。これら2科に関する生物地理学的研究が現在展開しつつあり，〝動物地理疫学〟という新たな研究領域を提唱する。

第4章 両生類の地理的変異

京都大学・松井正文

　両生類は脊椎動物のなかではマイナーなグループと見られがちである。しかし，実際には，これまでに世界から4525種が知られており種数からは哺乳類をしのぐのである。現生の両生類(平滑両生亜綱)には3目が含まれるが，これらは亜綱名の語源ともなっている皮膚の薄いことで特徴づけられる。薄い皮膚は水分の浸透性が高く，海水に浸かれば体内に塩水が浸水してしまう。このため，海洋は分布の障壁となると考えられ，その結果，この類は生物地理区の境界決定に役立つと考えられる。世界的には種数が多いのにわが国で両生類がマイナーに見えるのは，最も多様なカエル類が熱帯を中心とするグループで，日本ではそれほど種数が多くないからである。日本からは有尾目とカエル目に属する合計8科59種(と5亜種)が知られ，総種数では世界のわずか1.3%にすぎないが高度の固有性で特徴づけられ，種ないし亜種の78%が固有である。

　日本産両生類相は，北海道，本州，四国，九州とその属島に産するいわゆる本土産と，南西諸島産で大きく異なる。両者の分布境界はトカラ列島の悪石島と小宝島のあいだにあって渡瀬線(トカラギャップ)の名で知られる。生物地理学的にはこの線より北は旧北区に，南は東洋区に属するが，近年のおもに生化学的な調査の結果，前者のなかでは多くの系統で東西の二分岐が種内に見られること，後者のなかでは系統によって島嶼間で分化の程度が大きく異なることなど，新しい知見が集積しつつある。この章ではこうした知見を地史と結びつけ，日本産両生類の変異を概観し，両生類相成立の由来を考えたい。

1. 本土産両生類の分布と変異

　日本産有尾目はキタサンショウウオを除きすべてが固有種である。小型サンショウウオ類はイモリやカエル類と異なり，地域ごとの分化が著しく，一般に1種の分布域は狭い（図1）。有尾目で北海道のみに分布するのは1種，本州のみは7種，隠岐のみ，対馬のみが各1種，九州のみが1種，本州と四国が2種，本州・四国・九州が5種である（表1）。広域分布種の内部では形態的，遺伝的変異が認められるが，変異パターンは一致しないことが多い。つまり，形態的には区別できないが遺伝的に大きく異なる種があり，これらの分類が将来再検討されれば，広域分布種の数は減るであろう。一方，カエル目では6種が国外にも見られる。残りの固有種のうち7種が本州，四国，九州に分布し，そのうちニホンヒキガエル，タゴガエルでは形態的変異に基づく亜種が認められている。本州，四国に分布するトウキョウダルマガエルもやはり変異が著しく亜種に区分されている。本州のみに分布する3種では，形態変異に基づく亜種は認められていない。なお，対馬，屋久島にはそれぞれ固有の1種，1亜種が知られる。

　本土産の有尾目を特徴づける小型サンショウウオ類は，おもに繁殖習性に基づいて止水産卵型と流水産卵型の2系統に大分される。そのうち，サンショウウオ属の種は上述のように，国内での分化が著しいが，古くからの形態変異に基づく分類は，より近年に行なわれた遺伝変異の解析結果と大きく食い違っている。たとえば，トウホクサンショウウオとクロサンショウウオ，トウキョウサンショウウオとカスミサンショウウオは，それぞれ近縁とされていたが（佐藤，1943），アロザイム分析の結果ではトウホクとトウキョウ，カスミとクロがそれぞれ1群をなす（Matsui, 1987）。このようにサンショウウオ属の止水産卵性の種では形態と遺伝の変異は一致しないようで，同様の傾向は流水産卵性の種に関するその後の研究でも支持されている。

　止水産卵性のカスミサンショウウオは一部が形態的にトウキョウサンショウウオと区別できないことから，同一種の別亜種扱いされてきた（中村・上野，1963）。また，愛知県産のトウキョウサンショウウオの分布域は関東産と地理的に離れており，むしろカスミサンショウウオの東縁ときわめて近い。アロザイム分析すると，愛知県産サンショウウオはカスミサンショウウオと，

第4章 両生類の地理的変異　65

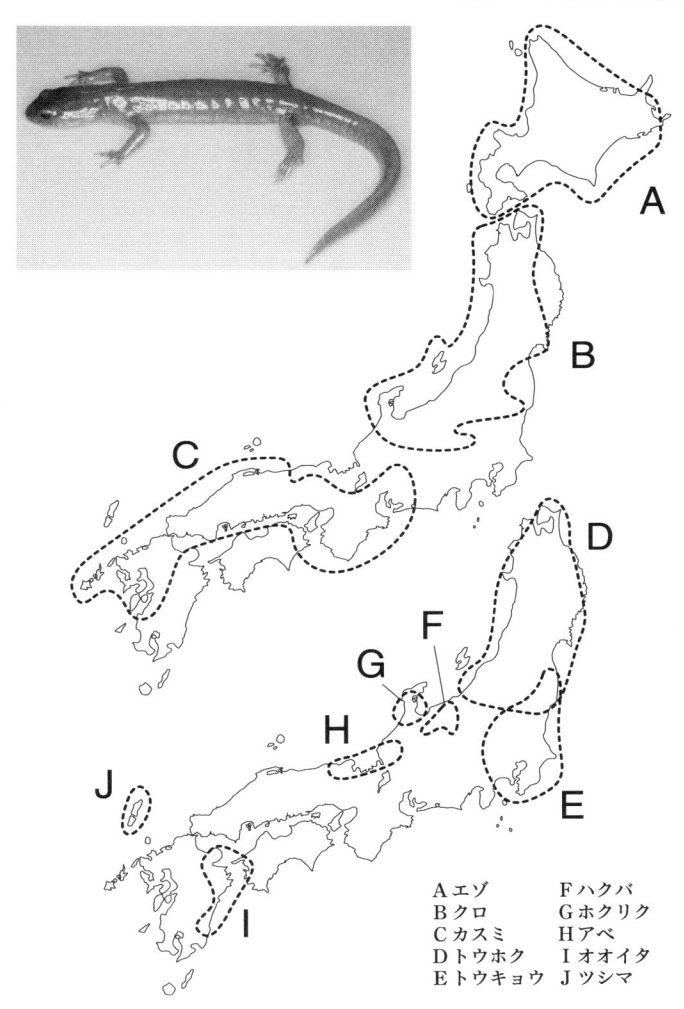

A エゾ	F ハクバ
B クロ	G ホクリク
C カスミ	H アベ
D トウホク	I オオイタ
E トウキョウ	J ツシマ

図1 日本産止水性サンショウウオ類に見られる地域に固有な分布。
写真はエゾサンショウウオ

関東産トウキョウサンショウウオはトウホクサンショウウオとそれぞれ群をなすから、形態変異と遺伝的変異のパターンは一致せず、愛知県産サンショウウオはカスミサンショウウオと考えられる(Matsui et al., 2001)。一方、カスミサンショウウオは形態だけでなく遺伝的にも変異に富み、九州から中国西部にかけての一群と、それ以外(分布境界は島根県内)は遺伝的分化が進

表1 日本産両生類の分布

非固有種	キタサンショウウオ, ニホンアマガエル, エゾアカガエル, トノサマガエル, チョウセンヤマアカガエル, ツチガエル, ヤエヤマハラブチガエル, ヌマガエル, アイフィンガーガエル, ニホンカジカガエル, ヒメアマガエル
固有種	
日本列島	
北海道	エゾサンショウウオ
本州・四国・九州	カスミサンショウウオ, ブチサンショウオ, オオダイガハラサンショウウオ, オオサンショウウオ, イモリ, ニホンヒキガエル, ニホンアカガエル, ヤマアカガエル, タゴガエル, シュレーゲルアオガエル, カジカガエル
本州・四国	ハコネサンショウウオ, ダルマガエル
本州	トウホクサンショウウオ, クロサンショウウオ, トウキョウサンショウウオ, ハクバサンショウウオ, ホクリクサンショウウオ, アベサンショウウオ, ヒダサンショウウオ, アズマヒキガエル, ナガレヒキガエル, ナガレタゴガエル, トウキョウダルマガエル, モリアオガエル
四国・九州	オオイタサンショウウオ
九州	ベッコウサンショウウオ
隠岐諸島	オキサンショウウオ, オキタゴガエル
対馬	ツシマサンショウウオ, ツシマアカガエル
屋久島	ヤクシマタゴガエル
琉球列島	
奄美諸島・沖縄諸島・八重山列島	ハロウエルアマガエル
奄美諸島・沖縄諸島	イボイモリ, シリケンイモリ, リュウキュウアカガエル, イシカワガエル
奄美諸島	オットンガエル, アマミハナサキガエル, アマミアオガエル
沖縄諸島	ホルストガエル, ハナサキガエル, オキナワアオガエル, ナミエガエル
宮古列島・八重山列島	サキシマヌマガエル
宮古列島	ミヤコヒキガエル
八重山列島	オオハナサキガエル, コガタハナサキガエル, ヤエヤマアオガエル

表2 アロザイム分析で得られている日本産両生類の遺伝距離D(Nei, 1975または1978，データは各種文献および筆者未発表資料による)

キタサンショウウオ属　対　サンショウウオ属	D=1.35
エゾサンショウウオ　対　トウホクサンショウウオ	D=0.61
カスミサンショウウオ九州・中国西部　対　中国中部以東	D=0.28
カスミサンショウウオ中国山地　対　それ以外中国中部以東	D=0.23
ヒダサンショウウオ関東　対　中部以西	D=0.50
ヒダサンショウウオ中部－近畿　対　中国	D=0.31
オオダイガハラサンショウウオ本州　対　四国・九州	D=0.73
オオダイガハラサンショウウオ四国　対　九州	D=0.43
イモリ南九州　対　それ以外	D=0.16
シリケンイモリ　対　イモリ	D=0.36
シリケンイモリ奄美諸島　対　沖縄諸島	D=0.08
イボイモリ奄美諸島　対　沖縄諸島	D=0.11
ニホンヒキガエル　対　アズマヒキガエル	D=0.13
ニホンアマガエル東北日本　対　西南日本	D=0.09
ニホンアマガエル日本　対　大陸	D=0.13
ニホンアカガエル東北日本　対　西南日本	D=0.16
トノサマガエル日本　対　大陸	D=0.12
トノサマガエル東日本　対　西日本	D=0.11
トウキョウダルマガエル東日本　対　西日本	D=0.19
アマミハナサキガエル　対　ハナサキガエル	D=0.23〜0.35
ハナサキガエル　対　オオハナサキガエル	D=0.42〜0.46
ハナサキガエル　対　コガタハナサキガエル	D=0.62〜0.84
オオハナサキガエル石垣島　対　西表島	D=0.01〜0.09
コガタハナサキガエル石垣島　対　西表島	D=0.12〜0.14
ツチガエル東日本　対　西日本	D=0.27
ヌマガエル本州　対　沖縄	D=0.04〜0.07
ヌマガエル沖縄諸島　対　サキシマヌマガエル	D=0.28〜0.46
シュレーゲルアオガエル　対　アマミアオガエル	D=0.58
アマミアオガエル　対　オキナワアオガエル	D=0.28
ニホンカジカガエル奄美諸島　対　沖縄諸島	D=0.18

んでおり，後者内部でも中国山地産の特異な体色をもつ集団がほかと区別される(表2)．つまり，カスミサンショウウオはトウキョウサンショウウオと近縁でないばかりか，複数の独立種を含むものと考えられる．

　流水産卵性のヒダサンショウウオでは関東産や中国産はその間の個体群より体が大きいなど，かなりの形態変異があるが，遺伝的にも変異に富む．アロザイム分析の結果では関東産とそれ以外が区分され，その遺伝距離はきわめて大きいが，後者の内部でも中部－近畿産と中国地方産の2群が区分される(Matsui et al., 2000；表2)．また本州の紀伊半島，四国，九州の山岳地

帯のみに見られるオオダイガハラサンショウウオも流水産卵性の種だが，これまで本州産と四国産で歯列形態の変異が報告されていた程度であった。アロザイム分析の結果では本州とそれ以外の地域との差はきわめて大きく，四国と九州との差も非常に大きい（Nishikawa et al., 2001；表2）。そこで形態を詳細に見直すと3地域間で多くの違いが認められる。

　小型サンショウウオ類のついでにオオサンショウウオにも触れておこう。この種は特別天然記念物として保護されているため変異の研究は非常に遅れている。事故死した個体を用いて個体群内の変異をアロザイム分析したところ，調査された遺伝子座のどれにもまったく多型がなかった。また，mtDNAの数種遺伝子の解析でも各地個体群間にほとんど差異がなく，小型サンショウウオ類と対照的である（筆者ほか，未発表）。

　広域分布するイモリについてSawada（1963a, b）は形態的調査を行ない，大まかに東北，関東，篠山，渥美，広島，中間の6地方種族を区分し，同時にこれらのあいだで繁殖行動隔離が進んでいることを示した。一方，アロザイム分析の結果では4大集団が認められ形態・行動から提唱された東北，関東集団（＝種族）は支持されたが，篠山集団は西日本集団として広島集団と一括された。最も顕著なのは，九州地方南部の限られた地域に分布する南九州集団で，外部形態から西日本集団と区別できず，両集団の出会う宮崎県下では地理的障壁がないのに複数遺伝子座の遺伝子頻度が急変する。

　次に本土産のカエル目を概観しよう。日本産ヒキガエル属は外部形態に著しい変異が見られ，かつては多数の亜種が区分されていたが計量形質の変異を解析した結果，本土産ニホンヒキガエルは東北日本産のアズマヒキガエルと西南日本産のニホンヒキガエルの2亜種に区分された（Matsui, 1984）。これら2亜種は近畿から山陰地方にかけて分布境界をもつが（図2），境界付近には中間型も出現する。一般にヒキガエル類では形態変異に比べ遺伝的変異の程度は低いが，アロザイム分析の結果でもニホンヒキガエルには2系統が認められ（表2），その分布境界は形態で得られたものと大きく異ならない。また，形態・生態の異なるナガレヒキガエルは，これら2亜種の分岐後にニホンヒキガエルから派生したという（Kawamura et al., 1990）。

　アカガエル種群ではヒキガエル類と対照的に形態変異より遺伝的変異の程度が高い。ニホンアカガエルも，形態のよく似た東北日本と西南日本の個体群間で遺伝的な分化が進み（表2），交雑実験の結果からは互いに独立種と見

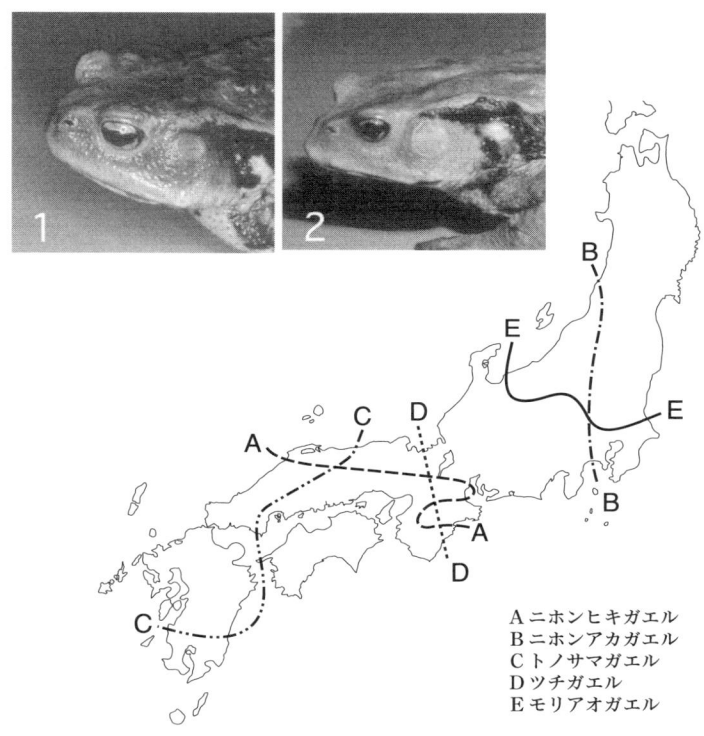

図2 カエル類に見られる日本列島東西での分断の例。ニホンヒキガエル原名亜種(1)は地図上の破線Aより西に，その亜種アズマヒキガエル(2)は東に分布する。

A ニホンヒキガエル
B ニホンアカガエル
C トノサマガエル
D ツチガエル
E モリアオガエル

なせる段階に達している。東西の境界線はアロザイム分析の結果では太平洋側で伊勢原市と静岡市のあいだ，日本海側で上越市と秋田市のあいだにあるという(Sumida and Nishioka, 1994；図2)。また，アロザイム分析によると，日本産のトノサマガエルと中国や韓国産との遺伝変異の程度は低いが，国内産は同程度の違いで遺伝的に二大分され(表2)，その分布境界は山陽側では山口市と広島市のあいだ，山陰側では鳥取市と福井県坂井郡ないし三重県上野市のあいだにあるという(Nishioka et al., 1992；図2)。一方，別亜種に区分されるトウキョウダルマガエルとダルマガエルは箱根付近に分布境界をもち形態・遺伝両面で大きく分化していて別種にしてもよいほどだが(表2)，それぞれの亜種内部ではトウキョウダルマガエルは形態・遺伝共に，ダルマガエルより変異に乏しく，両者共に遺伝的にはトノサマガエルより変

異の程度が低い。形態的な変異に関してこれまでほとんど問題にされなかったにもかかわらず，遺伝的に大きく分化しているのはツチガエルである。アロザイム分析の結果によると日本産のツチガエルは近畿地方中央部を境に東西の2群に分かれ（図2），その遺伝的距離は大きい（表2）。しかも，東日本の集団はかなりの遺伝距離をもってさらに3群に分かれるという（Nishioka et al., 1993）。

モリアオガエルは本州のみに分布する点で特異なカエルだが形態・行動に変異が見られ，記載された当初は東北日本の集団はキタアオガエルとして西南日本の集団と区別されていた。DNAレベル（ミトコンドリアのチトクロム b 遺伝子）での解析ではキタアオガエルが中部以西の群と大別される（図2）だけでなく，後者の内部にも中部・近畿と中国山地の2亜群が区別され，その分布境界は鳥取市と大山町とのあいだにあると推定される（筆者ほか，未発表データ）。

2．本土産両生類の分化年代と進化史の推定

表2にいくつかの種について遺伝距離データを示したが，アロザイムやDNAのデータは系統間の分岐年代推定にも用いられる（小池・松井，2003）。ただし，その場合には対立遺伝子や塩基の変異速度（分子時計の目盛り）が問題となる。正確な目盛りは化石や地史の確実な証拠に基づいて求めねばならないし，ある生物群の目盛りがほかの群に適用可能とは限らない。残念ながら，日本産の両生類化石は乏しいうえに，地史についても不明な点ばかりである。ここでは既知の値を用いて地域ごとの両生類の成立過程を大ざっぱに推定してみたい。まず，アロザイムデータについては，Beerli et al.(1996)が地史のよくわかっているエーゲ海周囲のヨーロッパトノサマガエル種群で分子時計の目盛りを計算している。それによればカエル目では1000万年あたり，Neiの遺伝距離Dは1の割合で変化するという。一方，有尾目では，筆者らが本土のイモリと琉球列島のシリケンイモリのアロザイムデータから分子時計の目盛りを推定した。地質データとして本州と琉球間の分離，すなわち渡瀬線の形成年代を800万年前（木崎・大城，1980の最大値）とした結果得られた目盛りはアメリカサンショウウオ科で得られた値（Neiの遺伝距離1D＝1400万年）を含んだ。次に，DNAデータについては，チトクロム

b 遺伝子に限ってもいくつかの異なった目盛りが提唱されている(Tan and Wake, 1995; Caccone et al., 1997 など)。筆者らが同遺伝子を解析したところ，本土産シュレーゲルアオガエルと奄美大島産アマミアオガエルの遺伝距離(Kimura の 2 変数法による)は 15.5％だった。上述のように渡瀬線の形成を 800 万年前として計算すると，分子時計の目盛り(100 万年あたり塩基置換率)は 0.97％となる。一方，渡瀬線の形成をずっと新しい 130 万年前とする最近の説(木村，1996)を採用すれば，得られる目盛りは 6.0％という巨大な値となる。これら 2 つの値の中間として，100 万年あたり 2％の塩基置換という報告がある(Brown et al., 1979)ので，仮にこの目盛りを用いて逆算すれば，渡瀬線の形成年代は 390 万年前と推定される。地質の記録に異説がある以上，目盛り計算は無意味なので，DNA データについては 2％塩基置換/100 万年の値を使おう。

　まず，有尾目の分化と進化史を推定するために，これまでの遺伝的知見(表 2)に上述の分子時計目盛(1 D＝1400 万年)を適用すると，小型サンショウウオ類各系統の分岐はきわめて古く，中新世にはすでに大きなレベルの分化が起こっていたと推定される。すなわち，キタサンショウウオ属(北海道産)とサンショウウオ属は今から 1800 万年前，北海道産のエゾサンショウウオと本州産のトウホクサンショウウオは 850 万年前に分化したことになる(Matsui et al., 1992)。サンショウウオ属はたぶんこうした古い時代に大陸の縁にあった日本を中心に種分化を開始し，一部が朝鮮，中国，台湾など周辺地域に分散していったと思われる。そして今から 600〜200 万年前(鮮新世)には，本州以南の止水性サンショウウオ属でトウホクサンショウウオ・トウキョウサンショウウオに代表される東と，カスミサンショウウオに代表される西の 2 系統が分岐し，すでにカスミサンショウウオ内部での分化さえ生じていたことが示唆される。東日本産のクロサンショウウオは遺伝的に西日本産のカスミサンショウウオに近く，分布と分化パターンは一見矛盾するように見えるが，まず東(トウキョウサンショウウオとトウホクサンショウウオの祖型)と西(カスミサンショウウオの祖型)の 2 系統が分化したあとに，西の系統からクロサンショウウオの祖型がでて東に分布を広げ，トウホクサンショウウオの祖型と混生するようになったと考えれば説明はつく(図 1)。一方，流水性の種では分化はさらに古く，ヒダサンショウウオの東西の分断は約 700 万年前，西の群内での分化は 430 万年前と推定されるが，オオダイ

ガハラサンショウウオではさらに古く，本州の個体群はそのほかのものから約1000万年前に遺伝的に分化し，四国と九州の個体群も約600万年前には分化したと推定される．なお，イモリの集団間に見られる遺伝変異の程度は小型サンショウウオよりずっと低く，最も分化した南九州集団とそれ以外の集団は約220万年前に分化したと推定される．

　カエル目の多くは上述のように本州以南に広く分布しており，小型サンショウウオ類ほど高度な地域的分化を示さないものの，いくつかの種ではやはり東北日本と西南日本でかなりの分化が生じている(図2)．前述のアロザイムの目盛り(1D＝1000万年)を日本産の種(表2)にあてはめると，東西の分化の最も古いのはツチガエルで，今から270万年前ということになる．これに次ぐのがトウキョウダルマガエルとダルマガエル(190万年前)，ニホンアカガエルの東西集団(160万年前)で，ニホンヒキガエル類の東西2亜種の分断時期(130万年前)もこれらとほぼ同じとみてよいであろう．国外にも分布する種では，トノサマガエルで大陸と日本の分断は今から120万年前，東西の分断は110万年前であり，アマガエルの韓国と日本の分断は160万年前，東西の分断は今から90万年前ということになるがこれらの違いも誤差範囲にはいるであろう．なお，ナガレヒキガエルがニホンヒキガエルから派生したのはかなり新しいこと(70万年前)になる．

　それぞれの種で移動力も必要環境条件も異なるから当然ではあるが，これらのカエル類では東西の境界線は異なっていて完全に一致することはないものの(図2)，大まかに見た場合に東日本と西日本で分化が見られることは確かである．かつてサンショウウオ類では，東西に対応する種が敦賀‒尾張線によって区分されると考えられたが，そうした境界は厳密にはサンショウウオ類・カエル類ともに認められない．一方，広域分布する普通種のカエル類で小型止水性サンショウウオ類と同様の東西の分化が見られることは，偶然の一致とは考えられず，過去の地史に関連した両地域の成立とそこへの両生類の侵入の歴史が関係していると思われる．しかし，話は簡単ではない．既存の地史データからは東北日本，北海道の陸化は約800万年前頃に始まったとされ，その後の大きなできごととしては約500万年前(鮮新世)の本州と丹沢海嶺の衝突，180万年前〜1万年前(第四紀更新世)の山地形成の開始，約50万年前の伊豆半島と本州の衝突があげられるが，これらと上述の推定とは整合性がよくない．特に有尾目で推定されるできごとは，地史データから

類推すると古すぎるようにみえる。これは年代推定に用いた目盛りが大きすぎるためなのかもしれない。

3. 南西諸島産両生類の分布と変異

　南西諸島は，南部トカラ列島，奄美諸島，沖縄諸島，宮古列島，八重山列島の5地域に区分することができる。これら全体に分布し，大陸や台湾にも分布するのは3種だが(表1)，そのうちヌマガエルの宮古・八重山群産は他地域産から形態・遺伝的に分化した独立種(サキシマヌマガエル)と考えられる。また，2種は八重山列島と台湾に共通分布する。南部トカラ列島には固有種はいないが，奄美諸島には固有の2種1亜種が見られ，それぞれは沖縄諸島に固有の2種1亜種に近縁である。そして4種は奄美・沖縄両諸島にまたがって分布し，変異が大きく亜種に区分される種もある。1種は両諸島のほかに八重山列島からも知られているが，やはり亜種が認められたことがある。一方，沖縄諸島に固有の1種と宮古列島に固有の1種は共に台湾に近縁種をもつ。八重山列島に固有の種のうち，2種は奄美・沖縄両諸島と台湾に，また1種は台湾に近縁種をもつと考えられる。

　南西諸島の大きな特徴は有尾目が少ないことである。シリケンイモリはイモリと近縁で両者のあいだには雑種致死や雑種不妊による隔離はないが遺伝的には大きく分化している(Hayashi and Matsui, 1988)。シリケンイモリの奄美諸島産と沖縄諸島産は形態的に異なり別亜種とされることがあるが，アロザイム解析の結果も遺伝的分化が示唆され，その程度はイボイモリのそれに近い(表2)。

　カエル目のなかでリュウキュウアカガエルは奄美諸島と沖縄諸島間で形態に大きな変異は認められず，これまで亜種の区分さえ考えられたことはなかった。しかし，形態の類似にもかかわらず，島嶼間で遺伝的分化のかなり進んでいることがDNAレベルの解析でわかってきた。しかも，個体群間の遺伝的分化は，奄美諸島と沖縄諸島間のみならず，沖縄諸島内部の沖縄島と久米島間でもかなり大きかった。

　琉球列島の山地には大型のカエルが分布する。その1つ，ハナサキガエルはかつて1種とされていたが，形態変異とアロザイム変異の解析から，いまでは奄美諸島産のアマミハナサキガエル，沖縄産のハナサキガエル，先島諸

島産のオオハナサキガエル，コガタハナサキガエルが区分されている。一方，イシカワガエルは奄美大島と沖縄島に分布するが，これまでに色彩，核型に相違のあることが知られていた。さらに奄美大島と沖縄島には，それぞれオットンガエル，ホルストガエルという，きわめて形態・生態の類似した2種が分布する。DNAレベルの解析では，興味深いことに奄美－沖縄間ではハナサキガエル種群，イシカワガエル，オットンガエル種群が，ほぼ同程度に分化していることがわかった。すでに述べたように，日本産在来種のなかで唯一本土と南西諸島にまたがって分布するヌマガエルは形態的にかなり均一だが，先島諸島産（サキシマヌマガエル）だけが大型でほかとかなり異なり遺伝的にも分化している。

アオガエル科のオキナワアオガエル（沖縄諸島産）とアマミアオガエル（奄美諸島産）には形態変異が見られ現在別亜種とされているが，DNAレベルでみると分布の似たアカガエル類よりも遺伝的分化の程度が高い。一方，同じアオガエル科のニホンカジカガエルはこれまでその形態変異が注目されたことはなかったが，DNAレベルでみた遺伝的変異は奄美－沖縄間でみられただけでなく，沖縄－先島間，西表－台湾間ではきわめて大きく分化していた。ジムグリガエル科のヒメアマガエルもニホンカジカガエルと類似のパターンを示した。

4．南西諸島産両生類の分化年代と進化史の推定

上に概説した分化のようすを数値で見てみよう。分子時計の目盛りを西岡らのシュレーゲルアオガエルとアマミアオガエルのアロザイムデータ（表2）にあてはめると，本土と南西諸島を区切る渡瀬線の成立は今から580万年前となるが，筆者らのDNAデータでは上述のように390万年前と，それよりかなり少な目に推定される。一方，アロザイムデータ（表2）ではヌマガエルの本州と沖縄島の分断は今から40～70万年前と，きわめて新しいことになる。次にハナサキガエルとアマミハナサキガエルのアロザイムデータでは奄美と沖縄の分離は230～350万年前になるが，DNAデータでは80～160万年前になり，ずっと新しい。一方，アロザイムデータ（表2）ではアマミアオガエル（奄美）とオキナワアオガエル（沖縄）の分岐は280万年前，奄美と沖縄のニホンカジカでは180万年前になるが，DNAデータでは，アマミアオガ

エルとオキナワアオガエルの分岐は260〜300万年前とほぼ一致するものの，ニホンカジカの徳之島と沖縄の分離は220〜250万年前と推定され，やや古いことになった．さらに沖縄と先島に関し，アロザイムではコガタハナサキガエルとハナサキガエルの分断は今から620〜840万年前，オオハナサキガエルとハナサキガエルとの分岐は420〜460万年前になる(表2)．しかし，同じ組み合せについてのDNAデータではそれぞれ440〜480万年前，260〜300万年前と，ずっと少な目に推定される．一方，先島内部をみるとコガタハナサキガエルとオオハナサキガエルの石垣と西表島間の分化は，アロザイムデータではそれぞれ今から120〜140万年前，10〜90万年前となるが，DNAデータでもそれぞれ80〜160万年前，13万年前となり，かなり一致する．また，ヌマガエルのアロザイムデータ(表2)では西表島と沖縄島の分断は今から280〜460万年前になるが，DNAデータでも両者の分断は260〜300万年前と推定されほぼ一致する．最後に先島と台湾に関してはハナサキガエル種群できわめて大きな分化が認められ，DNAデータで台湾産のスインホーガエルと西表島との分岐は，コガタハナサキガエルでは200万年前，オオハナサキガエルでは484万年前となったが，ニホンカジカガエルで413万年前，ヒメアマガエルでも413〜418万年前と，推定される台湾と西表島との分岐年代はきわめて古く近縁の別種間の値(石垣島産アイフィンガーガエルと台湾産アイフィンガーモドキの423万年前，石垣島産ヤエヤマアオガエルと台湾産モルトレヒトアオガエルの205万年前)に相当するか，それをはるかにしのいだ．

このように，アロザイムデータとmtDNAデータでは推定される分岐年代が必ずしも一致しない．しかし，両方法で共通にみられる各群の島嶼間での遺伝的分化の程度から，種分化の多くは鮮新世にまで遡る可能性が示唆される．イボイモリはいわゆる生きている化石ともいわれ原始的な形態をとどめた種だが，より進化程度の高いシリケンイモリと島嶼間の遺伝的分化の程度が似ていることは興味深い．アカガエル科のリュウキュウアカガエルは島嶼間での形態の類似にもかかわらず遺伝的分化が進んでおり，奄美と沖縄間のみならず，沖縄と久米島間でも大きく分化していることから，琉球列島にかなり早期に侵入し，定着した古い要素の可能性が高い．興味深いことに，久米島には固有のキクザトサワヘビ(爬虫類)やクメジマボタル(昆虫)が分布している．また，奄美と沖縄間のハナサキガエル種群，イシカワガエル，

オットンガエル種群は同程度に分化が進んでいることから，これらは系統が異なるにもかかわらず類似の隔離の歴史を歩んできたと想像される。ハナサキガエル種群では，コガタハナサキガエルがほかから大きく分化しており，また同所的に分布するオオハナサキガエルよりも分化程度が高いことから，最も古い要素であることが示唆される。また，琉球列島産は全体として台湾産から，きわめて早い時期に隔離されたと考えられる。一方，ヌマガエルは沖縄－先島間でサキシマヌマガエルとのあいだに大きな分化が見られたが，奄美－沖縄間ではほとんど分化しておらず，ほかのアカガエル類とはまったく異なり，より最近に何らかの方法で渡瀬線を越えて交流したらしい。アオガエル科ではオキナワアオガエルとアマミアオガエルは，分布の似たアカガエル類より分化の程度が高く，より古い時期に分化を始めたと考えられる。また，ニホンカジカガエルは奄美－沖縄間で分化が見られ，沖縄－先島間，西表－台湾間ではきわめて大きく分化していた。類似のパターンはジムグリガエル科のヒメアマガエルにも見られ，これら2つの小型種は似たような分化の歴史をもつと思われる。両者は漂流によって分布を拡大すると見なされがちだったが，ほかの種同様，古くから各地域で隔離された可能性が高い。

　以上に紹介してきた推定値は特に日本本土産の有尾目に関して，大きめの値となった。分子時計の目盛りを見直すと地史とかなり整合性がよくなり，たとえばヒダサンショウウオの東西の分化は伊豆半島の本州への衝突と結びつけることができるかもしれない。一方，南西諸島における爬虫類の分布と分化パターンから疋田（2002）は，沖縄諸島と先島諸島間の蜂須賀線（慶良間ギャップ）の重要性を指摘している。しかし，両生類からみれば，先島と台湾のあいだの南先島諸島線（与那国海峡：図3）もそれにおとらぬ重要性をもっている。上に述べてきたような推定が正しいとすれば，台湾と西表島の両生類は陸橋が存在したとしても，早期に分岐した後，ほとんど交流しなかった可能性が高い。地史で問題とされる規模の陸橋が生じても，それが両生類の移動を可能にする環境を含まなかった可能性もある。特定の環境に定着した個体群はそこからそれほど移動しなかったか，できなかったのかもしれない。久米島はその例かもしれず，ここでは南先島諸島線の重要性とともに強調しておきたい。
　目盛りにしろ，地史にしろ推定値には大きな誤差が含まれる。今後も，よ

図3 両生類から推測される琉球列島の古地理。更新世前期にはすでに与那国海峡が開いていた可能性を示す。

り多くの種について資料を蓄積し，検討していくことによってより妥当性の高い進化史が推定できるであろう。日本は両生類の種数がそれほど多いわけではないが，その変異や生物地理を研究していくうえで決して不利な地域ではない。旧北区と東洋区の接点に位置し，世界のどこよりもサンショウウオ属の種数が多いことなど，研究材料や条件にはむしろこと欠かない。これまで述べてきたように，近年，この分野の進展には分子生化学的手法が大きく貢献してきた。しかし，時流にのった分子研究に偏ることなく，オーソドックスな形態や鳴き声の研究も同様に進めていかねばならない。むしろ，そうした方面の知見の乏しいことが問題になってきている。とはいえ，この分野の研究者数は極端に少ないのが現実である。今後，両生類の変異や生物地理を解明しようという精力的な若手の台頭が強く望まれるところである。

第5章 琉球列島および周辺離島における爬虫類の生物地理

琉球大学・太田英利

　日本国内には現在わかっているだけで，外来種を除き80種・亜種の爬虫類が分布している。そしてこのうち約4分の3にあたる59種・亜種は世界的にみても日本だけに分布する，いわゆる固有種ないし固有亜種である(Ota, 2000a, 2003)。このように独自性の高い日本の爬虫類相は，国内でも地域間でその構成に明瞭な差異がある。最も顕著なのが，区系生物地理学において東洋区と旧北区の境界とされるトカラ海峡，すなわち渡瀬線をはさんだ地域間での不連続性で，若干の例外はあるもののこれより北の北トカラや大隅諸島には日本本土と共通する種が，南側に位置する南トカラ以南にはこれらとは系統的に大きく隔たり，むしろ台湾や大陸の南東部に近縁群のいる種や亜種が多く見られる(Ota et al., 1994; Ota, 2000b)。

　次に顕著な不連続性は沖縄諸島と宮古諸島のあいだに位置するいわゆる慶良間ギャップ(区系生物地理学的でいう蜂須賀線)をはさんだ地域間で認められる。この慶良間ギャップと上述のトカラ海峡のあいだにはさまれたいわゆる中琉球(奄美諸島，沖縄諸島)には，隣接する地域に同種や近縁種の見られない，遺存固有種が多い。これに対し慶良間ギャップと台湾のあいだに位置するいわゆる南琉球(宮古諸島，八重山諸島)の爬虫類には，台湾や大陸の南東部に同種や近縁種を産するものが多いのである(Hikida and Ota, 1997; Ota, 1998, 2000b；太田，2002；疋田，2002, 2003；図1)。爬虫類相におけるこのような琉球列島から本土にかけての分類学的，系統学的不連続性は，新生代における朝鮮半島を介した日本本土と大陸東部との接続，第三紀後期以降の一貫した中琉球の島嶼隔離，そして南琉球と台湾や大陸南東部との比較的新しい陸橋接続といった古地理を想定することで説明されている(Ota,

第5章　琉球列島および周辺離島における爬虫類の生物地理　79

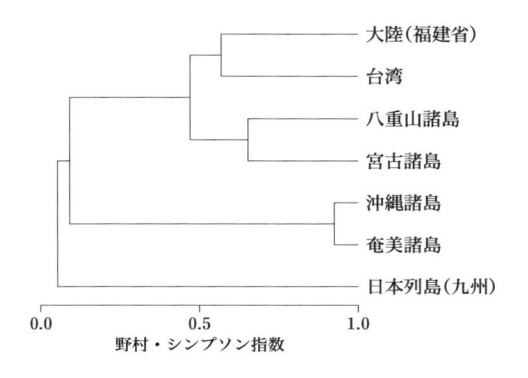

図1 琉球列島の主要島嶼群ならびに周辺地域のあいだでの爬虫類相の類似性（疋田，2003より）。各地域間で共通する種・亜種の割合を非荷重平均法で分析したもの。

1998；戸田ほか，2003；太田，2002；疋田，2002，2003；図2）。

とはいえこれらの地域に分布する爬虫類のなかには，分布や近縁種との系統地理的関係がこうした古地理のシナリオには必ずしも整合しないようにみえるものも少なくない。また琉球には，メインの島嶼列からやや離れて尖閣諸島と大東諸島があるが，これらの島嶼群に見られる爬虫類の生物地理学的特徴については最新の知見を基にした検討はほとんどなされていない。

そこで本章ではまず琉球列島に分布する爬虫類のうち，一見して従来の古地理学的シナリオにあわない例としてトカラ海峡を横断して分布する種を取り上げ，このような分布が形成された理由について考察を試みる。次に尖閣諸島，大東諸島それぞれの爬虫類相について概観し，それぞれの形成過程について検討する。

1. トカラ海峡の両側に分布する爬虫類

上でも述べたように琉球列島北部のトカラ列島には，小宝島と悪石島のあいだにトカラ海峡という水深が1000 mを優に越える海峡が横たわっている。海底地形から古黄河の河口に対応するとされるこの海峡は，一部異論がだされたことはあるものの（木村，1996），一般に第三紀後期における琉球列島の島嶼化以降，列島のほかのエリアが陸橋化，あるいは大島化した時期も含めて陸化せず（木崎・大城，1980；木村，2002），一貫して爬虫類を含む陸生生物の移動・分散を妨げ続けてきたと考えられている（Hikida and Ota, 1997; Ota, 1998, 2000b; Motokawa, 2000）。

80　第II部　種分化と動物地理

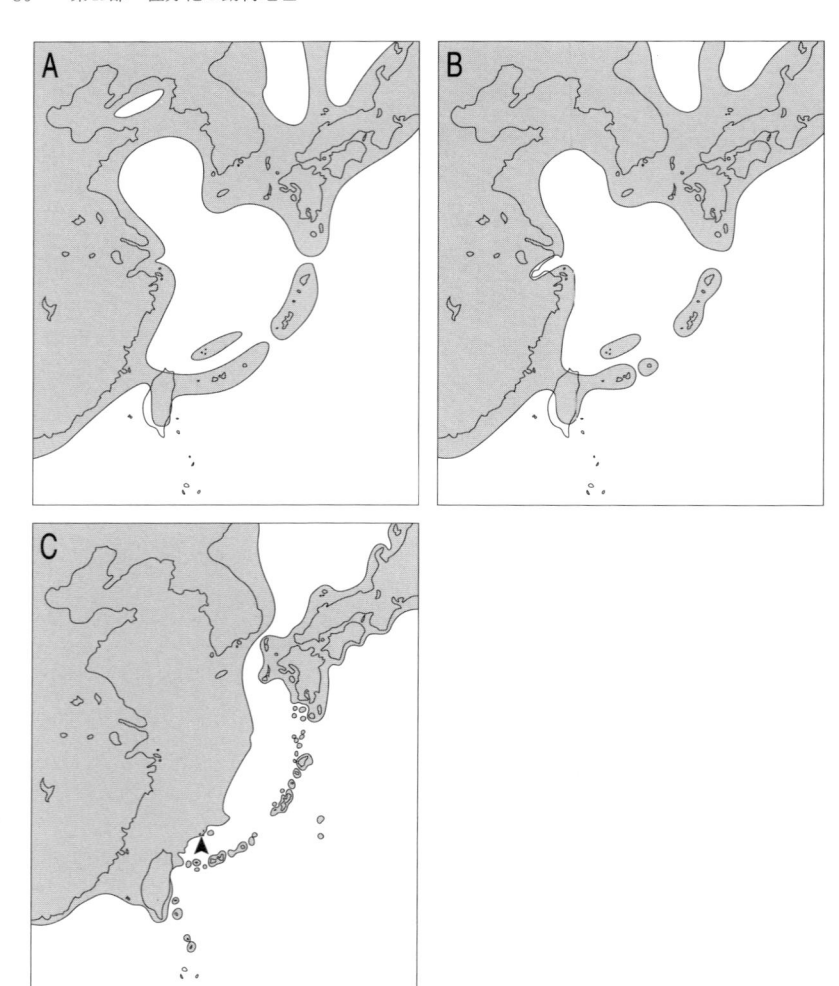

図2　琉球列島ならびに周辺地域における第四紀初期(A)，中期(B)，末期(最終氷期時：C)の水陸の分布(Ota, 1998 より)。C中の矢印は尖閣諸島の位置を示す。

　しかしこのトカラ海峡周辺の島々に生息する爬虫類を実際に調査したところ，その分布は必ずしも上のようなシナリオに整合しないことがわかった。たとえば沖縄諸島，奄美諸島を中心に分布するヘリグロヒメトカゲはこのトカラ海峡を大きく越えて北トカラのほとんどの島嶼，さらには大隅諸島北部の三島(黒島，硫黄島，竹島)にまで達している。同じく中琉球に分布の中心

のあるオキナワトカゲもトカラ列島最北の口之島に到達していることが最近の研究で明らかになった。さらに大陸の南東部から台湾を経て南・中琉球のほぼ全島に分布するミナミヤモリにいたっては，北トカラや大隅諸島のほとんどの島に加え，九州南端の大隅半島や薩摩半島にも分布している（Hikida et al., 1992; Ota et al., 1994）。こうした「トカラ海峡越え」分布は何を意味しているのであろうか。少し詳しく見てみよう。

ヘリグロヒメトカゲの場合

　まずヘリグロヒメトカゲについてであるが，大雑把ではあるものの分布のほぼ全域から収集された標本を対象に，多変量解析法などによる変異分析が行なわれている（Ota et al., 1999）。その結果をみる限り，種内の最も大きな分化は沖縄諸島集団と，奄美諸島およびそれ以北の集団とのあいだで生じていること，トカラ海峡をはさんだ地域集団間での分化はそれほど大きくないことが考えられる。このことはこのトカゲにおいて，沖縄諸島の集団と奄美諸島以北の集団とのあいだでまず分断が生じたことを示すとともに，奄美・南トカラ集団と北トカラ・大隅集団とのあいだでの分断がそれよりはるかに新しい，あるいはそもそもトカラ海峡以北の集団がごく最近の海峡南側からの分散に起源していることを示唆している。ヘリグロヒメトカゲにおけるこのような分化の地理的パターンについては今後さらに遺伝子レベルでの解析に基づく検討が望まれるが，少なくともこれまでに得られた結果が上記のような「トカラ海峡による長期にわたる陸生生物の移動の阻害」というシナリオにあわないのはほぼ確実であろう。

ミナミヤモリの場合

　一方ミナミヤモリについては，沖縄諸島から南九州にいたる範囲での遺伝的変異がアロザイム法によって定量化されている。本種における変異の地理的パターンは上記のヘリグロヒメトカゲにおける形態的変異の地理的パターンと異なり，一部の例外を除き最も著しい分化がトカラ海峡以南の集団と，同海峡以北の集団とのあいだで認められる（Toda et al., 1997）。「一部の例外を除き」としたのはトカラ海峡より南にあるトカラ諸島南端の島，横当島のミナミヤモリ集団が，奄美・沖縄諸島の集団よりもトカラ海峡以北の集団に遺伝的に近いからである（図3）。

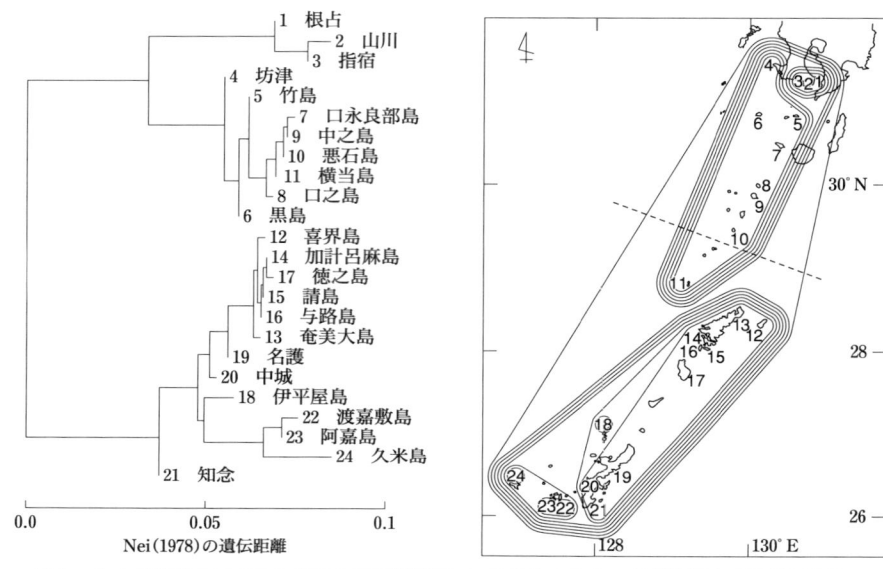

図3 トカラ海峡（右図中の点線の位置）周辺におけるミナミヤモリ集団間の遺伝的関係。アロザイム法で求めた遺伝距離(D)を近隣結合法(左図)ないし非荷重平均法(右図)で分析したもの（いずれも Toda et al., 1997 より）。右図の等距離線の間隔は D＝0.02

　このようなミナミヤモリにおける，おおむねトカラ海峡をはさんだ形での遺伝的分化は，海峡の形成にともなう分断に対応しているようにみえるかもしれない(物資に着いて運ばれやすいヤモリ類の一般的な性質を考えると，横当島集団が唯一例外となることについては，人為的な持ち込みなどを想定できなくはない)。ただこの場合に問題となるのは奄美諸島以南の集団とトカラ海峡以北の集団とのあいだでの遺伝距離 D(Nei, 1978)の値(平均 0.129)で，これがほかの陸生脊椎動物のいくつかの系群におけるトカラ海峡をはさんだ集団間での値(0.31～0.60：西田，1990；Kato et al., 1994)に比べはるかに小さい。仮にほかの生物群における値がトカラ海峡成立にともなう分断を反映しているとするならば，ミナミヤモリにおける値は海峡形成より後に生じた隔離に対応すると考えるのが合理的であろう。もう1つ注目すべきは横当島の集団や海峡以北の集団のあいだにみられる遺伝的分化の程度で，九州南端の3集団を除き奄美諸島や沖縄諸島の集団間にみられる値よりもはるかに小さい(Toda et al., 1997；図3)。このことは横当島から南九州にかけての集団の多くがごく最近の急激な分散に由来するか，あるいはこれらの集

団間に，沖縄諸島や奄美諸島の集団間に比べきわめて高い頻度で遺伝子流動が生じてきたことを示唆している。しかしこうした想定は奄美諸島や沖縄諸島に比ベトカラ諸島では島々を隔てている海峡がはるかに深く，過去，氷期などで海水面が低下して奄美や沖縄の島々が陸橋により連結された時期にもトカラの島々は相互に孤立していたと考えられること（Ota et al., 1994）と矛盾している。言い換えるとミナミヤモリにおける遺伝的変異の地理的パターンもまた，上記のヘリグロヒメトカゲにおける形態的変異の地理的パターンと同様，トカラ海峡やその周辺域の古地理に関する，現在，最も広く受けいれられている仮説と整合しないのである。

オキナワトカゲの場合

　解釈が難しいもののきわめつけはトカラ海峡をはさんだオキナワトカゲ島嶼集団間における遺伝的変異のパターンである。オキナワトカゲは従来，沖縄諸島，奄美諸島，それに南トカラの宝島，小宝島などに分布するとされ，沖縄諸島のものは基亜種，奄美諸島と南トカラのものは亜種オオシマトカゲとされてきた（中村・上野，1963；千石，1979）。これに対し北トカラの諏訪之瀬島，平島，中之島，口之島などの集団は少数の形態的特徴から長くニホントカゲとされ，さらにトカラ海峡のすぐ北に位置する悪石島の集団は〝オキナワトカゲとニホントカゲの中間型〟とされた（永井，1938；Hikida et al., 1992）。このうち永井（1938）が分類学的にみて最も注目すべきとした悪石島の集団については平島の集団ともども，ネズミ退治を目的として戦後導入されたイタチの食害の影響で完全に消滅してしまっている。標本さえ残っていない今となっては，残念ながらこの問題については調べようがないのである（Ota et al., 1994；太田，1996）。残る諏訪之瀬島，中之島，口之島の集団についてはミナミヤモリの場合と同様，最近になってアロザイム法による検討が加えられた（Kato et al., 1994; Motokawa and Hikida, 2003）。

　アロザイム法による遺伝的解析の結果からはまず，上記の3島嶼集団が従来考えられていたような大隅諸島以北のニホントカゲ集団よりも奄美諸島や沖縄諸島の集団の方にはるかに近いことが明らかになった（Kato et al., 1994; Motokawa and Hikida, 2003）。しかしここで上記のミナミヤモリの場合とまず異なるのは，北トカラの3島嶼集団のあいだに著しい遺伝的差異がある点である。しかも驚くべきことに北トカラの集団は系統的に1つにまと

まらない可能性が高く，諏訪之瀬島の集団($n=4$)は奄美大島のオオシマトカゲ集団($n=19$)に，口之島の集団($n=10$)は沖縄島の基亜種集団($n=31$)にきわめて類似し(それぞれ D=0.062, 0.081)，両島間に位置する中之島の集団については2標本しか調べられていないため断定はできないが，上記4集団のいずれからもより大きく離れていることが示唆されている($D \geq 0.161$：Motokawa and Hikida, 2003；図4)。

　まず明らかなのは，このような遺伝的類似性の地理的パターンを単純なモデルで説明するのが容易でないことである。Motokawa and Hikida(2003)が表に示した各集団の遺伝子組成を見ると，たとえば口之島の集団は沖縄島の基亜種集団と全般的な遺伝的類似性が高いだけでなく，彼らによって調べられたオキナワトカゲ集団のうちこの集団とだけ *Aat-1* というアロザイム支配遺伝子座の *c* という遺伝子や，*Est-4* という遺伝子座の *f* という遺伝子を共有していることがわかる。同様に諏訪之瀬島の集団も調べられたオキナワトカゲのなかで奄美大島のオオシマトカゲ集団とだけ *Acoh-1* というアロザイム支配遺伝子座の *b* という遺伝子や *Ada* という遺伝子座の *b* という遺伝子を共有していることがわかる。しかも口之島，諏訪之瀬島それぞれのサンプル内での変異のある遺伝子座の割合(いずれも 15.0%)や，観察された平均異型接合度(それぞれ 6.0%，8.4%)は奄美大島のサンプル(それぞれ 10.0%，1.3%)や沖縄島のサンプルにおける値(それぞれ 20.0%，5.1%)に比べても低くなく，むしろ全体的に高い傾向が認められた。これらのことは図4に示したような遺伝的類似性の関係が，口之島や諏訪之瀬島といったトカゲの生息密度の低い小島嶼でのびん首効果や，そもそも最初にこれらの島々に到達したのがたまたま希少遺伝子をもった少数個体であったことによる創始者効果の産物ではないことを強く示唆している。

トカラ海峡および周辺地域における爬虫類の洋上分散

　以上の3例はいずれもトカラ海峡の両側のあいだや，海峡北側の島嶼間で比較的最近分散が生じたことを強く示唆している。話としては無論，洋上分散を想定するのが最も楽なのだが，このようなシナリオを安易にもちだすのは危険でもある。このような想定をしてしまうと個々の分類群の地理的分布はたいてい説明できてしまい，そのためかえって検証の対象となる仮説の提示にならないからである(Wiley, 1981)。そこでまず，それ以外の説明が可

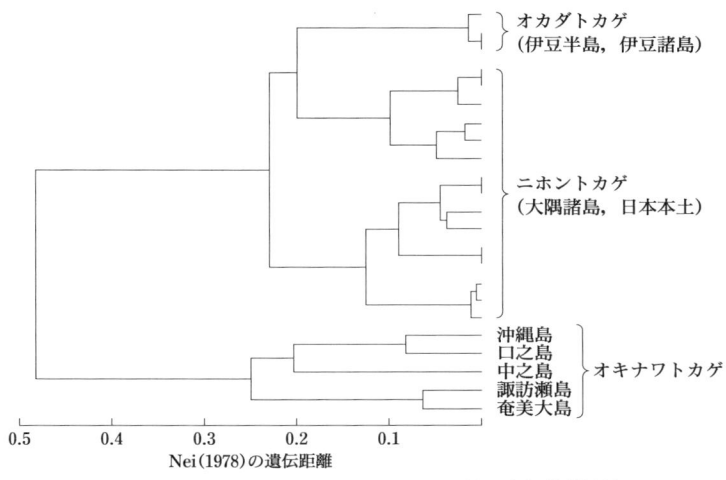

図 4 日本本土から中琉球にかけ見られるトカゲ属 3 種の遺伝的関係(Motokawa and Hikida, 2003 より)。アロザイム法で求めた遺伝距離を非荷重平均法で分析したもの。北トカラの 3 島(口之島，中之島，諏訪瀬島)の集団はオキナワトカゲに属し，しかも 1 つにはまとまらない。

能でないかを考えてみることが重要である。

　トカラ海峡周辺の古地理についてとりあえず何の前提もおかないのであれば，上のような観察結果からはこのエリアが比較的最近，陸橋化した可能性がまず考えられるであろう。実際，トカラ海峡や，ほかの北トカラ・大隅諸島の島々を隔てている海峡の海底における地殻構造，地形，地質，沈降速度などから，これらの海峡のことごとくがほんの 1.5〜2 万年前の最終氷期には陸化していたとする説もある(木村，1996)。確かにこう考えるとヘリグロヒメトカゲやミナミヤモリについては，上記のような地理的変異を無理なく説明できる。しかし氷期のような一種の寒冷期に南から北へむいてだけ分散が生じたとすることにはやはり無理がある。また仮にこのような単純な陸橋分散を想定しても，オキナワトカゲの場合が示すトカラ海峡をはさんだ複雑な遺伝地理構造を説明するのは難しいであろう。

　さらにここで取り上げた種以外にも，トカラ海峡やその周辺に分布する陸生動物のなかには南から北方向へ分散してきたと考えられるものが多い。北から南下したと考えられるものもまったくないわけではないが，そうした種はたとえば平島や諏訪之瀬島を分布の南限とするニホンカナヘビのようにそ

のほとんどがトカラ海峡の手前でとまっており，海峡の南側には到達していない(Hikida et al., 1992)。こうしたおおむね一方向性の分散は，上記のような理由から陸橋を経由したものではないと考えられ，分布を説明するためには結局やはり洋上分散を想定せざるを得ない。おそらく琉球列島にそっておおむね南西から北東の方向に流れている黒潮が，こうした一方向性の分散を生じせしめてきたのであろう。さらにオキナワトカゲの例は，こうした分散が必ずしも島嶼列にそって最も近い島のあいだだけで生じたわけではないことを物語っている。

2．尖閣諸島における爬虫類の生物地理

尖閣諸島は最大島の魚釣島でも 4.3 km^2 しかない小島嶼の集合体で，地理的には八重山諸島から見て北北西約 150 km に位置している。そのため一見，八重山諸島や宮古諸島と共に南琉球に含まれるようにみえるかもしれない。しかし実際には琉球海嶺(宮古・八重山諸島を含む琉球列島の主要部の基盤をなす海底山脈)に対してあいだに琉球舟状海盆(東シナ海底の，深く沈み込んだ細長い盆地状の部分)をはさんでおり，台湾などと同様に大陸東岸にそった浅海部，いわゆる大陸棚の上に位置している。

尖閣諸島の爬虫類相の特徴

尖閣諸島の生物相については 19 世紀末以降，断続的な調査が行なわれてきている。しかしこうした調査で得られた爬虫類標本について，国内外の標本との比較に基づく詳細な検討が加えられたのはごく最近であった(Ota et al., 1993)。その結果によると尖閣諸島からこれまでに収集された爬虫類はトカゲ類3種(ミナミヤモリ，アオスジトカゲ，スベトカゲの一種)，ヘビ類3種(ブラーミニメクラヘビ，シュウダ，アカマダラ)で，このうちアオスジトカゲ，シュウダ，アカマダラは琉球のほかのエリアには分布せず，台湾や大陸とだけ共通している。またミナミヤモリとブラーミニメクラヘビについては人為的な物資の移動や漂流にともなって容易に分散することが知られており(Ota et al., 1995; Toda et al., 1997)，尖閣諸島外でも台湾や大陸，琉球全域などに広く分布している。スベトカゲの一種については台湾の固有種であるタイワンスベトカゲとの類似性が指摘されているが，標本数が少ないた

め種の帰属に関する最終的な結論はだされていない(Ota et al., 1993; Ota, 2000b)。

このように尖閣諸島の爬虫類相は現在までにわかっている限り固有種を含まない，台湾の爬虫類相の部分集合としてとらえることができる。分類学的な位置づけに関して最終的な結論がでていないスベトカゲ属の一種を除いては，大陸の爬虫類相の部分集合でもある。これに対し尖閣諸島から見て最も近い陸域であるはずの八重山諸島とは，爬虫類相の構成種の1/2 ないし2/3 が異なっている。このような尖閣諸島の爬虫類相はどのようなプロセスを経て形成されてきたのであろうか。少し考えてみよう。

形成プロセスの推定と問題点

新生代も後半になると地球はたびたび氷河期にみまわれた。氷河の形成にともなう古環境の変化は大きく2つの形で生物の地理的分布に影響したと考えられる。1つは上でも触れたように気候の変化を通した影響で，たとえば気温が下がれば各生物の分布は全体的により低緯度ないし低高度のエリアにシフトすることが予想される。ちなみに最終氷期の琉球列島周辺では気温の低下よりもむしろ乾燥化がより顕著であったとする指摘が，花粉化石の分析結果に基づいてだされている(黒田ほか，2002)。もう1つは海水面の変動で，氷河のもととなる大量の水が海から奪われたため，海面が間氷期に比べ大きく下がったと考えられる点である。このように海水面が下がれば，間氷期には浅海によって隔てられていた島と島や島と大陸が陸橋で結ばれ，そのあいだを陸生動物が移動できるようになるからである。

ここでまず重要なのはいったいどれくらい海水面が下がったかという点であるが，最終氷期に関していえば120 m 程度下がったのではないかとする意見が多い(Hopkins, 1982; Fairbanks, 1989)。この値を採用し，かつ仮に1.5～2万年という時間が地殻変動のタイムスケールとしてはまばたきするあいだくらいでしかなく，したがってそのあいだの地殻の浮き沈みはほとんどなかったとするならば，最終氷期の陸域は現在の海域の深度分布図上で120 m の場所を結んだ線によって囲い込まれることになる。図2のCは実際にこのような前提にたって描いた最終氷期における琉球列島や周辺地域の水陸分布図である。これが正しいとするならば図にも描かれているように尖閣諸島は最終氷期のあいだ，台湾とともに大陸の東岸を構成し，一方，八重

山諸島をはじめとした琉球のほかの島々はやや面積は拡大したものの大陸からは独立したままであったことになり，上記のような尖閣諸島の爬虫類相がよく説明できる。

　しかしこうしたシナリオには相互に関連する問題点が2つある。1つは海水面低下の見積もりに関するものである。すなわち最終氷期の海水面の低下が実際には80 m程度でしかなかったという議論があり（大島，1990），大隅諸島と九州本土のニホントカゲ集団の遺伝的変異に関する研究結果からはむしろこちらの見積もりの方が支持されている（Motokawa and Hikida, 2003）。もう1つはたとえばアオスジトカゲなどに見られる台湾や大陸産の同種集団とのあいだでの形態的差異に関するもので（Ota et al., 1993; Ota, 2004），こうした差異がたかだか2万年たらずのあいだに生じたかどうかということは一考を要するであろう。実際，尖閣諸島にはモグラやサワガニなどに固有種も見られ，これらでは台湾や大陸には近縁種はいるものの同種は見つかっていないのである（Shy and Ng, 1998; Motokawa et al., 2001）。尖閣諸島と台湾や大陸とを隔てている海域の水深は最大で110 m前後あり（海上保安庁，1978），仮に最終氷期における海水面の低下が80 m程度であったとするとその期間，尖閣諸島は大陸とはつながらず，したがってここに見られる陸生生物の多くは従来考えられているよりもより長期にわたって島嶼隔離を受けてきたことになる。この問題について今後情報分子を手がかりとしたアプローチが強く望まれる。

3．大東諸島における爬虫類の生物地理

　大東諸島は沖縄島の東約350 kmに位置する島嶼群で，それぞれ27 km^2，11 km^{2}ほどで相互に8 kmほど離れた南・北大東島，およびこれらからやや南に離れた無人島の沖大東島を擁している。大東諸島の基盤をなす大東海嶺と琉球列島主要部の基盤となる琉球海嶺とのあいだには水深5000 m以上の琉球海溝が後者とほぼ平行に走っている。この海溝によって琉球のほかの島嶼や大陸と隔てられた大東諸島は，小笠原諸島やハワイ諸島などと同様，大洋中に誕生しその後も一度として大陸とは接続したことのない海洋島なのである（ちなみに琉球のほかの島嶼は大陸島）（木崎，1985）。

　大東諸島で開墾が始まったのは1900年のことで，その前は島全体がうっ

そうとした森林に覆われていたとされる。開墾は急ピッチで進み，数十年後には森林の大部分は農地，宅地，あるいは燐鉱石の採掘場へと姿を変え，地形が急峻なため利用が難しく伐採を逃れた島の外縁近くの灌木林だけが開発前の名残りを留めている（北大東村教育委員会，1986；南大東村教育委員会，1989）。

大東諸島の爬虫類相の特徴

　開発の進んだほかの多くの海洋島の場合と同様，現在，大東諸島に見られる陸生生物相はきわめて貧弱で，しかもそのなかのかなりの割合は人が外部から持ち込んだ生物，いわゆる外来種が占めている。爬虫類も例外でなく，スッポン，ミシシッピアカミミガメ，ミナミイシガメ，ホオグロヤモリ，オガサワラヤモリ，ブラーミニメクラヘビなどが見られるが，そのいずれもが人為的な移入に起源するのではないかとされてきた（太田・当山，1992；Sato and Ota, 1999）。ところが近年行なわれた調査研究からこのうち少なくともオガサワラヤモリだけは，従来から大東諸島に生息する在来種であることがわかったのである。

　オガサワラヤモリは太平洋とインド洋の熱帯・亜熱帯島嶼を中心に分布する小型のヤモリで，単為生殖を行ない普通，メスだけからなっている。2倍体と3倍体がおり，さらにそれぞれのなかに遺伝的に他と区別される複数のクローンが含まれている（Ineich, 1999）。アロザイム遺伝子座などにおける高い異型接合度から，オガサワラヤモリの2倍体クローンは近縁の2両性生殖種（親種）の種間交雑に，3倍体クローンはこのようにしてできた2倍体クローンと親種のうちの一方のオスとの戻し交雑に起源するとされ，実際，オガサワラヤモリ属の2両性生殖種が同所的に生息するミクロネシア東部のマーシャル諸島がその発祥の地とされている（Radtkey et al., 1995）。そしてまた，2倍体，3倍体それぞれのなかに見られるクローンの多様性は，さまざまな組み合せの遺伝子をもつ親種の複数の個体が交雑や戻し交雑に関与することで創出されてきたと考えられている（Radtkey et al., 1995; Ineich, 1999）。

　国内でのオガサワラヤモリの発見はその名が示すようにまず戦前の小笠原諸島からで，1970年代以降には沖縄島以南の琉球列島からも次々に記録され，最後に大東諸島での生息が確認された（Ota, 1989；太田・当山，1992）。

これらの集団それぞれについて，近年，まとまった数の標本を対象とした倍数性，アロザイム支配遺伝子の組成，形態形質それぞれの変異に関する調査が行なわれた。その結果，小笠原諸島と琉球列島の集団についてはそれぞれ，2倍体と3倍体の単一クローンだけからなることが明らかになった。これらのクローンはいずれも，ミクロネシア，メラネシア，ポリネシア，ハワイ諸島，フィリピン諸島などに広く分布しており，人間について分布を拡大してきたと考えられている(Ineich, 1999)。したがって小笠原諸島や琉球列島の集団についても，それぞれ異なる時期，あるいはソースから人為的に運ばれた少数個体が，メス1個体で発生卵をつくれる単為生殖の強みを生かして集団を形成した結果と思われる(Yamashiro et al., 2000)。ところが大東諸島の集団に関しては，これらとはまったく異なる結果が得られた。すなわち南・北大東島から2倍体1つ，3倍体11，計12ものクローンが発見されたのである(図5)。このように高いオガサワラヤモリのクローン多様性は単一の島嶼群におけるものとしては世界的にもほとんど例がなく，しかもさらに驚くべきことに12クローンのうちの少なくとも11(2倍体1，3倍体10)は，国内の他地域はもちろん国外でもこれまでに発見されていない大東諸島固有のクローンだったのである(Yamashiro et al., 2000)。このことからこうした多様なオガサワラヤモリのクローンが，大東諸島在来の爬虫類相の構成要素であるのは明らかである。

オガサワラヤモリにおけるクローンの多様化プロセスの推定と問題点

　それではこのような固有性の高いオガサワラヤモリの多クローン集団はどのような過程を経て創出されてきたのであろうか。まず島外からこれだけのクローンが並行して進入したとは考えにくい。上記のようにほとんどのクローンが固有なのだから進入を考えようにもそのもとが想定できない。大東諸島とオガサワラヤモリが生息するほかの島嶼との距離，さらには(人為的な移入を考えるうえで重要な)外部から大東諸島へのアクセスルートを考えても(大東諸島とのあいだに船舶，航空機の定期便があるのは沖縄島の那覇のみ)，これだけのクローンが外部から持ち込まれたとは考えられない。

　したがってこのようなクローン多型は，大東諸島のなかで生じた可能性が高い。オガサワラヤモリのような異種間交雑(2倍体)，戻し交雑起源の単為生殖種(3倍体)における遺伝的多様化には，一般に2つのプロセスが考えら

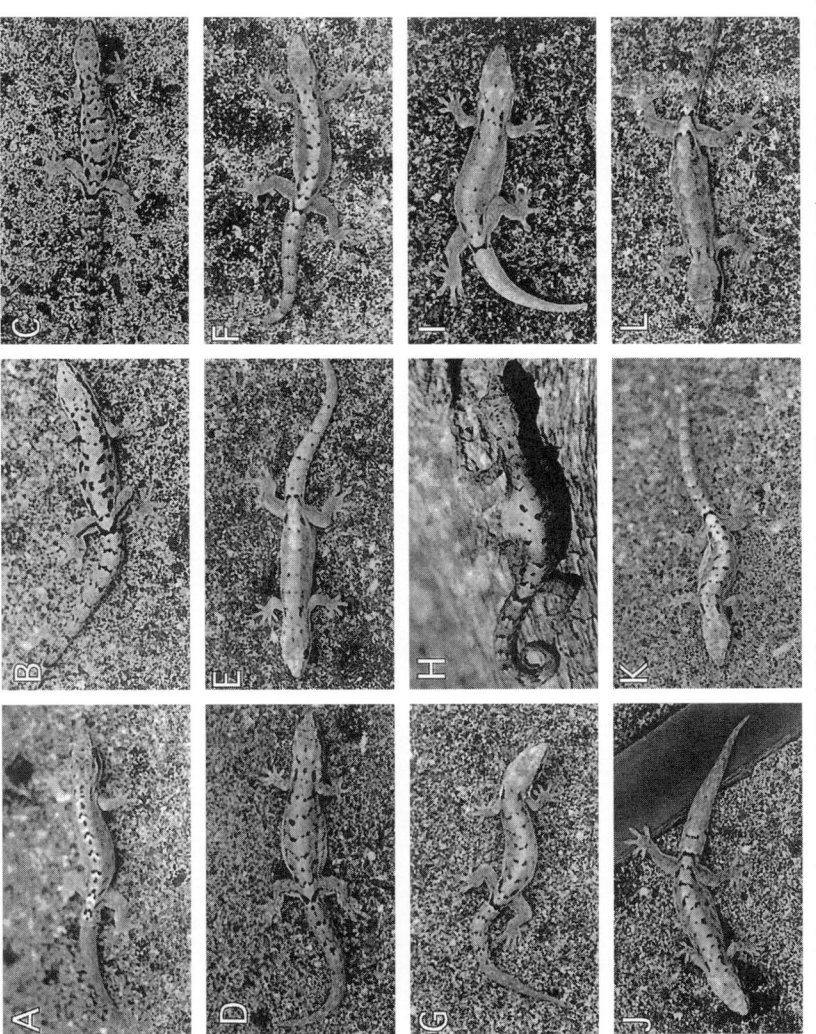

図 5 南北大東島のオガサワラヤモリ集団を構成する 12 のクローン (Yamashiro et al., 2000 より)。A のクローンのみ 2 倍体でほかはすべて 3 倍体。それぞれがアロザイム遺伝子座の遺伝子型の組み合わせで識別でき、A, B, C〜K, L は背面の暗色斑の分布や形状でも識別できる。

れる。すなわち(1)クローン系統が確立した後での新たな突然変異の追加，および(2)親種個体群内の遺伝子組成の異なる複数個体の交雑への関与である。非常に単純に考えるならば，(1)の場合，クローン間での遺伝的差異には突然変異が関与するわけであるから，識別されるクローンの多くには固有の遺伝子が見られるはずである。ところが実際には，識別された11もの大東諸島産3倍体クローンにおけるアロザイム支配遺伝子の差異は，従来の広く見られる遺伝子が固有の変異型に置き換わった結果ではなく，調べられたアロザイム遺伝子座にいくつかの普通に見られる遺伝子が異なる組み合せでのっていることで違っていたのである。しかもほとんどの場合，それぞれの遺伝子座にのっている遺伝子の1つは大東諸島内では唯一の2倍体クローンの，対応する遺伝子座のものと共通していた。このことは大東諸島内で見られる3倍体クローンの多様性が，同所的に見られる2倍体クローンのメスと，今回調べられたアロザイム遺伝子座の遺伝子を異なる組み合せでもつ複数のオス個体とのあいだでの多重交雑に起源することを強く示唆している。

　このようなシナリオの最大の難点は，上記のようなオス個体を供給できるオガサワラヤモリ属の両性生殖種個体群が，少なくともこれまで大東諸島から見つかっていない点にある。このことに関しては，これまでに行なわれた大東諸島での調査・採集が依然，網羅的なものではないことから，まず両性生殖種がいるがまだ発見されていない可能性が考えられる。また19世紀末以降の急激な開墾が島の環境を変え，その結果いくつかの野生生物を滅ぼしてきたことを考えるならば，このような両性生殖種がたとえば洞窟性のコウモリ(前田, 2001)や数種の鳥類の場合(北大東村教育委員会, 1986；南大東村教育委員会, 1989)と同様，ごく最近になって人知れず絶滅してしまったことも考えられる。この場合，現在我々が目にしている大東諸島での3倍体クローンの多様性は，絶滅種が残した〝大いなる残像〟といえるであろう。いずれにせよこの問題の解決には，今後，大東諸島でのさらなる調査とともに，mtDNAなどを指標としたより詳細な遺伝子解析を進めていくことが必要である。

　ここで紹介した内容は，近年，疋田努・松井正文の両先生，および戸田守，本川順子，本多正尚，山城彩子ら諸兄とともに進めている研究プロジェクトから得られた結果が中心となっている。これらの研究プロジェクトは現在も

進行中で，個々の箇所で問題点とした事項について近いうちに明確な答えがでるかもしれない。拙文ながらこうした生物地理学的研究の〝現在進行形〟のおもしろさが少しでも表現できていれば幸いである。

第6章 アジアのネズミ類相の成因に関する時空間要因

北海道大学・鈴木 仁

　生物地理学は生物種が時間の推移とともに，地表上をどのように移動したのか考える学問である(Brown and Lomolino, 1998)。単に生物の移動を主題としており，なぜその種がそこにいるのかを問題にしているにすぎないが，生物種の歴史的背景の把握は，その生物種を知るうえでも特に重要である。さらにその種の進化的展開の究極の理由を知ることは種の多様性の創出や維持機構を考えることにもつながる。ここでは，遺伝子の変異を手がかりとして，アジアに生息するネズミたちの系統の多様化の足どりをたどってみたい。ネズミ類は種数も多く，分布も広域で，過去の陸橋形成などの情報を与えてくれるので古くから生物地理学的研究においては重要視されてきた(徳田, 1969)。また，ネズミ類はその分布が気候や植生に強い影響を受け，特定の生息環境への強い志向性を示すため，過去の環境変動の指標としても活用されてきた。さらに分類群を超えて進化的傾向の再現性を検討することも容易である。このようにネズミ類は多様性科学のなかでその利用価値は高いものとなっている。

1. 多様化戦略その1：地理的分断

　まずは，一般になじみの深いハツカネズミ類の例で，種の多様化の要因について考えてみよう。ハツカネズミ類(*Mus*属)は，アカネズミ類(*Apodemus*属)やクマネズミ類(*Rattus*属)と共にネズミ亜科というグループに属する。そのネズミ亜科の仲間は500もの種をかかえ，大繁栄をしてい

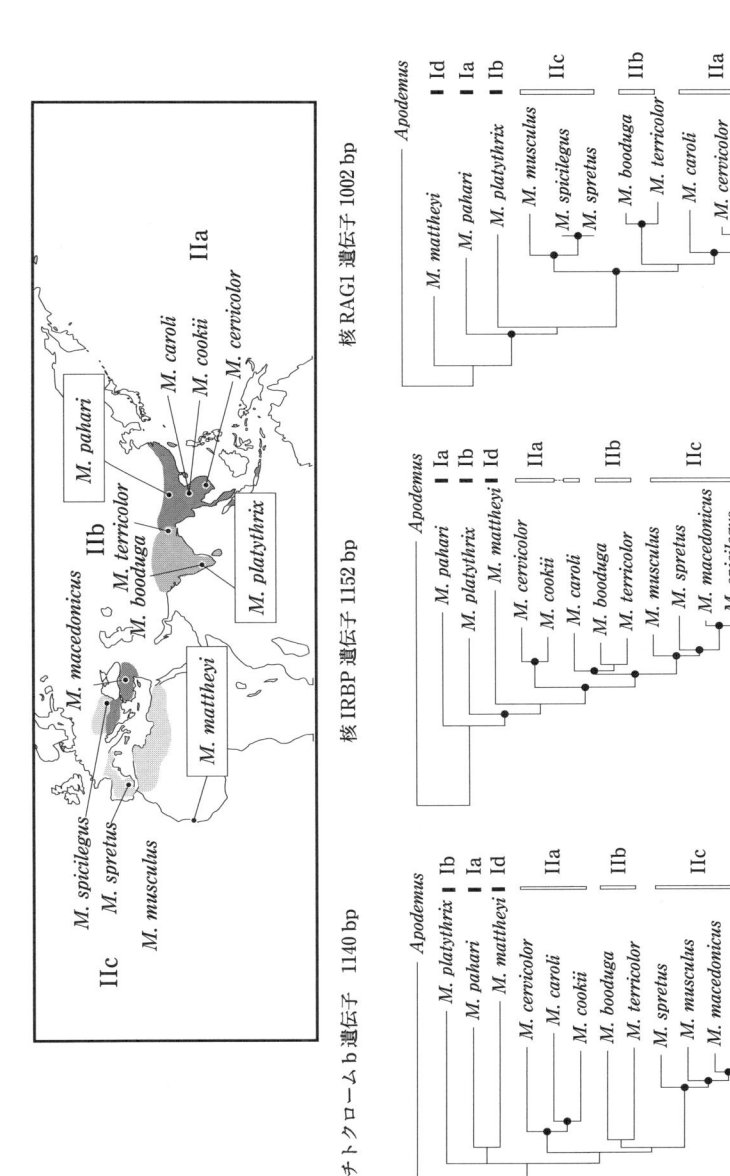

図1 調査したハツカネズミ属 *Mus* の個体の産地。東南アジア、インド、アフリカに固有の亜属を代表する種には四角の枠を記した。*Mus* 亜属に属する種は、東南アジア系 (IIa)、インド系 (IIb)、そして中近東・地中海沿岸系 (IIc) の3つのグループに分けることができる。3つの遺伝子領域を解析し、近隣結合法で系統樹を作成した。最尤法によるブートストラップ法による解析で、信頼度の高いノード (>50%) は●で示した。チトクロム b 遺伝子の解析の際は、コドンの3番目のトランジションは除外した。

る。ちなみに哺乳類は地球上に4000種ほどしかいないので，このネズミ亜科の500種というのは驚異的である。ハツカネズミ属は，実験動物として有名なハツカネズミ *Mus musculus* をはじめとして，約40種ほどが知られる。4つの亜属に分類され，そのうち3つはアフリカ(19種)，インド(5種)，東南アジア(4種)の各地域に分布する。残りの1つはハツカネズミ亜属 *Mus* (属名と亜属名が同一)と呼ばれ，ユーラシアの亜熱帯域を中心に分布し，計11種を含み，種の多様度の高さを誇る(図1)。しかし，世界に広く分布するハツカネズミを除けば，それぞれの種の分布域は狭い地域に限定される。

　ユーラシアに分布する種を中心にハツカネズミ属12種の分子系統学的解析を3つの遺伝子領域(mtDNAのチトクロム b と核DNAのIRBPとRAG1)をもちいて行なった(Suzuki et al., 2004a；図1)。それぞれの遺伝子の系統樹のトポロジーは微細なところで異なるが，全体的にはよく似たパターンを示す。これをまとめると図2に示すように亜属間の分化とハツカネズミ亜属内の分化の2回の放散的系統分化を認めることができる。興味深いのは亜属間の分化は，東南アジア(Ⅰa)，インド(Ⅰb)，アフリカ(Ⅰd)のそれぞれの地域に依拠し，次のハツカネズミ亜属内の分化においても，3つの単系統グループはそれぞれ東南アジア(Ⅱa)，インド(Ⅱb)，中近東・地中海沿岸(Ⅱc)のそれぞれの地域に根づいている点である。すなわち，2回の放散において，東南アジア，インドといった特定の地理的区画が繰り返し利用されている。特定の地理的構造が地理的分断を引き起こし，系統分化の決定要因の1つとなっていることをよく物語っている。

2．多様化戦略その2：異なるニッチへのシフト

　さて，ハツカネズミ類の種の多様化戦略を考えるうえで重要なことは，新しい環境に適応し，ニッチの転換(シフト)を行なってきたという事実である。先にみたようにハツカネズミ属の複数回の放散には，その生息環境の指向性の大きな変革をともなっている。すなわち，一度目の放散は，アジアに古くから展開している *Mus pahari* で代表されるように，森林性の環境を志向する。一方，二度目の放散を引き起こしたグループはオキナワハツカネズミ *Mus caroli* で代表されるように明らかに草原性である。すなわち，最初の放散は森林に適応したグループの大陸をまたがる展開であり，2回目には草

原に適応したグループの世界的な展開であったことを示唆している。そして，さらにハツカネズミ属は三度目の世界的な放散が，ハツカネズミ *Mus musculus* においてなされている。これは「住家性」という新しい生活スタイルの創出によってもたらされたことはいうまでもない。このように，従来のニッチにも執着するとともに，異なるニッチにも適応する系統を生みだしていくことが種の多様化の重要な戦略の1つであることがよくわかる。このような例はほかの陸生哺乳類にも認められ，たとえばモグラ類(Tsuchiya et al., 2000; Shinohara et al., 2003)やウサギ類(Yamada et al., 2002)において，異なるニッチへの展開が段階的になされ，これにより種の多様化が起きたことが分子系統の解析結果からも示唆されている。

3．多様化戦略その3：ニッチの分化

ハツカネズミ類の種の多様化についてみてみると以上のように，(1)複数の地理的区画(種分化の舞台)の存在，そして(2)ニッチのシフトの2つが種の多様化に重要な要因であることがわかる。そしてさらに，種数を増加させている要因があり，それは，同じ区画のなかで，ほぼ同等のニッチをもつにもかかわらず，姉妹種の共存を許容していることである。草原性のハツカネズミ亜属において，インド，東南アジアの各ブロックのなかで，2～3種の同所的種(sympatric species)が認められる。これは，最初は異所的に種分化(allopatric speciation)した後，ニッチの分化などの要因で分布の重層化が生じたものと説明できる。同じ森あるいは同じ草原に同属種が何種生息できるかについては，ネズミ類において種の多様化機構を知るうえで特に留意しなければならない点である。

ところで，調べる遺伝子により，系統関係のトポロジーが異なることがある。ハツカネズミ属の場合，オキナワハツカネズミでは，IRBP遺伝子とRAG1遺伝子で構築された系統樹における位置が異なっている(図2)。このような場合，(1)データの解像力の不足，(2)祖先集団における多型性(ancestral polymorphism)と進化過程における遺伝子系統のランダムなソーティング(random lineage sorting)，さらに，(3)異種間の遺伝的交流(genetic introgression)，のいずれかで説明される。これらはどれも関与していると思われるが，特に最後の点は考慮に値する。先に述べた「分布の重層化」が，

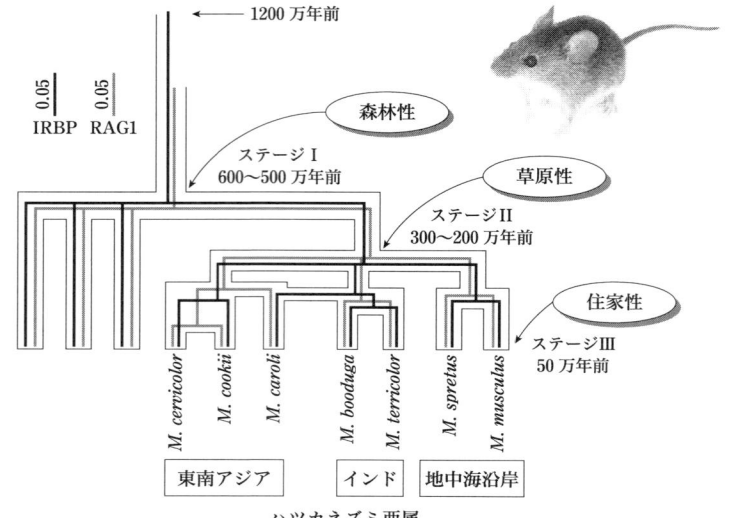

図2 ハツカネズミ属における生態学的ニッチのシフトによる種多様性の創出。ネズミ亜科の共通祖先から分岐した後，ハツカネズミ属の祖先系統は，まず4つの亜属に分岐した（ステージⅠ，約600万年前）。その後，ハツカネズミ亜属がユーラシアにおいて発展的に3つのグループに分化した（ステージⅡ，約200万年前）。さらに，近年，ハツカネズミ *Mus musculus* は世界に広く分布を広げた（ステージⅢ，約50万年前）。この3つの広域の放散は，それぞれ森林性，草原性，住家性とニッチをシフトさせた結果，新旧の系統が存続することにより種の多様性の度合いを高めることに成功している。地中海沿岸，インド，東南アジアという異なる地域でのそれぞれの系統の育成を行なっていることも種数の倍増につながっている。さらに同地域で類似のニッチをもつ種がニッチの分化により共存していることも多様性の創出に貢献しているようだ。この近縁な種が同地域に展開することが祖先集団における遺伝子の交流につながり，結果として複雑な遺伝子系統を生みだしている。オキナワハツカネズミ *Mus caroli* はIRBP遺伝子ではインド系であるが，ほかの遺伝子では東南アジア系である。

まだ種分化が十分に完了していない祖先種間において起きたとすると，遺伝子移入の機会は大いに増大するものと考えられるからである。一般にネズミ類の場合，多数の遺伝子を用いて系統解析を行なうと，いわゆる網状進化（reticulate evolution）の傾向を容易に見出すことができる。これは，ネズミ類においては近縁な種との共存が比較的許容される傾向が強いことがその1つの要因になっているのではないだろうか。

　このニッチの分化による種の多様化戦略の例を，ユーラシアの温帯域に展開するアカネズミ類において引き続きみていきたい。アカネズミ類は温帯域

の広葉樹の森林に優先的に生息する。約120属のネズミ亜科のうち，温帯域で生息する属は2属と限られている。アカネズミ属は，属として約20種をかかえ，東アジアには10種ほど生息する。日本には固有種のアカネズミ *Apodemus speciosus* とヒメネズミ *A. argenteus* の2種を産し，北海道には大陸にも分布するハントウアカネズミ *A. peninsulae* が生息する。一般にアカネズミ類はニッチの分化により2種が同所的に安定的に共存する傾向があり，このニッチの分化により，大陸部においては北半分をハントウアカネズミとセスジネズミ，南半分をシナモリネズミ *A. draco* とセスジネズミ *A. agrarius* が占めるという1地区2種の分布となっている（図3A）。

　さて，アカネズミ類の進化のパターンを推察するために核遺伝子IRBPとmtDNAのチトクロム *b* 遺伝子の塩基配列を解析した。その結果，再現性の高い種分岐パターンを得ることができた（図3B；Serizawa et al., 2000; Suzuki et al., 2003）。図3からも明らかなように，アカネズミ類における種分化のパターンは，2つの進化的ステージで説明が可能である。最初のステージ（I）ではアジアのおもだった種が生じており，2回目のステージ（II）ではヨーロッパでの放散的種分化が起きていることが特徴である。その最初のステージは連続する2段階の放散的系統分化が認められる。すなわち，前半は，ユーラシア全域に分布する主系統が分岐し，各地域に固有の系統が成立している。日本列島にも系統が流れ込み，ヒメネズミを生みだし，ヒマラヤ高原においては *A. gurkha* が生じている。中国大陸にはセスジネズミ，ヨーロッパでは *A. sylvaticus* の祖先系統がそれぞれ分化した。後半では，アジア大陸部でセスジネズミの祖先系統が4つに多分岐した。そのうち3つは現在大陸に占有しており，残り1つは日本に渡りアカネズミとなっている。興味深いことは，先にも述べたように，どの地域にも2種類のアカネズミ属の仲間が共存し，この近縁種の同所的分布は，系統解析からも進化的に安定な形態であると判断されることである。ところで，アカネズミ類において，ニッチの分化が多様化の鍵を握っていることをみると，その生態学的詳細に興味がわいてくる。日本の例では，樹上を好む種（ヒメネズミ）と地上を好む種（アカネズミ）という対比や，高地を好む種（ヒメネズミ）と低地を好む種（アカネズミ）という対比が認められる（Sekijima and Sone, 1994）。また，この日本の2種のあいだには，ドングリ類への摂餌嗜好性や運搬・貯蔵嗜好性において有意の差異があることも報告されている（Shimada, 2001）。ヨー

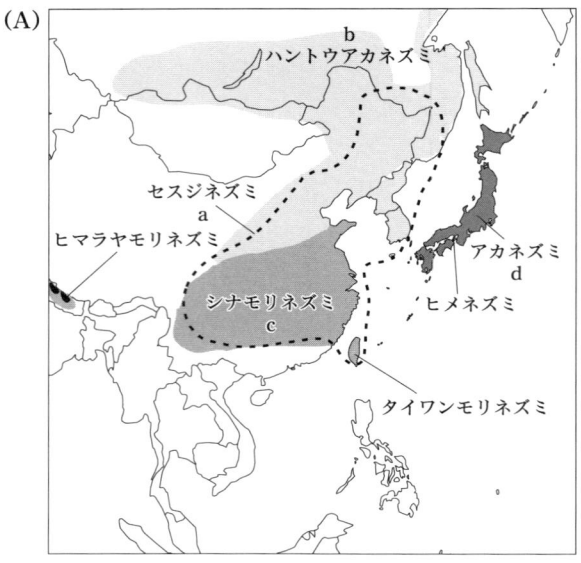

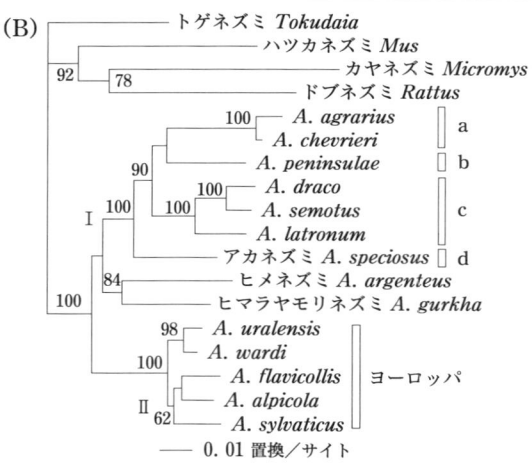

図3 (A)東アジアのアカネズミ属 *Apodemus* の分布図。分布境界線は概要を示したもの。大陸においては，北部にハントウアカネズミ(b)，南部にシナモリネズミ(c)が分布し，これら双方にまたがりセスジネズミ(a)が分布している。日本列島はアカネズミ(d)とヒメネズミが分布する。いずれの地域でも2つの異なる種が共存する傾向を示す。(B)核遺伝子 IRBP の DNA 塩基配列(1152塩基対)の変異に基づく近隣結合法を用いて作成した系統樹(Suzuki et al., 2003 より)。近隣結合法，最大節約法において共に高いブートストラップ値(50%以上)は各ノードに記した。最初におもだった4つの系統が分岐し，次に，東アジアのおもだったグループの4つの系統が生じている(a：ハントウアカネズミ，b：セスジネズミ，c：シナモリネズミ，d：アカネズミ)。比較的最近ヨーロッパにおいて放散的な種分化が起きている。

ロッパにおいては現在10種もの種が群雄割拠し，その系統関係や分布の詳細はまだよくわかっていない．系統および生態の両面からの今後の研究の進展が楽しみなところである．

4．同調する系統分化：地球規模の環境変遷とともに

さて以上みてきたように，ハツカネズミ類，アカネズミ類の系統分化の傾向のなかで興味深い点の1つは，系統分化が連続的ではなく，断続的に生じているということである．ではなぜ，時間の流れのなかでメリハリのきいた分化の様相を呈しているのであろうか．まずは，時代背景を考えてみよう．ドブネズミ・ハツカネズミの分岐年代を，化石の情報に基づき1200万年前とし（これは諸説あるなか，最低の見積もりであるが，現時点では最有力な説である），分子時計仮説をあてはめると，アカネズミ類の分化は最初の放散ステージが600〜700万年前頃，2回目は200万年前と推定される．これはハツカネズミ類の系統分化のパターンとある程度の同調性を示す（図4A）．亜熱帯域でも温帯域でも同様のパターンがあるということは，地球規模の環境変動が系統分化に大きな影響を与えていたであろうということが容易に想像できる．さらに，熱帯域で系統分化を繰り広げているクマネズミ類（*Rattus, Niviventer, Maxomys*）においても同様の傾向が認められる（Chinen et al., 未発表）．地球環境の変化に関する情報は蓄積されてきており，それによると1500万年以降，地球は乾燥・寒冷化にむけて断続的に変化している（図4B）．この気候変動が森林・草原等の植生変化を促し（堀田，1974），ひいてはそこに生息する動物たちのニッチのシフトを促し，結果として放散的種の分化を導いたのではないだろうか．たとえば，ユーラシアに展開するウサギ類においても，3回のニッチのシフトが認められ，亜熱帯の森林，温帯の草原，亜寒帯の草原という段階を踏んで，現在の種の多様化が起きたものと考えられている（Yamada et al., 2002）．さまざまな陸生生物において，このような地球環境の断続的な変動が大きな推進力となって系統分化が誘起されているのではないだろうか．

以上述べてきたように，種の多様化にむけた進化的経緯を考えるうえで，地理的分断，ニッチのシフト，ニッチの分化の3つのプロセスは重要な普遍的要素である．しかし，種分化や遺伝的分化のプロセスには地域固有の何か

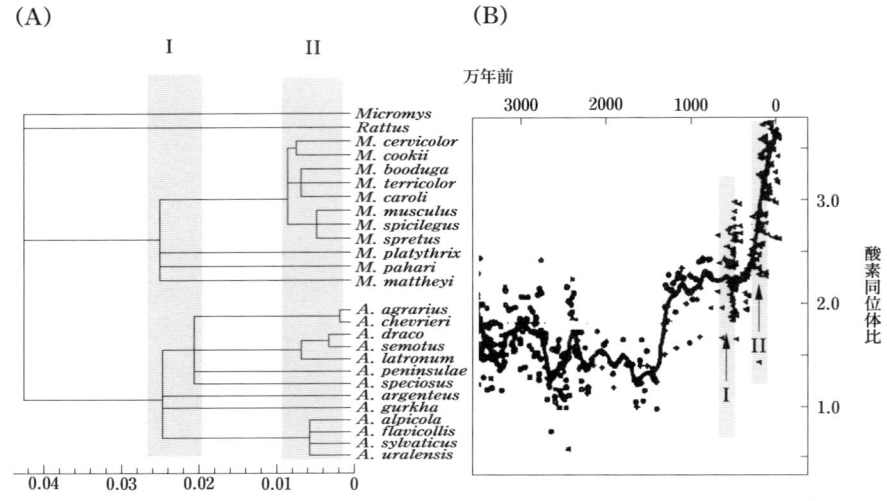

図4 (A)東アジアにおけるハツカネズミ属とアカネズミ類の系統分化の歴史。核遺伝子 IRBP の DNA 塩基配列(1152塩基対)の変異に基づく近隣結合法を用いて作成した系統樹。スケールは DNA 塩基サイトあたりの塩基置換数を示す。第三紀の気候変動とアカネズミ類の系統分化。(B)有孔虫の酸素同位体比に基づくデータから気候変動の推定がなされ，地球は寒冷化にむかって変化してきたことが示唆されている(Kennett, 1995)。化石からのラット‐マウスの分岐年代を1200万年前とすると，2回の放散的系統分化はそれぞれ，500〜700万年前，50〜200万年前と推定される(Suzuki et al., 2003, 2004a)。これらの属の系統分化には第三紀中新世中期以降の地球環境の変化が大きく関与した可能性があるものと思われる。

特別な事情がからむのも事実である。次に，ネズミ類のデータを用いて日本列島がもつ特性のおもしろさについてみていこう。

5．日本列島の動物地理学的役割

アカネズミ，ヒメネズミの例でみたように，日本列島の特性の1つは小型哺乳類を中心に多くの固有種が生息しているという点である。列島には13種ものネズミ類が生息し，そのうち8種は日本固有種である(阿部，1994)。同じ島国でありながら固有種のいないイギリスとは好対照である(徳田，1969)。

なぜ固有種が日本列島には多いのであろうか。それを知る手がかりを得るために，まずは，大陸の近縁な種との遺伝的差異のレベルについてみてみよ

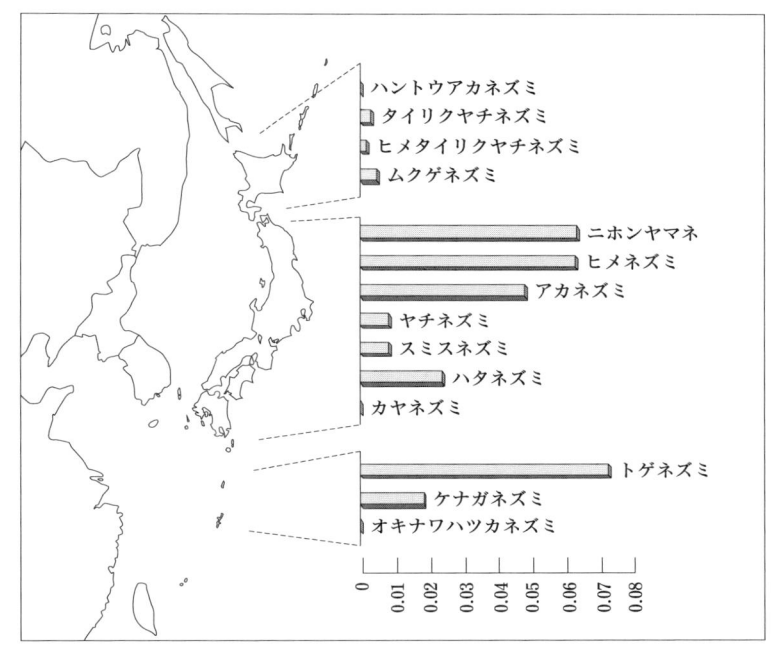

図5 日本の集団あるいは種に最も近縁であると考えられる大陸の種との遺伝的変異度の比較を行ない，これを列島に産する各種の「遺伝的固有度」とした。ここでは mtDNA チトクロム b 遺伝子 1140 塩基対の比較を行ない，塩基置換度(Kimura 2 パラメーター法による)の値を利用した。トランスバージョンの変異のみ考慮した。

う。図5では，大陸の最も近縁な種と，それぞれのネズミ類の系統の独自性(他地域の最近縁種との遺伝的距離を示す)について比較した。レベルの指標として，mtDNA のチトクロム b 遺伝子の塩基配列(1140 塩基対)の変異の度合をもちいた。地理的区画としての，北海道，本州－四国－九州(本土)，琉球列島の3つのブロック間で比較すると，その差は顕著である。本土ブロックではその固有度は高く，北海道の固有性は低い。タイリクヤチネズミ *Clethrionomys rufocanus* のように，そのレベルは低いものが多い。一方，本土においてはニホンヤマネ *Glirulus japonicus*，アカネズミ，ヒメネズミのように高い固有性を示すものが多い。ニホンヤマネのように，高い種内変異を示す種が多いことも特徴の1つである。例外的に在来種のなかではカヤネズミ *Micromys minutus* の固有性は低く，近年に日本に渡ってきた可能性がチトクロム b 遺伝子の解析から示唆されている(Yasuda et al., 未発表)。

本種は第四紀の陸橋形成に関する有益な情報をもたらすものと期待されている。琉球列島においては，特にその中核となる沖縄，奄美大島，徳之島の3島には固有度の高いネズミ類が生息する。トゲネズミ *Tokudaia osimensis*，ケナガネズミ *Diplothrix legata* の2種である。トゲネズミについては，ネズミ亜科のなかでの系統学的位置づけが，核IRBP遺伝子とミトコンドリアのチトクロム *b* 遺伝子の塩基配列の変異に基づき解析された（Sato and Suzuki, 2004）。その結果，トゲネズミの系統分化はラットやマウスの属などのネズミ亜科のおもだった系統の放散後，しばらくしてアカネズミ属の系統から分化したことが示唆された。一方，ケナガネズミはラット類と高い類縁性が示され，ラット属の放散的種分化時の流れの1つであることが判明した（Suzuki et al., 2000）。ネズミ亜科の放散時期（マウス・ラットの分岐時間）について，最小の見積もり（1200万年前）を採用すればトゲネズミの系統の分岐は800～1000万年前，ケナガネズミは200～300万年前と推定される。分岐年代のより確かな推定は今後の検討を待たねばならないが，2種の系統がそれぞれ独立した時期はいずれにしても第三紀起源となる。また琉球列島に生息するアマミノクロウサギ *Pentalagus furnessi* も最近の分子系統学的解析から高い固有性をもっていることが示されている（Yamada et al., 2002）。これらのことは，第三紀中新世以降に大陸や南方地域から琉球列島に生物の渡来があったとの古地理学的推察とも整合性を示す。ちなみに，トゲネズミは奇数の染色体数をもち，Y染色体の一部はX染色体上に転座している（Arakawa et al., 2002）。狭い空間における長期の系統維持のなかでそのような珍しい核型が生じたのであろう。

　以上みてきたように，本土や琉球列島のネズミ類の多くは第三紀起源の系統である。いったい，そんな古い系統が列島に存在しているのはなぜだろうか。じつは，日本列島の小型哺乳類において第三紀起源をサポートする化石は発見されていない。現生種につながるものとしては50～60万年前よりも新しい地層からのみ発見されている（Kawamura, 1989）。したがってこれまで，小型哺乳類の日本列島への渡来は，この第四紀中期以降であると考えられてきた。しかし分子系統学的視点からは，以下に述べるように，その渡来は第三紀後期の可能性もあることを強く示唆している。

　第四紀渡来説の問題点は，それをいうには複数の仮定を設ける必要があり，そのどれもがありえそうもない点である。その仮定とは，(1) 50万年以前の

日本列島において小型哺乳類は分布の空白地帯であった，(2)固有度が互いに異なるネズミ類，モグラ類など多数の系統が同時に渡来した，(3)各種は大きな遺伝的変異を維持しつつ日本に渡来した(列島の小型哺乳類の遺伝的多様性は高い．鈴木，2003を参照)，(4)日本に渡来したあと，大陸においてはすべて絶滅した，(5)大陸の有力種は50万年前そしてそれ以降も日本列島に移入できなかった，というものである．一方，第三紀渡来説では，50万年前より以前の化石はまだ発見されていないということを想定している．この仮説においては，大陸の優先種が日本列島に生息していない理由は，列島にすでに競合する同属種が生息していたため移入できなかったということで容易に説明できる．

　日本列島は第三紀後期以降，大陸で生じた系統の受け皿となり，数百万年前というヒトとチンパンジーが分岐した時間ほどに相当する時間，渡来した系統を大切に保管してきた可能性があり，これが事実であれば驚くに値する．上記のいずれの説が正しいとしても，東アジア地域における日本列島の役割は，まさに，「博物館」として，過去から現在にかけて，さまざまな時期に発展した系統のそれぞれを温存する機能をもっているということである．東アジアは大陸部分とその東の辺遠部に位置する島嶼群で構成される．後者は，北はサハリン(樺太)，南は海南島という連続する列島弧といった特殊構造を示し，亜寒帯，温帯，亜熱帯の区域が断続的に分布する．これまでの一連の分子系統学的解析から，大陸で花開いた系統分化の名残りを，それぞれの環境区分をもつ周辺の島嶼において保管しているという構図がみえてきたのである．古い系統が息づいている要因はひとえに，日本列島も含め，東アジアは第三紀後期以降の森林が亜熱帯，温帯域にそれぞれ大きく損なわれることなく現在まで存続しているという事実に深くかかわっているのではないだろうか．

　以上のように，日本列島は，隣の朝鮮半島を含め，アジア大陸の小型哺乳類相とは遺伝的に大きく異なる種が生息しており，第三紀起源である種が多い．日本列島にはこれまで信じられてきたよりもはるかに高い遺伝的固有度をもつ種群で構成されており，これは長い年月をかけ，大陸からの系統の流入を受けいれてきた結果であると思われる．したがって，日本列島は種の多様性という点で世界的にみても重要な地域であり，そこに生息する種は列島の歴史を語る大切な生き証人であると位置づけることができる．

6.「ゆりかご」としての日本列島の特性その1：南北に長い構造

　日本列島には1つの種をとってみても，遺伝的に分化した多様な集団が数多く存在しているとされている（鈴木，2003）。なぜこのような傾向を示すのであろうか。これは，長い歴史をもつということのほかに，日本列島が南北に長く，また，多くの島々で構成されるという独特の地理的構造に関係することが最近わかってきた。このことをヤチネズミ類とアカネズミ類の例でみていこう。これらのグループは，大陸種とはある程度の長い時間もとを分かち，独自の系統進化を行なっている。その閉じられた空間のなかでの系統分化の状況が観察可能となる。

　ヤチネズミ類は，本州以北にはヤチネズミとスミスネズミの2種がおり，それぞれ東部と西部にすみわける（図6A）。分布で興味深いことは，東北地方や関東に生息するヤチネズミが紀伊半島南部に，周りをスミスネズミで囲まれながら飛び地として存在することである（岩佐，1998a）。さて，mtDNAやY染色体上の遺伝子 *Sry* の変異を解析すると興味深い事実が浮かびあがった（岩佐，1998b；Iwasa and Suzuki, 2002; Suzuki et al., 1999）。mtDNAにおいて，紀伊半島の集団は独自のタイプcをもつと同時に，同種の離れた地域がもつタイプbもあわせて保持していたことである。b+cのタイプをもつにいたった理由として，第四紀後半の氷期，間氷期のサイクルによって後押しされた二次的接触（secondary contact）の可能性を考えている。すなわちこの2種は，ヤチネズミが垂直分布では高地に，スミスネズミが低地に志向性を示すことからも理解できるように，それぞれ生息に適した気候的環境があり，第四紀の寒暖のサイクルにあわせて2種が南北に揺れ動いたという仮説である（Iwasa and Suzuki, 2002）。この仮説の概要は図6A下に示したが，以下のように説明される。まず，紀伊半島に独自のタイプが存在することは，この集団がある程度古い時代から存在し，ほかの集団と隔離された時期があったことを示唆している。一方，近隣集団のタイプももっていることは，ある時期，分布が連続し遺伝子流動（gene flow）が起きたことを示唆している。そして間氷期の現在は温暖な気候を志向するスミスネズミが北に展開した結果，ヤチネズミ集団は一部隔離された状態となっている。mtDNAのcとbタイプ間の変異は3%程度であり，進化速度を100万年あ

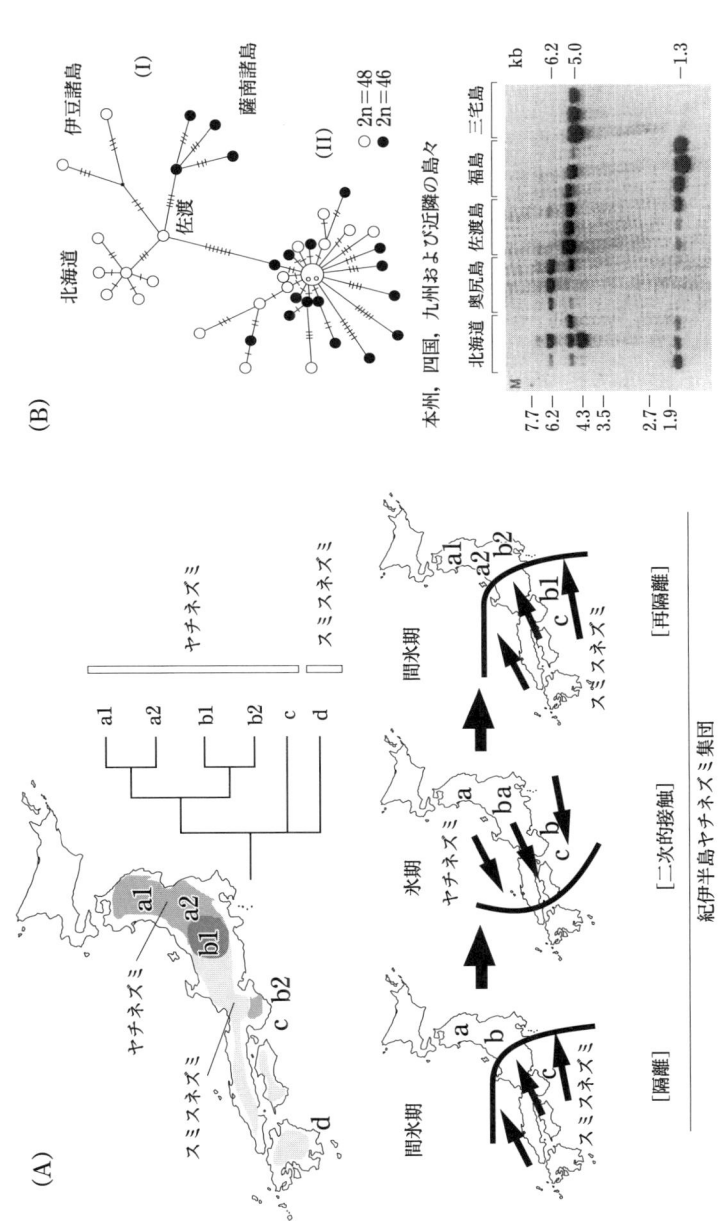

図 6 (A)本州以北のヤチネズミ類の分布と遺伝子タイプの地理的変異。紀伊半島は2つの異なるmtDNAのタイプをもつ。ヤチネズミとスミスネズミはそれぞれ遺伝的に異なるいくつかの地域集団をもつ。紀伊半島集団は2つの異なるmtDNAのタイプをもつ。ヤチネズミとスミスネズミはそれぞれ遺伝的に異なるいくつかの地域集団をもつ。紀伊半島集団は2つの異なるmtDNAのタイプをもつ。ここでの複雑な地理的分化のパターンを説明することが可能である。(B)アカネズミのmtDNAの地理的分化による集団の南北間の移動による集団の分布拡大と孤立化にパターンは奇妙であり北海道、佐渡島、屋久島、三宅島で代表される4つの地域はそれぞれ数十万年前に分岐したとみられる固有のタイプを保持する。一方、本州、四国、九州にみられる標式の地理的変異のパターン(Tsuchiya, 1974)とは大きく異なる。核rRNA遺伝子の多型性において三宅島などの面積の狭い島の集団はゲノム内の均一化が起きている。

たり，2.4％程度としたとき，およそ60万年前頃のできごとであると計算される。この仮説は今後，引き続き検証をしていく必要があるが，列島の南北2つのグループが中央で対峙しているモグラ類において，実際に，第四紀の気候変動が遺伝的多様性の創出と維持に大きな影響を与えた可能性が示唆されている(Tsuchiya et al., 2000)。

　このような「南北」間の集団や近縁種の進化的時間のなかでの相互作用が遺伝的多様性のレベルを高めている例が日本海をはさんだ隣の朝鮮半島とロシア沿海州地域でもみられる。ヤチネズミ類や，ハントウアカネズミ *Apodemus peninsulae* は朝鮮半島と沿海州では明瞭な地理的分化が認められる(Wakana et al., 1996; Serizawa et al., 2002)。コウベモグラ *Mogera wogura* でも沿海州に独自の遺伝的要素が存在している(Tsuchiya et al., 2000)。今後，日本列島と朝鮮半島‐沿海州地域のそれぞれにおける南北間の遺伝的交流の実態が明らかになれば，特殊な地理的構造のなかでどのように遺伝的多様性が創出されていくのかについていっそう理解が深まるものと期待される。

7.「ゆりかご」としての日本列島の特性その2：島嶼構造

　日本列島は南北に長いという特徴のほかに，多数の島々から構成されているところも種や遺伝的多様性の創出という観点から重要である。これをアカネズミを例に考えてみたい。先にも述べたように，本種は北は北海道から南は九州まで，山野の広葉樹の森に生息し，その分布域や数の多さ，固有性から，日本を代表するネズミ（あるいは日本の哺乳類の代表）であるといえる。本種は三宅島，屋久島，対馬といった周辺諸島にも分布する。本種は興味深いことに，染色体の変異は東が48本，西が46本と，列島を二分し，核型変異の地理的変異が存在する。三宅島(48本)や屋久島(46本)などの周辺島嶼の核型タイプもこのラインに従う。mtDNAの変異からは，染色体のタイプによる区分けとは異なり，中央と周辺の島嶼グループと2つに分断される（図6B）。このような複雑なmtDNAのパターンは，第四紀の氷期・間氷期のサイクルのなかでの断続的な陸橋形成にともなう地域集団間の遺伝的交流により醸しだされたものであろう(鈴木，2003；Suzuki et al., 2004b)。興味深いことにアカネズミと類似の地理的分布をし，佐渡島，屋久島，種子島な

どの島嶼にも生息するヒメネズミにおいては，アカネズミでみられたようなmtDNAの特別な地理的分布の指向性は認められない(Suzuki et al., 2004b)。北海道，佐渡，屋久島のハプロタイプは他地域のものとよく似ており，比較的近年これらの島々は本州，九州陸塊と陸橋で接続し，その際，集団の交流（あるいは一方的な流入）があったことを示唆している。佐渡，屋久島といった島々が本州，九州と第四紀のそれほど古くない時期に接続したであろうことは，モグラ類(Tsuchiya et al., 2000)などのほかの陸生哺乳類種のデータからもうかがうことができる。

陸橋形成が断続的にあったにもかかわらず，アカネズミはこれら遠方の島々で遺伝的な独自性を維持している。このことは多重遺伝子属のゲノム内の均一化のパターンからも推し量ることができる。核のrRNA遺伝子の制限酵素断片長多型の解析からは，小面積の島集団のゲノム内の均質性は高く，島ごとにある一定の進化時間，ほかの集団から隔離されていたことがうかがえる（図6B）。遠隔の小さい島であるほど，rRNA遺伝子のサザンブロット法により得られるバンドパターンが均質化していることがわかる(Suzuki et al., 1994)。

では，どうして，アカネズミだけが古くに分岐したmtDNAやrRNA遺伝子において独自のパターンをそれぞれの島で保持しているのだろうか。これには，さまざまな説明が可能かと思われるが，アカネズミだけがなぜ進化的に長期間，孤島において集団を維持できたのか，というように質問内容を変えると，多少答えやすくなるのではないだろうか。ヒメネズミは，アカネズミに対して生態的に劣勢である。実際，150 km^{2}以下の小さな島には*Apodemus*属は1種しか生息できない傾向があり，ほとんどの場合，アカネズミのみが占有する(金子，1992)。このことは小さな島ではヒメネズミは絶滅しやすい傾向にあり，隔離される時間に応じて，絶滅の確率も高いことを示唆する。絶滅すれば当然ながら，島が本土と陸橋で結ばれた際，つねに新しい集団を迎えざるを得なかったはずだ。アカネズミは進化的に長期にわたり集団を維持することができ，結果として島に固有の遺伝的要素を温存する機会を得たのであろう。

いずれにしても，アカネズミが示すmtDNAの不可思議な地理的分布パターン（図6B）はいぜん謎であるが，これら分子のデータは，三宅島，屋久島などのアカネズミ集団は自然分布によるもので，けっして人為的に持ち込

まれたものではないという決定的な証拠を与えてくれるものである。mtDNA のデータは 20〜30 万年前にこれらの島々と他地域の遺伝的交流があったことを示唆している(Suzuki et al., 2004b)。このようにアカネズミは日本列島の地史を語るうえで重要な生き証人となっている。また，遺伝子の地理的変異のパターンを考慮する際，競合種の存在という生態学的要素も配慮すべきであることを示唆している。

　現在の哺乳類相の形成はネズミ亜科の仲間が分岐したとされる 1200 万年前以降に基本的な骨格が形成されているようである。種数も多く，環境変動の影響を直接受けるネズミ類はその時代の哺乳類の進化的動態を理解するうえで中心的役割を演じることができる。実際，ハツカネズミ属，アカネズミ属の系統解析から，これらネズミ類の進化のパターンには，地球環境の変遷，地理的構造，生態学的特性の 3 つの要素がそれぞれ大きく関与することが明らかとなった。さらにアジアはヨーロッパやアメリカにも大きな影響を及ぼす地域であるので，アジアのネズミ類の研究は今後とも注視する必要がある。特に日本列島は第三紀後期以降の貴重な哺乳類の系統が維持されており，生物地理学を進展させるうえでの種の宝庫となっている。

第7章 齧歯類と線虫による宿主‐寄生体関係の動物地理

酪農学園大学・浅川満彦

　海や湖沼の底，土壌中，そして動植物の体内には，蠕虫(helminths)と称されるヒョロ長い，外骨格を欠く動物群が生息する。特に，寄生性の蠕虫を扱う学問 helminthology では，扁形動物(条虫や吸虫など)，鉤頭動物(鉤頭虫)，類線形動物(ハリガネムシ)，線形動物(蛔虫や旋毛虫などのような線虫。本章の主役)，環形動物(蛭)，五口動物(舌虫)などの諸門を対象としている。私は野生動物の寄生蠕虫に関する分類・分布・病理・疫学などを中心に研究している。ここ数年は，野生動物の医学・衛生学も兼務するため，宿主は外来種，エキゾチック・ペット，特用家畜，動物園・水族館動物まで広がった。

　このように，私はさまざまな宿主と蠕虫にお付き合いしているが，その経験で得られた結論は，自然界にはじつにいろいろな宿主‐寄生体関係の様態が存在し，動物衛生や公衆衛生あるいは生態系保全などの分野でこれらと対峙する場合にはその由来をきちんと理解することに尽きる。そして，由来を考慮するうえで，ベースとなるのが自然生態系としての宿主‐寄生体関係である。この章では，まず，フィールドで遭遇するさまざまなタイプの宿主‐寄生体関係を眺め，次いで齧歯類とその線虫の自然生態系としての宿主‐寄生体関係をモデルに，その動物地理について考えたい。

1. 寄生蠕虫の外来種問題

　最近，外来齧歯類のヌートリアから肝蛭のある種が見つかった(図1)。この寄生虫は，被嚢幼虫が付着した野草などを生食することにより，ヒトに寄生し，肝硬変などを起こす。ヌートリアから得られたこの虫体の核内遺伝子

112　第II部　種分化と動物地理

> **ネズミの仲間に人畜共通寄生虫**
> 捕獲のヌートリア
>
> 岐阜県穂積町で16年前から15年前にかけて捕獲されたネズミの仲間ヌートリア＝写真＝が肝蛭に寄生されていることを、酪農学園大学獣医学部寄生虫学教室の浅川満彦助教授らが見つけた。肝蛭は人畜共通寄生虫で、幼虫が胆管に入ると肝硬変をおこすこともある。
> 獣医学部6年の松立大史さんが調べたところ、51体のうち3体の肝臓から肝蛭が見つかった。
> 肝蛭の卵は水中で孵化してヒメモノアラガイなどに侵入、幼虫は袋をかぶった状態で水辺の草などに付着する。水辺の草を食べたウシやヒツジの肝臓に寄生する。セリやクレソンなどを生食すれば人間も感染する。
> ヌートリアは南米原産で体長50〜70㌢、体重6〜9㌔。戦前に軍服用の毛皮獣として養殖。戦後放逐され野生化した。岡山、岐阜、愛知、兵庫、島根、京都、鳥取、三重の順で見つかり、大阪の淀川流域でも確認された。日本生態学会の「外来種ワースト100」の一つ。

図1　ヌートリアからの肝蛭発見を伝える朝日新聞全国版の記事(2002年12月4日夕刊)

ITS2領域とミトコンドリア遺伝子ND1領域を増幅し塩基配列を決定した結果，日本各地のニホンジカおよび家畜のウシから記録されている *Fasciola* sp. 1(Itagaki et al., 1998)の塩基配列と一致した(佐藤ほか，2004)。したがって，日本ではよく知られているが，ヌートリアでは例がない。そのため，この動物が生息する水系を介して肝蛭の分布域がより拡大することが懸念されている(松立ほか，2003)。

　寄生蠕虫というと，一般には「駆除すべき病原体」という印象が先行する。しかし，寄生蠕虫も立派な生き物である。よって，日本列島に分布したプロセスも生物進化の法則に則っているはずである。それでは，ヌートリアの肝蛭ではどうだろう。今回の宿主がヌートリア(表1のH1)だからといって，この吸虫もヌートリアの原産地である南米由来とは短絡できない。前述の遺伝子分析から，おそらく，ニホンジカかウシにともなって渡来したのであろう。仮にニホンジカにともなった侵入なら肝蛭は在来種，和牛にともない渡来したのなら外来種となる。が，実際はいくら研究が進んでもどちらかわからないであろう。これは肝蛭に限ったことではない。家畜の寄生種の多くは，渡来経緯など見当もつかないのである。

　しかし，寄生蠕虫の由来が明確な事例もある。それは外来蠕虫「エイリアン・ヘルミンス」(浅川，2002)で，自然分布域外に侵入した寄生蠕虫である(表1のP1)。日本でもタイワンリスやヌートリア，あるいはクジャクなどから見つかっている(松立ほか，2003；吉野ほか，2004)。しかし，外来蠕虫と思われたものが，研究が進み，じつは在来種であったということもあるの

表1 在来性・外来性からみた宿主と寄生体の略号一覧

宿主(H)	寄生体(P)
外来種(H1)*	外来種(P1)
在来種(H2)	在来種(P2)
不明種(H3)	不明種(P3)

* 外来種の定義は村上・鷲谷(2002)などを参照のこと

表2 哺乳類と線虫の宿主‐寄生体関係の組み合せと実例(宿主由来不明の場合の組み合せは省く)

宿主‐寄生体関係(表1の略号参照)	実例(文献)
H1-P1　タイワンリス‐毛様線虫 *Brevistriata callosciuri**	(松立ほか，2003)
H1-P2　アライグマ‐タヌキ蛔虫 *Toxoca tanuki*	(浅川，2002)
H1-P3　ヌートリア‐肝毛細頭線虫 *Calodium hepaticum**[2]	(松立ほか，2003)
H2-P1　ヒメネズミ‐毛様線虫 *Heligmosomoides polygyrus*	(浅川ほか，1994)
H2-P2　アカネズミ‐毛様線虫 *Heligmosomoides kurilensis**[3]	(Asakawa, 1991)
H2-P3　エゾヤチネズミ‐ネズミ盲腸虫 *Heterakis spumosa*	(Asakawa et al., 1983)

* 原産地における密接な宿主‐寄生体関係が，日本侵入後も維持されている例。原産地などが異なる外来種どうしの関係は本文参照。
*[2] この説明は本文第4節生活史の項目(p.118の16行目から18行目)参照。
*[3] 日本固有の宿主‐寄生体関係の一例。人為的影響を受けた例は本文参照。

で，詳細な追跡調査が不可欠である。

2. 宿主‐寄生体関係のタイプ

話しが少々込みいってきたのでまとめよう。宿主あるいはその寄生虫の起源は，外来，在来および由来不明のいずれかである(表1)。よって，本章の主題である齧歯類と線虫の場合，表2のような宿主‐寄生体関係が想定される。

外来の宿主‐寄生体関係(表2のH1-P1)
タイワンリスあるいは住家性ネズミとこれらに特異的な線虫の繋がりのように(浅川，1997a；松立ほか，2003)，原産地における宿主‐寄生体関係が，日本侵入後でも維持されている関係は生態系へのインパクトは比較的限定される。が，その蛔虫が宿主域を広げた場合，生態系や公衆衛生などへの悪影響ははかりしれない(浅川，2002)。さらに，宿主と蛔虫の原産地がそれぞれ

別であったものが，新たな宿主−寄生体関係を成立させることもある。ニュージーランドでは，外来種のフクロギツネに，ヒツジの毛様線虫 *Trichosrongylus colubriformis* が寄生した例があるが(Cowan et al., 2000)，日本でも外来種の増加にともない，そのような事例も普通になるだろう。

外来宿主と在来線虫の宿主−寄生体関係(表2のH1-P2)

このタイプでは，日本における齧歯類からの事例がないので，別のグループの哺乳類について紹介したい。外来種であるアライグマの寄生虫調査では，肝腎のアライグマ蛔虫（ヒトに致死的幼虫移行症を生じさせる）は見つからず，タヌキ蛔虫ばかり見つかる(浅川, 2002)。しかし，安心はできない。アライグマは樹上や水系を利用するので，日本では在来種であっても，タヌキ蛔虫にとっては新しい生息環境である。当然，そのような環境に元々生息する哺乳類にとって，タヌキ蛔虫は目新しい蠕虫となり，幼虫移行症など新たな寄生虫症を引き起こす恐れがある。

在来の宿主−寄生体関係(表2のH2-P2)

このタイプには，動物地理学の対象に相応しい自然生態系としての宿主−寄生体関係が含まれる。ただし，宿主も蠕虫も共に日本の在来種であるが，人為的な自然撹乱により，偶発的な宿主−寄生体関係を生じた事例もある。アカネズミ，ヒメネズミ，線虫 *Heligmosomoides kurilensis*, *H. desportesi* の4種は，いずれも日本在来の固有種で(後述)，通常，アカネズミと *H. kurilensis*，ヒメネズミと *H. desportesi* の宿主−寄生体関係が，一部離島を含め日本各地で認められる。しかし，中部地方の調査で，アカネズミに *H. desportesi* が偶発寄生する例が多く見出された。おそらく，ヒメネズミが好む森林が開発の影響で草原化し，アカネズミが侵入しやすい環境に変化したため，元々そこに生息していたヒメネズミ寄生線虫の感染を受けたと考えられている。このような事実が蓄積され，普遍化されれば，得られた宿主−寄生体関係の様態は，その地域の自然環境を推し量る環境指標(biological tag)になると目論んでいる(浅川ほか, 1993a)。日本では森林伐採後のシカやイノシシの急増，それによる農林業被害が強調される。が，国外では増えた在来宿主が在来寄生生物の感染機会を増加させ，結果的に感染症再興の主因となっているとの見解が一般的であるので(浅川, 2003)，このような寄生

生物を用いた環境指標は，期待されよう．

その他の宿主－寄生体関係

家畜寄生種の多くが由来不明であるように，住家性ネズミにも寄生する線虫の多くも，その渡来経路は謎である．北海道の在来種エゾヤチネズミの大腸にはネズミ盲腸虫 *Heterakis spumosa* が寄生する（Asakawa et al., 1983）が，この線虫は，エゾヤチネズミと同所的に生息する国内外のアカネズミ属にも寄生する．また，ドブネズミやハツカネズミにも普通に見られるので，野ネズミへの寄生が，住家性ネズミからなのか，それともほかの野ネズミからなのか判断できない．よって，このような関係は，表2のH2-P3に含まれる．

在来宿主と外来蠕虫の関係として（表2のH2-P1），北海道洞爺湖地方のヒメネズミに線虫 *H. polygyrus* が寄生していた事例がある（浅川，1995a）．この線虫は，元来，ユーラシア大陸中央部から西部に生息するアカネズミ属とハツカネズミに寄生するが，ハツカネズミの侵出により，ここ数百年で全世界に分布拡大した典型的なエイリアン・ヘルミンスである（後述）．もちろん北海道にもいて，私の学部時代の共同研究者，横山良秀氏の住居（江別市）で捕まえたハツカネズミからの発見が北海道初記録である（横山ほか，1985）．おそらく，ハツカネズミと日本のアカネズミ属が同所的に生息する場所では，*H. polygurus* がアカネズミ属に寄生してしまう現象は普通と思ってよいだろう．だとしたら，警戒しなければならないことがある．2001年の夏，ロンドン動物園で野生復帰計画のため人工繁殖されていたヨーロッパヤマネ *Muscardinus avellanarius* に，*H. polygyrus* の濃厚感染による死亡例が発見された．おそらく，飼育施設に侵入したハツカネズミからの感染と容易に想像されるが（Asakawa and Sainsbury, 2002），この線虫がヤマネ科にまで宿主域を広げる能力があるという事実は，ニホンヤマネやその他在来の齧歯類へのインパクトも，当然，考慮しなければなるまい．外来蠕虫が宿主域を広げていった場合，突如，激しい病原性を示す例は稀ではないからである（浅川，2002）．

以上をまとめると，自然生態系とは見なされない宿主－寄生体関係は表2のH1-P1～P3およびH2-P1のすべてと，H2-P2のうち自然撹乱にと

もなう事例があげられる。外来種問題(村上・鷲谷，2002)で寄生虫学的に論議をする場合，どうしても外来蠕虫(P1)の存否に焦点が絞られる。しかし，さまざまな宿主－寄生体関係を俯瞰したうえで，議論を展開しないと結論が矮小化されてしまう。少なくとも，宿主－寄生体関係は生態系の一形態で，人為的影響を受けたものとそうではないものが存在することの認識が必要である。さらに強調したいのは，表2のH2-P2のうち，自然生態系としての宿主－寄生体関係が，動物地理学的解析の対象となり，その知見がすべての基盤となる点である。

3. 自然生態系としての宿主－寄生体関係の概観

自然生態系としての哺乳類と寄生線虫との宿主－寄生体関係成立を扱った文献として，Chabaud(1981；哺乳類一般)，Chabaud and Brygoo(1964；マダガスカル島産食虫類とキツネザル類)，Beveridge(1986；有袋類)，Chabaud et al.(1978；マメジカ類)，Drózdz(1966, 1967；シカ科)，Kontrimavichus(1976；イタチ科)，Kurochkin and Badamshin(1968；鰭脚類)などがある。これらをまとめると，宿主の科レベルより前に寄生した「本質的な種」あるいは「予期された存在」と，宿主属あるいは種レベルより後，「宿主転換」により「二次的な種」あるいは「予期せぬ存在」となったものに大別される。しかし，日本の哺乳類の線虫を概観した限りでは(Hasegawa and Asakawa, 2003；浅川・長谷川，2003)，「本質的な種」は非常に少なく，「二次的な種」や「絶滅」に起因した「予期せぬ不在」が頻繁に認められる。そして，これら現象をコンパクトに具有しているのが，これから述べる野ネズミである。

4. 野ネズミと線虫の宿主－寄生体関係の動物地理

宿主

私が対象にしたものは，いずれも日本でありふれた存在である野ネズミ，すなわちエゾヤチネズミ，ミカドネズミ，ムクゲネズミ，ヤチネズミ，スミスネズミ，ハタネズミ，アカネズミ，ヒメネズミおよびハントウアカネズミの9種で，エゾヤチネズミからハタネズミまでがハタネズミ亜科に，アカネ

ズミ以下がネズミ亜科に所属する。ハタネズミ亜科は草や樹皮を好み，半地下性である。しかし，ネズミ亜科は果実のほか，節足動物なども捕食する雑食性で，概して木登りが巧みな三次元的生活者である。野ネズミは，住家性ネズミと異なり，人為的移動が少なく，採集が容易で，分類や系統の研究の蓄積があるなど(第6章参照)，寄生線虫の動物地理学的研究の遂行上，たいへん都合のよい性質を備えている。

　学位論文を提出した時点では，検査材料として計3113個体を集めたが(浅川，1995)，その後も調査は継続されているし，国外の種も集めているので，調べた野ネズミはもっと多い。それならば，望ましい検査個体数とは，どの程度のものなのか。限られた個体数では，偶発寄生や擬寄生などにより，誤った結果を導きだすこともある。また，ある線虫種の不在を証明する場面では，可能な限り多くの採集地点から得られた多数の検査個体数を調べなければならない。よって，回答は，現状にあわせて可能な限り材料収集に努めるとしかいいようがない。

　ところで，日本にはこれらのほかにも「鼠」が生息するが，カヤネズミや琉球列島産のネズミ亜科動物の線虫については，Hasegawa and Asakawa (2003)が参考になる。住家性のドブネズミ，クマネズミおよびハツカネズミは動物地理の材料としては不適であるが，その寄生虫相は実験動物学や医学上重要である。内外寄生虫の一覧表は浅川(1997a)が最新かつ網羅的である。なお，ハタネズミ亜科の外来種マスクラットの寄生蠕虫調査は，未着手のままである。

方法

　すべての臓器，消化管，眼球などを実体顕微鏡下で精査しているので(浅川，1997a)，個体サイズの小さい野ネズミはこの点でも優秀な研究材料といえる(シカやクマ，いや，アライグマ程度の動物でさえ，多くの個体の消化管から体長数ミリの線虫を漏れなく探すことは，事実上，不可能である)。

生活史

　浅川(1995)などで紹介されている野ネズミの線虫相によると，16科24属36種が記録されている。このほかに，野ネズミの寄生虫学的検査では，吸虫，条虫，鉤頭虫，外部寄生虫，原虫が普通に見つかるので，一度でも野ネ

ズミの蠕虫検査をした者は，この動物がいかに優れた寄生虫学教材か実感できるはずである。しかし，私は線虫を相手にすることが多い。理由は，標本処理が扁形動物に比べ容易で，鉤頭虫に比べると分類指標の形態が顕著だからだ。また，扁形動物や鉤頭虫では，発育に中間宿主動物を必ず必要とするが，線虫の多くは中間宿主が不要である(直接感染型蠕虫)。蠕虫の動物地理の問題を扱うときに，中間宿主の分布にまで考慮すると考察がとても複雑になる。が，いずれはほかの蠕虫についても同様に対象にしたいものである。

さて，30種以上の線虫から，さらに動物地理学的検討の対象として相応しい種を選択するのだが，まず，その基準が生活史(図2)である。発育史に中間宿主あるいは待機宿主を組み込んでいる旋尾虫(図2のG・Rc・Mm)や毛細頭線虫(図2のC)では，ゴミムシダマシやミミズなどに寄生した感染幼虫が経口的(図2のPO)に摂取され，また，オンコセルカ科線虫(図2のO)ではノミから感染幼虫を体内に注入されて，それぞれ感染が成立する。このような無脊椎動物は物やヒト，あるいはほかの動物に紛れ，いつのまにか定着した可能性もある。また，ネズミ盲腸虫で前述したように，住家性ネズミにも寄生するネズミ鞭虫(図2のTH)，肝毛細頭線虫(図2のCh)，糞線虫(図2のST；PCは経皮感染を示す)なども対象にはできない。なお，肝毛細頭線虫はヌートリアからも発見され，宿主域を広げているようである。中国大陸のキヌゲネズミ属に寄生する *Morganiella cricetuli* が，徳島産スミスネズミ1個体から発見されたが(浅川，1995)，四国にその線虫を持ち込んだ動物は今なお不明である。第3期幼虫時にだけ眼球上を遊泳する *Rhabditis orbitalis* (図2のR；成虫は土壌上で自由生活する)は，アカネズミ属や北海道産ヤチネズミ類にも見られる(Sudhaus and Asakawa, 1991)。トガリネズミ属にも寄生する *Mammanidula hokkaidensis* (図2のM)が北海道の野ネズミ全種に限り寄生するし，ウサギ類に寄生する *Trichostrongylus retortaeformis* が長野産ハタネズミで検出されたこともあった。このような，宿主の目や亜科の壁を越えて寄生する種も，動物地理の対象からは除外されよう。

動物地理学的検討のための指標線虫

よって検討では，国外の宿主域を通観して野ネズミと特異的な宿主－寄生体関係にあり，直接的発育をするヘリグモソームム科，ヘリグモネラ科(以

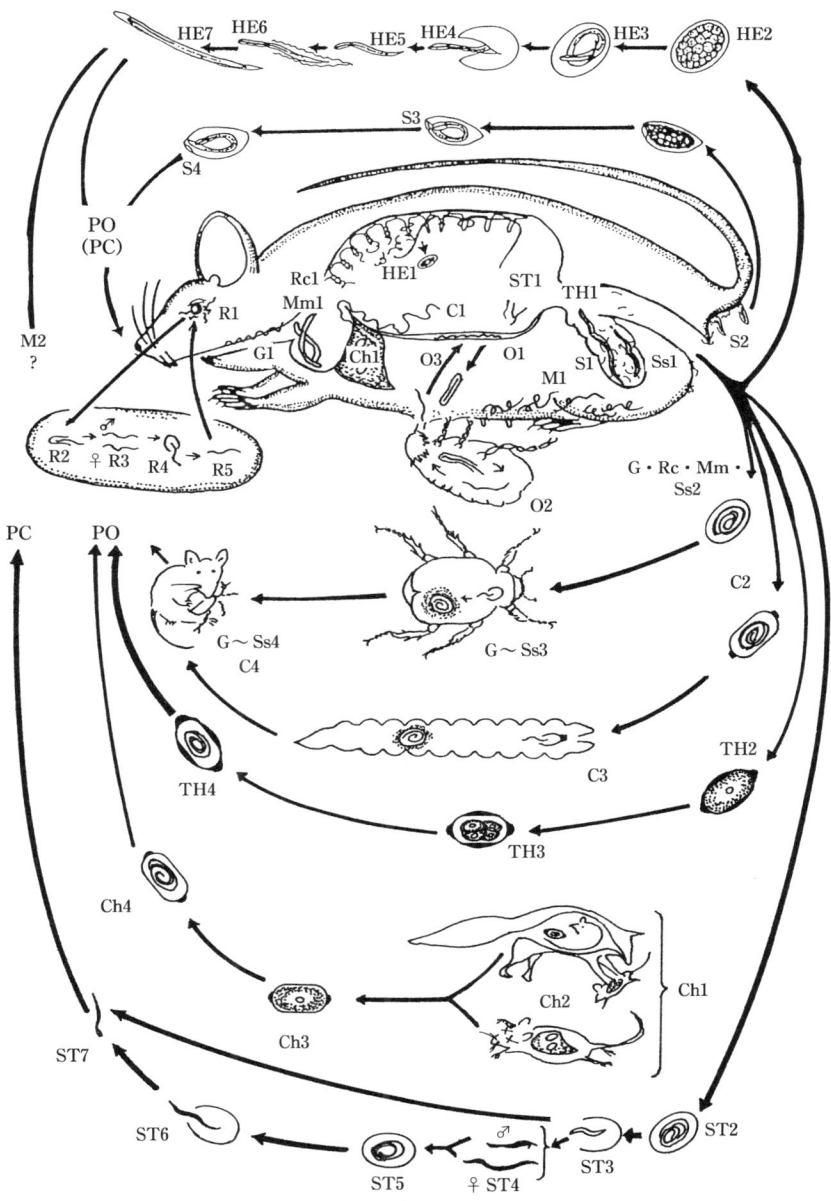

図2 野ネズミに寄生する線虫の生活史概略(浅川, 1997a より)。各略号の説明は本文中に記した。

上の2科，図2のHE)および蟯虫科(図2のS)を動物地理学的解析の対象とした．これら線虫群を「指標線虫」と呼んだが(浅川，1995)，ここではヘリグモソームム科について触れ，ヘリグモネラ科に関しては浅川(1998a)，蟯虫科については長谷川・浅川(1991)を参照されたい．

世界と日本のヘリグモソームム科の宿主域と分布

祖先的ヘリグモソームム科線虫は食虫目に寄生していたが，ハタネズミ亜科に宿主転換した後，新宿主の種分化と平行して多様化したため，現生ハタネズミ亜科(*Microtus*，*Clethrionomys*，*Pitymys*，*Eothenomys*，*Lemmus*，*Reithrodontomys* など)に「本質的な種」とされる．この科のうち，*Heligmosomoides* と *Heligmosomum* の2属に約50種が属し，全北区(一部，東洋区)に地理的分布する(浅川ほか，1990)．特に，後者は特化が進み，*Microtus*，*Clethrionomys*，*Eothenomys* の3属にしか寄生しない．一方，前者は「二次的な存在」として，ハタネズミ亜科のほか，キヌゲネズミ科，ホリネズミ科，リス科，そしてネズミ亜科にまで寄生する．以上の詳細と個別文献は浅川(1995)に所載されるが，論議の展開上不可欠の朝鮮半島や北米大陸の知見については，予報(浅川，1997b，1998a；浅川ほか，1993b)があり，原著論文を準備している．

ハツカネズミ寄生種 *H. polygyrus* (前述)を除く，ヘリグモソームム科8種の地理的分布は，以下の(1)〜(7)のようになる．(1) *H. kurilensis* は北海道・本州・四国・九州の本島および国後島・佐渡島・壱岐などの島に分布する，(2) *H. desportesi* は北海道・本州・四国・九州の本島と金華山島に分布する，(3) *Heligmosomum hasegawai* は本州・四国・九州の本島に分布する，(4) *Heligmosomoides protobullosus* は本州本島および能登島に分布する，(5) *Heligmosomum halli* は本州本島に分布する，(6) *Heligmosomum yamagutii* は北海道本島およびその周辺の島に分布する，(7) *Heligmosomum mixtum* および *Heligmosomoides neopolygyrus* は北海道本島に分布する．これらの分布様式をさらに整理すると，(1)と(2)の北海道と本州陸塊に分布する「全日本列島グループ」種群，(3)〜(5)の本州陸塊に分布する「本州陸塊グループ」種群，および(6)と(7)の北海道に分布する「北海道グループ」種群に分けられる(浅川，1995)．

分布類型成立の推定

　線虫の地理的分布域と日本列島の地史(大嶋，1990)，野ネズミ類侵入の経緯などを参考に，これら線虫の3分布類型の成因を解析する。「北海道グループ」の *H. yamagutii*，*H. mixtum* および *H. neopolygyrus* はいずれもユーラシア大陸の北部から東部に分布し，宿主はそれぞれタイリクヤチネズミ，ヒメヤチネズミとヨーロッパヤチネズミ，ハントウアカネズミ・セスジネズミ・ヒマラヤアカネズミなどである。なお後者の分布は，*H. polygyrus* の自然分布域とされる中央部から西部と対極的で，両種分布の最前線の1つがアルタイ山地の南北であることが，最近，明らかとなった(浅川，1995；Asakawa et al., 2001)。野ネズミの由来から，最終氷期に，サハリン(樺太)経由で北海道に侵入したタイリクヤチネズミ，ヒメヤチネズミあるいはハントウアカネズミとともに，「北海道グループ」の線虫が，分布を広げたことはほぼ間違いはない。そして，これらの線虫は津軽海峡に阻まれ，南下が阻まれていたのだが，海底トンネルはエゾヤチネズミには障壁にならないと思われ，*H. yamagutii* が本州に南下する可能性は大きい。

　「本州陸塊グループ」の *H. hasegawai* と *H. protobullosus* は日本固有種で，朝鮮海峡が陸化していた氷期に，ヤチネズミ・スミスネズミあるいはハタネズミの祖先型とともに分布を広げたと考えられる。津軽海峡が障壁になり北上は阻まれてきたが，大陸におけるハタネズミ属の地理的分布と本州における種ハタネズミの生息域を考慮した場合，海底トンネルにより，ハタネズミの北上は間違いない。そうなると，*H. protobullosus* と *H. halli* が北海道に侵入・定着しても不思議ではない。

アカネズミとヒメネズミの線虫

　これまで見たように，ブラキストン線に有意な *Heligmosomum* 属各種と *H. protobullosus* および *H. neopolygyrus* については，海峡成立史に関連づけ説明することが可能であることがわかった。しかし，「全日本列島グループ」の *H. kurilensis* と *H. desportesi* については別の説明がいる。寄生線虫専門の元フランス自然史博物館の進化学者 A. Chabaud 教授が言った〝A false hypothesis is better than no hypothesis at all. Science has progressed only by putting up series of hypotheses to be tested″ をモットーにして，シナリオを用意した(浅川，1995)。根拠は野ネズミ類の化石出土状況

(Kawamura, 1991)と *Heligmosomoides* 属の形態から推定された系統関係，地理的分布，宿主域などである。

日本の種で *H. desportesi* に比較的近い種をあげるとすると，ハタネズミ寄生の *H. protobullosus* である。しかし，本州陸塊に限局される種が，*H. desportesi* の祖先型とは考え難い。また，宿主に最もダメージを与える腹側の固着器隆起線の大きさと数が，*H. protobullosus* を含む種群(ハタネズミ，エコノムスハタネズミ，キクチハタネズミなどに寄生する)と比較した場合，*H. desportesi* ではより小型化と増多傾向があり，明確に一線を画くす。地理的分布から，まず，*H. desportesi* の先祖はヒメネズミの祖先型とともに，朝鮮海峡と津軽海峡とが陸化していた古い氷期に侵入したと考えられる。この線虫の近縁種が，ユーラシア大陸産アカネズミ属を丹念に調べても見つからない理由は，その種が大陸では絶滅した可能性が高い。先に述べたように，ユーラシア大陸では，*H. desportesi* を含むいずれかの種群から進化したと思われる *H. neopolygyrus* と *H. polygyrus* が広範に分布し，あたかもアカネズミ属から祖先型を駆逐したごとき印象を与えている。

次いで，*H. kurilensis* である。まず，この祖先型を宿していた宿主は，アカネズミの祖先型ではないことは確かであろう。なぜならば，*H. kurilensis* の近縁種は，全北区北方のレミング類やハタネズミ属などに寄生し，アカネズミ属では日本のみである。ただし，例外は北米大陸にもある。ホリネズミ科に *Heligmosomoides thomomyos* という種が寄生するが，この種は，*H. kurilensis* 同様，非常に発達した交接刺をもつのが特色で，この由来はユーラシア大陸からベーリング陸橋を渡ってきたハタネズミ類から宿主転換したと考えられている(Gardner and Jasmer, 1983)。

おそらく，*H. kurilensis* の種分化もこれと似たような現象が介在したのであろうが，*H. kurilensis* の近縁種が今の日本にはいない。しかし，更新世にはシベリア起源の *Microtus epiratticepoides* や *M. cf. branditoides* などが，数十万年前から約1万年前まで，アカネズミと同所的に生息していたという(Kawamura, 1991)。おそらく，このような動物が，*H. kurilensis* の祖先型を持ち込み，北米のような宿主転換が起きたのだろう。

島での絶滅

だが，せっかく成立したアカネズミ属と *Heligmosomoides* の宿主‐寄生

体関係も，大隅諸島，トカラ列島，伊豆諸島，対馬，利尻，奥尻などに隔離された途端，線虫が絶滅している。しかし，国後，壱岐，隠岐諸島，金華山，佐渡などには，*Heligmosomoides* が分布する(浅川，1998b)。なかには，粟島のようにアカネズミがいないのに，そこで採集されるヒメネズミから *H. kurilensis* ばかり見つかるという困った現象もあるが(Sakata and Asakawa, 1999)，いずれにせよ，すべての島で絶滅が起きている訳ではない。

　それならば，絶滅のあった島とそうでない島の差は何か？　この問題には，佐渡の農業高校校長を定年退職後，研究三昧されている坂田金正氏が，近々，博士論文で展開されるであろう。が，私は，島固有のネズミ個体群の劇的な変動が，線虫の絶滅をもたらしたという仮説を提出した(浅川，1998b)。野ネズミ個体群の大規模変動が，*Heligmosomoides* の急激な寄生率低下の原因になることは，北アイルランドのアカネズミ属を調査した結果で知られる(Montgomery and Montgomery, 1989)。線虫の急激な寄生率低下と，これに引き続く局所的絶滅は，大陸でつねに生じているであろうが，このような場所では線虫の再供給が可能である。しかし，小面積(ゆえに収容可能な宿主の絶対数が少ない)で，隔離期間の長い島では，このような低寄生率のネズミが集積しやすい。当然，島で線虫を失うと再供給は不可能なので *Heligmosomoides* は絶滅するしかない。

なぜヤチネズミ類に Heligmosomoides がいない？

　ヤチネズミ類の *Heligmosomoides* は「本質的な存在」であるが，日本では不在である。分散・移動の初めは本土と同じ数の生物種だったものが，移動経路の途中の厳しい環境条件に適応できず，次々に脱落し，到達した種が少数となってしまう「フィルター・ブリッジ効果」はよく知られる(Simpson, 1964)。しかし，*Heligmosomoides* の不在を，たとえば自由生活期の幼虫に影響を及ぼす湿度や気温といった環境因子に求めることは難しい。なぜならば，同様の生活史を有する *Heligmosomum* がヤチネズミ類にいるからである。

　ヤチネズミとスミスネズミの好適な生息域が森林であるという事実に注目した場合(金子，1992)，共通祖先型が渡来した時期には朝鮮半島から本州陸塊に一続きの森林が存在したと想像される。後に森林地帯が分断されるにつれ，ヤチネズミ類は，狭い森林地帯に閉じ込められ，さらに，優勢種ハタネ

ズミの影響で，高山地域へと追い込まれた。このような経緯で，ヤチネズミ類は，沖積平野や低地に分断された島のような森林に隔離されたが，このような閉鎖環境では前述した宿主個体群の大規模変動説に近い機序で *Heligmosomoides* の絶滅が起きたとしても不思議ではない。

　北海道の場合はどうだろう。約1万年の地理的隔離期間で，いくつかの島を含め広範に生息するエゾヤチネズミからいっせいに *Heligmosomoides* がいなくなるとは考えられない。私は，陸橋あるいはその周辺地域のどこかで絶滅したと考える。最終氷期の約5万年間，間宮・宗谷海峡は陸続きで，サハリンから北海道にいたる場所は巨大半島であった。この半島は草原に覆われグイマツ・ハイマツの疎林が散在していた(小野・五十嵐，1991)。エゾヤチネズミの祖先型であるタイリクヤチネズミは森林生活者である(Ota, 1985)。北海道全域におけるこのネズミの広がりを考えると，違和感を禁じえないであろうが，私も中国やロシアにおけるフィールド調査の経験から，これは事実と実感している。エゾヤチネズミの祖先型も半島上の疎林に生息していたのであろう。当然，その半島にはハタネズミ属やレミング類が同所的に生息していたので，先祖ネズミが草原にまで侵出するのは難しかったはずで，小規模の個体群が灌木林を飛石状に移動したと考えられる。そうなると，前述のような機序で *Heligmosomoides* は絶滅したのであろう。

　フィールドで遭遇する宿主 ‐ 寄生体関係にはさまざまなタイプがあり，なかでも在来の関係は地史，宿主の古生物や生態・進化，寄生虫の分布，生態，系統などを総合して動物地理学的にアプローチ可能であることを示した。特に，野ネズミと線虫の関係はそのような研究のモデルとして優れている。今後は，国外での調査，線虫の分子生物，線虫絶滅の生態学的実験などから，これまでのシナリオを検証したい。また，ほかの哺乳類や鳥類などの蠕虫相についても検討し，陸上脊椎動物とその蠕虫の宿主 ‐ 寄生体関係の歴史的成立過程の普遍的な原則を導きだしたい。この原則はきっと，病原生物拡散の予測に利用されよう。

　私は，以上のような科学を動物地理疫学(zoogeographic epidemiology)と提唱する。この動物地理疫学は，地球温暖化や過度の人為的開発などの影響で病原生物の地理的分布が急変しつつある今日，非常に期待される新しい研究分野となろう。島での絶滅現象の解析も，寄生蠕虫の生物学的制御

(biological control)に応用可能であると信じている。

　生物学的制御というと蠕虫を人為的に導入して，外来種に感染させて駆除する試みがあるが(Cowan et al., 2000)，安易な外来蠕虫の導入は，新たな外来種問題を惹起する可能性の方が高い。そして，外来種問題あるいは人為的開発による宿主‐寄生体関係へのインパクトは，たびたび言及したように深刻である。在来の宿主‐寄生体関係が貴重な自然生態系の一部であるとの認識が生じ，これを積極的に保全しようとする機運も生じつつある(Windsor, 1995)。

　この拙文をきっかけに，多様で複雑な宿主‐寄生体関係を動物地理疫学という視点でアプローチする新たな担い手――特に，獣医学と生態学の複合領域「野生動物医学」(坪田ほか，2000)を専門とする――，が現われることになれば，望外の喜びである。

［追記］

　114頁で「外来宿主と在来線虫の宿主‐寄生体関係」が，日本の齧歯類では事例がないと述べた。しかし最近，坂田氏(123頁参照)が，隠岐諸島で捕獲されたクマネズミ(この種はこの島でも外来種である)に*Heligmosomoides kurilensis* が寄生していたことを確認した。捕獲された場所では，アカネズミが多数捕獲されており，アカネズミの生息地にクマネズミが侵入したことは明らかである。よって，クマネズミに *H. kurilensis* が偶発寄生したことが考えられている(Sakata et al., unpubl.)。

第III部

化石と考古遺物の動物地理

従来の動物地理学では，分布様式および形態的・遺伝的な地理的変異が調べられてきたが，これらは主に現代の動物に関するものが中心であった。ここでは，イノシシを例として，現在の集団と過去の集団を比較し，地理的変異の時代的変遷を明らかにする。イノシシは現在，北海道を除く日本列島ならびにアジア大陸に広く分布しているため，その地理的変異に基づいてイノシシの移動史と地史の関係を詳細に分析できる。また，イノシシは古来，重要なタンパク源となってきたと考えられており，約1万年前（縄文時代以降）から現代にいたる各地の遺跡から多くの骨が出土している。その出土骨からも形態的および遺伝的な地域変異をとらえることができる。このような出土骨を扱う動物考古学の情報は，過去の動物の移動史や家畜化の歴史を明らかにしてくれる可能性を秘めている。

　第8章では，日本各地の縄文時代以降の遺跡から出土するイノシシ骨の形態に関する地理的変異を考古学的考察を交じえて紹介する。地理的・時系的変異のあり方を数値化して提示し，自然的要因および人為的要因との関連性を考察する。北海道の遺跡に見られるイノシシの由来についても考える。

　第9章では，本州，四国，九州に生息するニホンイノシシと琉球列島に生息するリュウキュウイノシシの分布と成立過程をmtDNAの分子系統解析から考察する。さらに，第8章で議論した遺跡からのイノシシ出土骨に関する古代DNA分析の成果も紹介する。

第8章 ニホンイノシシの分布・サイズ・変異

千歳サケのふるさと館・高橋　理

　はるか昔の人が残した生活のあとが遺跡であり，そこからはたくさんの「もの」＝遺物が見つかる。人がつくった土器や石器はよく知られているが，じつは動物の骨もそのひとつである。すでに滅びてしまったものから現在も生きている種類まで，その内容は複雑な日本の自然環境を物語るように多種多様である。そのなかに，遺跡周辺には現在生息していない種類の動物骨が見つかることがある。このことについて次の3つの説明が考えられる。(1)今はその地域に生息しなくなった，または種として絶滅した。(2)本来生息していない動物が遺跡周辺に断続的にはいりこんで捕獲された。(3)人間がほかの場所から持ち込んだ。

　人間と動物とのかかわりあいというテーマを，人類誕生から現代までの長い歴史的視野からみようとするのが動物考古学という分野である。そして，遺跡から見つかる動物について，上記の3つ可能性のどれがあてはまるかを見極めようとするところに動物地理と動物考古学のかかわりが生まれてくる。(1)・(2)は共に動物そのものの動きであり，(3)はそこに人間が介在するものだ。

　さて，本章のテーマのイノシシである。これまでは，日本の更新世(200万年前から1万2000年前)には4種類のイノシシが生息していたと考えられていたが，最近になってこれらはすべて *Sus scrofa* ただ1種だったことがわかった(Fujita et al., 2000)。この *Sus scrofa* (以下「イノシシ」とする)は北緯60度より北側を除くユーラシア大陸全体からインド・アフリカ大陸の一部，赤道直下のインドネシアまできわめて広く分布している。

　近年になって，動物の飼育がいつから始まったかがさかんに議論され始めた。これは，(1)発掘調査で小さな遺物まで回収する方法が精密化することに

表1 更新世および完新世の時期区分と年代

更新世(およそ200万年前から1万2000年前)

| 完新世(最終氷期がおわった1万2000年以降) |
| 縄文時代(1万2000年前から紀元前3世紀) |
| 　草創期　1万2000年前から8000年前 |
| 　早　期　8000年前から6000年前 |
| 　前　期　6000年前から5000年前 |
| 　中　期　5000年前から4000年前 |
| 　後　期　4000年前から3000年前 |
| 　晩　期　3000年前から紀元前3世紀 |

(本州)		(北海道)	
弥生時代	紀元前3世紀から紀元3世紀	続縄文時代	紀元前3世紀から紀元7世紀
古墳・古代	紀元3世紀以降	擦文時代	7世紀から12世紀
		中世アイヌ期	14世紀から16世紀
		近世アイヌ期	17世紀から19世紀半ば
		近代	19世紀半ば以降

よって骨の出土数が急増したこと，(2)それによって本来分布しない地域・島の遺跡で出土する意味をもう一度考えようとされ始めたこと，(3) mtDNAや安定同位体を使った方法の導入によってさまざまな分析ができるようになったことなどが理由だろう．特にイノシシの「飼育」やブタの存否の論議が多く，そのなかで自然分布しない北海道や伊豆諸島，佐渡島などからイノシシ骨が見つかることの意味があらためて強く問われるところとなった．

　ここで1万2000年前以降の北海道の各時代名称と大まかな時間を表1に示しておく．紀元前3世紀以降は本州と北海道は別の時代名称となっている．

1. 遺跡出土のイノシシ

　北海道・関東・北陸・伊豆諸島の各地域の縄文遺跡のイノシシの出土例がまとめられた(Hongo et al., in press)．以下に述べる解説で，本州および九州の出土イノシシ，現生イノシシについてはこれに負うところが大きい．

　ここでは東北，関東，北陸の本州3地域および北海道，伊豆諸島の島嶼部の縄文時代早期から晩期，弥生時代，古代までの遺跡出土イノシシの歯や体の大きさ，年齢などについて分析が行なわれている．図1に10区分した時期ごとに各地のイノシシ出土遺跡をプロットし，関東と伊豆諸島については拡大図によって示した．遺跡は北海道から東北・関東の太平洋側に集中して

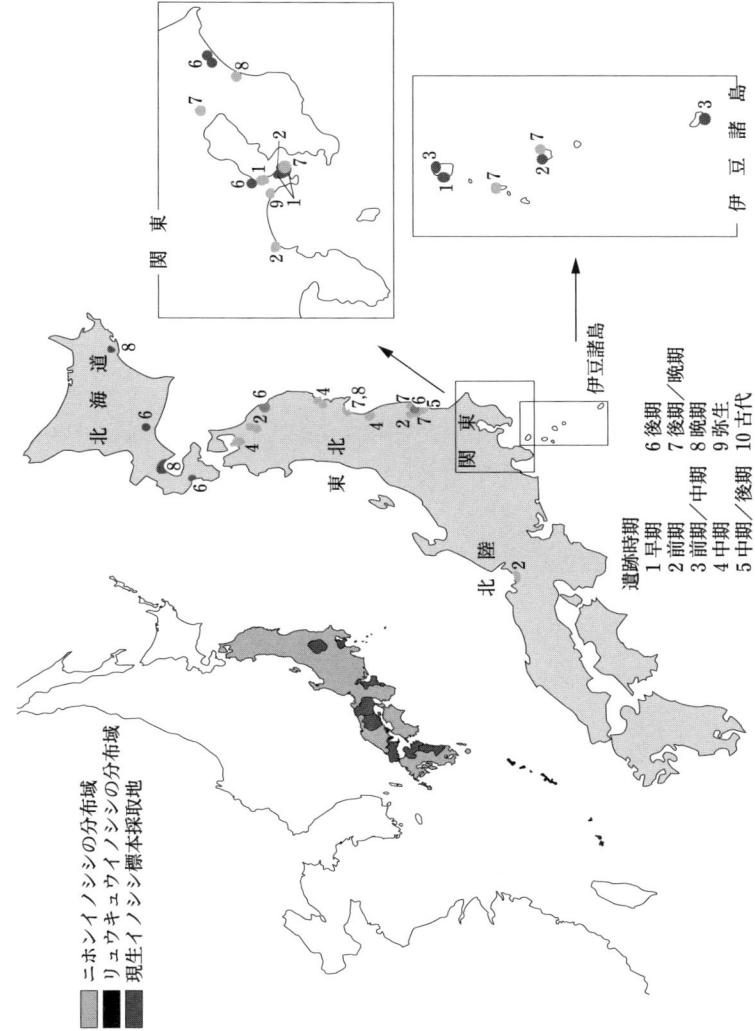

図1 10区分した時代ごとの日本列島各地のイノシシ骨出土遺跡(Hongo et al., in press を改変)

いる。北陸は縄文前期鳥浜貝塚である。また，比較のために関東から南西日本，九州南西部の現生イノシシの採取地域を示した。

　北海道のイノシシ出土遺跡について少し詳しく述べる。イノシシが完新世（1万2000年前から現在まで）以前にブラキストン線を越えて本州から北海道に拡散したことはなかった。また，ロシア沿海州からアムール川（黒龍江）下流域にいたイノシシが，サハリン（樺太）をとおって八田線を渡り，北海道に広がったこともない。つまり，ここ200万年にわたってイノシシが北海道に自然の分布をしたことはなかった。それにもかかわらず，北海道の遺跡からは完新世前半（縄文時代前期）から近世にいたる長い時期にわたってイノシシの出土が増えている。

　あらためて最初に述べた3つの可能性をイノシシについて考えてみる。
(1)北海道では化石イノシシが見つからず，200万年前から自然分布していない。
(2)イノシシは泳ぎができないわけではないが，宗谷海峡や潮流の早い津軽海峡を渡ったという記録はない。
(3)以上より人が北海道に持ち込んだイノシシが遺跡から発見されるらしい。

　イノシシが出土する北海道の遺跡は近年急速に増えていて，その範囲は東は釧路，北は礼文島にまで広がりをみせている。特に北海道南部から石狩空知地方に多く，日高沿岸から内陸の帯広などとあわせてその数は39カ所におよぶ（高橋，2001）。このうち石狩低地帯から南西北海道だけで全体の8割を越える。このことは，イノシシの受け入れが北海道南西部の沿岸を中心として行なわれ，運びだした元の場所は北（サハリンや千島）ではなく南（本州）の可能性が高いことを示す。

歯の萌出と咬耗からみた年齢構成

　イノシシの歯の萌出による年齢推定は，(1) 0 段階：生後 3 カ月以下，(2) I 段階（第一後臼歯（M 1）萌出開始から完了）：3～6 カ月以下，(3) II 段階（第二後臼歯（M 2）萌出開始から完了）：6～18 カ月以下，(4) III 段階（M 2 咬耗）：18～32 カ月以下，(5) IV 段階（第三後臼歯（M 3）萌出開始から完了）：32～44 カ月以下，(6) V 段階（M 3 萌出完了から咬耗）：45 カ月以上，の 6 段階に分けて考えることができる（Koike and Hayashi, 1984）。

　図2に関東，伊豆諸島と比較のために弥生時代と古代の遺跡出土イノシシ

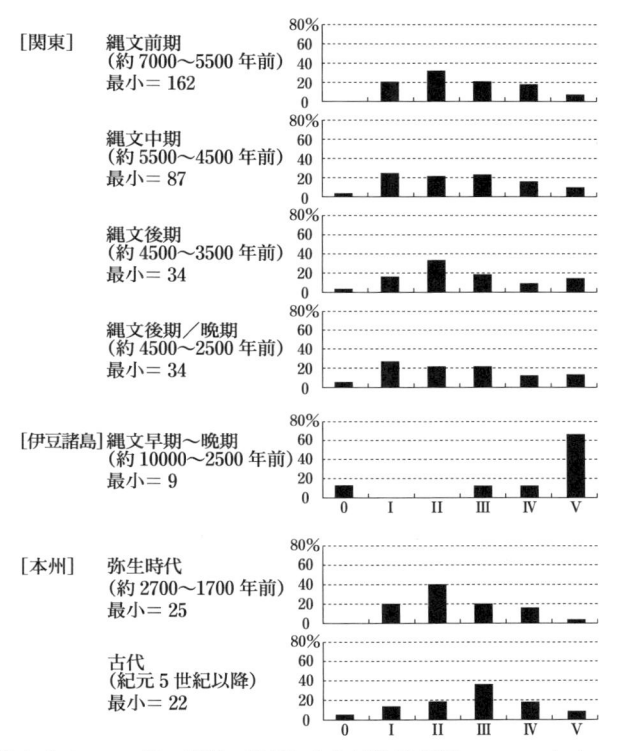

第 8 章 ニホンイノシシの分布・サイズ・変異 133

図2 遺跡出土イノシシの歯の萌出・咬耗による年齢構成（Hongo et al., in press を改変）

の萌出状況を示した（Hongo et al., in press）。関東において縄文前期から晩期までほとんど変化のない萌出・咬耗状況が見られるが，伊豆諸島はこれと大きく異なることがわかる。年齢の進んだ個体がほとんどで，特にV段階が最も多い。

東北の青森・岩手両県についてみると（図3），I段階がやや多いがⅢ段階，V段階が突出して多く，関東に比較して殺される時期があとにずれていることがうかがわれる。北海道は伊豆諸島と同様にイノシシの自然分布の外にあたるが，Ⅲ〜V段階が多い（図3）。つまり，北海道では生後3カ月以下の0段階がないが，I〜V段階（3〜45カ月以上）までは連続して現われる。Ⅳ段階（32〜44カ月以下）が33.3％と最も多く，次にⅢ段階（18〜32カ月以下）が25.0％となる。この3つのグラフは，おもに2歳から3歳あるいはそれ以上

萌出・磨耗段階	0	I	II	III	IV	V
北海道($n=24$)	0%	12.50%	8.30%	25.00%	33.33%	20.83%
青森($n=20$)	0%	30.00%	10.00%	5.00%	0%	55.00%
岩手($n=11$)	0%	18.18%	9.09%	54.54%	9.09%	9.09%

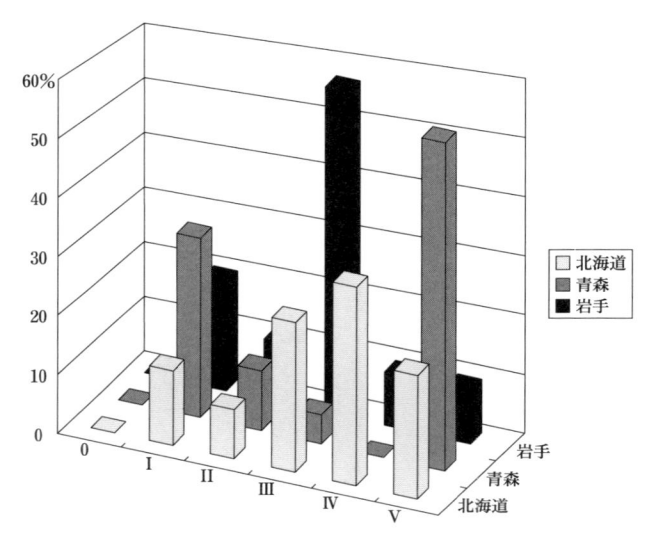

図3 北海道・青森・岩手出土イノシシの歯の萌出・磨耗による年齢構成（Yamazaki et al., in press を改変）

の成獣が縄文人に利用されるために処理されたこと，関東より年齢があとにずれていたことを示している．

遺跡出土イノシシの歯の大きさ

イノシシの大きさについて，頭骨の大きさを下顎骨の第三後臼歯（M3）から考えてみる（図4）．第三後臼歯は生後32カ月と最も遅く萌出を始める．したがって，歯のすり減り（咬耗）の進行も一番遅く，計測値が得られる年齢の幅が広いことから，多くの個体の頭骨の大きさを推定するためによく使われる部分である．

図4aは九州，西日本，近畿，関東各地域の現生イノシシの下顎骨第三後臼歯の最大長を比較したものだ．これをみると，日本列島の西（南）から東に向かうにしたがって大きくなることがわかる．

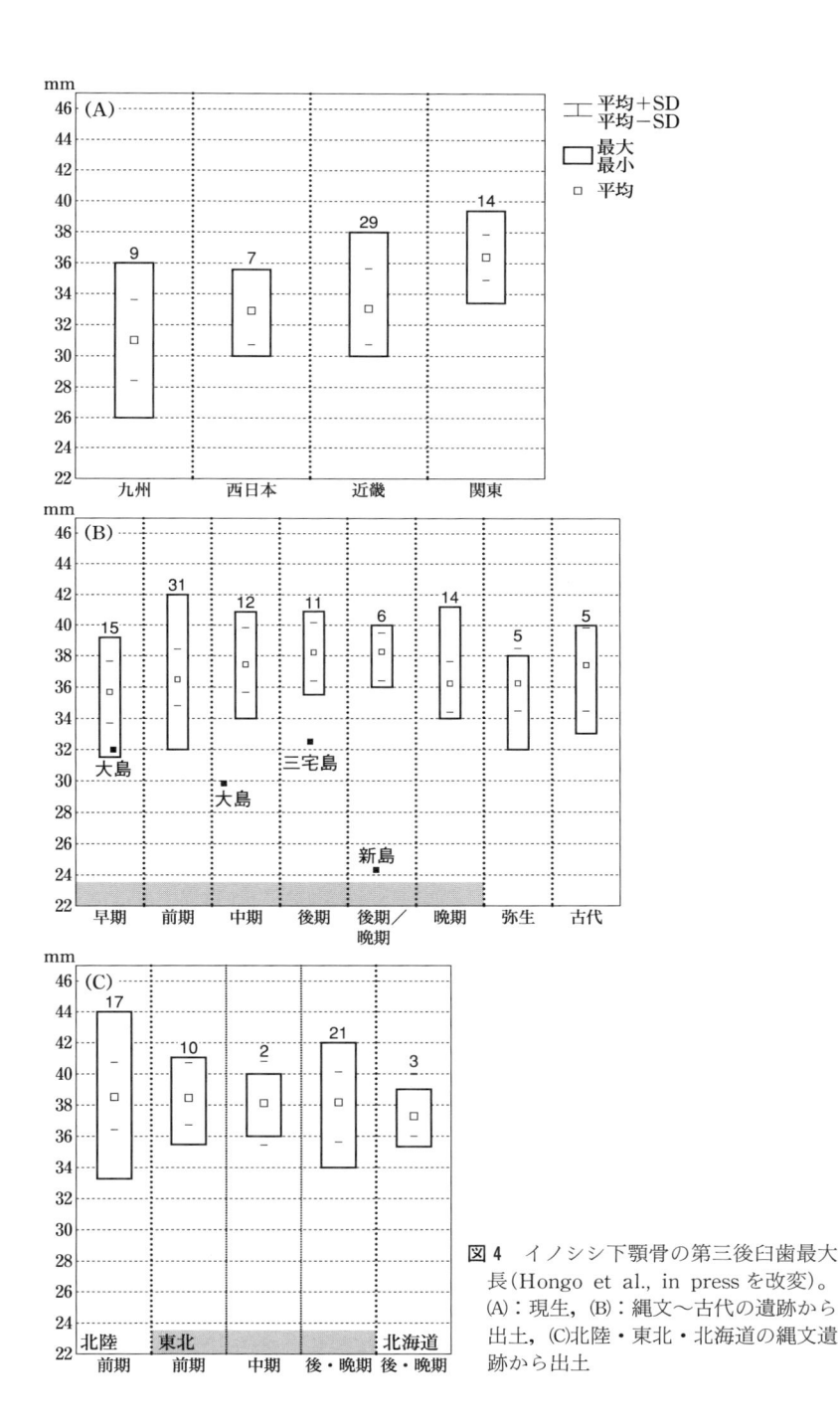

図4 イノシシ下顎骨の第三後臼歯最大長(Hongo et al., in press を改変)。
(A)：現生，(B)：縄文～古代の遺跡から出土，(C)北陸・東北・北海道の縄文遺跡から出土

136　第Ⅲ部　化石と考古遺物の動物地理

　伊豆諸島と関東の各時期の歯の大きさを比較したのが図 4b である。関東では縄文早期から後期まではしだいに大きくなり，晩期から弥生時代で逆に小型化が進むことがわかる。伊豆諸島のイノシシは関東のイノシシと比較するとはるかに小さく，新島では特に顕著である。縄文前期から後・晩期の東北および縄文前期の北陸では(図 4c)，特に平均値についてみると関東よりやや大きい。北海道では同時期の関東に近い値を示している。

　このようにみてくると，縄文時代をとおして大きさには地域的な変異があ

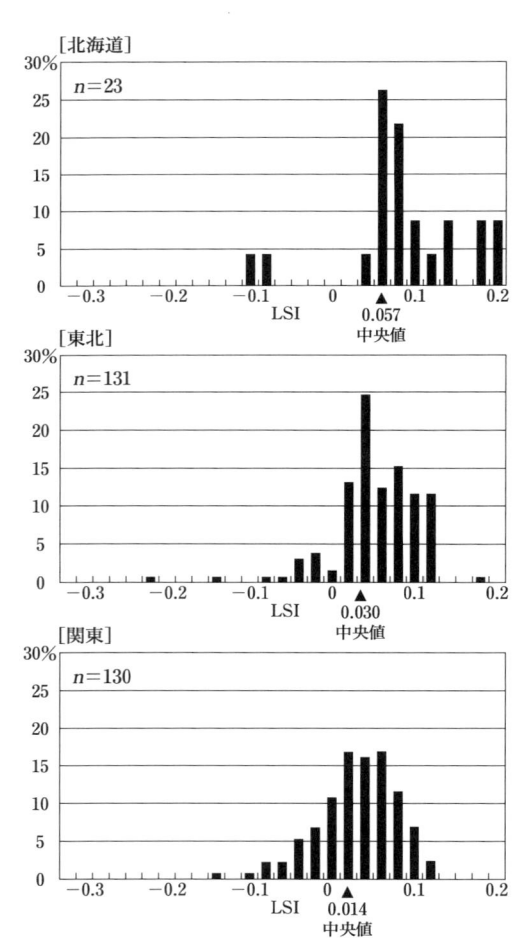

図 5　北海道・東北・関東の縄文後・晩期イノシシの LSI 値
　　（Hongo et al., in press を改変）

るようだ。

体の大きさ

イノシシの大きさを，各部位の骨の計測値をもとに推定した。その方法は，Driesch によって示された基準点(Driesch, 1976)の計測値を対数値(Log)化し，これと基準とするイノシシ個体の同部位の対数値との「差」で評価する Log Size Index 法(以下「LSI 法」とする)である(Meadow, 1981)。基準のイノシシは千葉県で捕獲されたオスのイノシシ(4 歳前後・体重 100 kg)である。

図 5 において北海道，東北，関東，図 6 で北陸の縄文前期，伊豆諸島の縄文前期・晩期の比較を示している。伊豆諸島の体の大きさは格段に小さく，下顎骨第三後臼歯の測定値とも高く相関する。大きさの値のほとんどが 0 に満たないことから，伊豆諸島のイノシシは基準のイノシシよりも小さい。

北海道と東北，関東の大きさの地域間比較ができたのは縄文後・晩期の資料である(図 5)。イノシシの自然分布の外にあたる北海道の個体群は東北と同じか大きい。

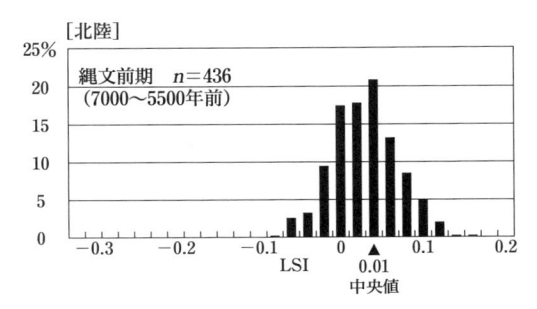

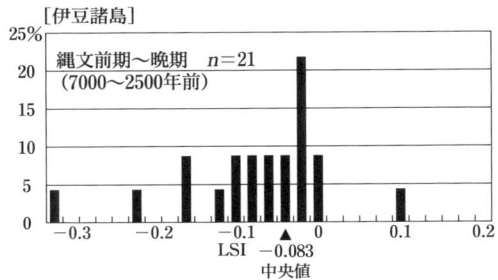

図 6 北陸，伊豆諸島の縄文イノシシの LSI 値(Hongo et al., in press を改変)

2．北海道・伊豆諸島のイノシシはどこからきたのか？

では，北海道や伊豆諸島のイノシシがどこからもたらされたか，それを知るためには遺伝子分析による系統解析が有効だ。

ニホンイノシシは遺伝子の組み合せの違いから，A群とB群の2つのグループに分けられる。このうちA群というグループは本州以南に広く分布するが，特に中部・東海から北日本にかけて多い。一方のB群はおもに西日本にすんでいるグループだ。

北海道では，縄文時代後期入江貝塚のイノシシ2点と，続縄文時代礼文華貝塚の1点を調べたところ，すべて本州ニホンイノシシのA群に属することがわかった（石黒・山崎，2001；Watanobe et al., 2004）。

北海道の縄文や続縄文時代のイノシシはどうやら東北地方を中心とする北日本にその系統を求めることができるようだ。また，入江貝塚の1点と礼文華貝塚の1点は遺伝子のタイプがまったく同じだったことから，縄文時代後期から続縄文時代にかけて2000年のあいだ北日本の同じ場所から運び込まれてきたのかもしれない。伊豆諸島のイノシシについても遺伝的に本州のイノシシにつながることがわかった。

この結果は，北海道ではイノシシが見つかる遺跡が南西側海岸部を中心として広がっている事実とも符合し，「しょっぱい川」津軽海峡の向こうに見える北日本から連れてこられたことを追認するものだ。またWatanobe et al.(2004)は，伊豆諸島出土イノシシも本州のイノシシが縄文人の手によって持ち込まれたことを明らかにしている。

3．遺跡出土イノシシの特徴

今までの話をまとめてみよう。

Hongo et al.(in press)に述べられているように，全国的には次のことが指摘できる。

(1)現代のイノシシにはかなりの地理的な変異が見られ，特に下顎骨第三後臼歯の大きさは西から東になるにつれて大きくなる。

(2)この傾向は縄文時代のイノシシにもあてはまる。

(3)LSI法によれば，同じ地域のなかでは，東北のように体の大きさがほとんど変わらないか関東のように時代が下るにつれてやや大きくなる。ただ，関東の結果は地理的な変異を反映している可能性がある。つまり，縄文前期は関東西部の遺跡，中期から晩期は関東東北部の遺跡のものであり，見かけ上の通時的な傾向は体の大きさの地理的クライン（傾斜）を示している可能性がある。
(4)イノシシの自然分布の外にある伊豆諸島では，遺伝子タイプが本州イノシシに関連することから，縄文人によって持ち込まれたことになる（Wananobe et al., 2004）。

また，北海道の場合は次のようになるだろう。
(1)北海道では完新世前半の縄文前期から近世までイノシシの出土が見られる。
(2)遺跡の数は縄文時代の後期と晩期に特に多く，全体の7割を占める。
(3)イノシシを出土した遺跡は，北日本に面した南西沿岸地域に集中する。
(4)貝塚や湿地の一部を除き，ほとんどが焼かれて白色化した破片である。
(5)出土数は縄文時代後期で飛び抜けて多いが，それ以外は各時期に大きな違いは見られない。
(6)出土する体の各部は，加工されることの多い犬歯などに偏らず全身にわたる。
(7)北海道の縄文時代イノシシの大きさは，LSI法によると基準イノシシより大型の個体が9割以上を占める。
(8)6遺跡24点の下顎の歯，抜け落ちた下顎の第一・二後臼歯の生え方，すり減り方からの年齢推定ではⅠ～Ⅴの各段階がある。なかでも，2～3歳あるいはそれ以上の成獣が縄文人に利用されるために処理されたことを示している。
(9)DNA分析によれば，北海道のイノシシは本州イノシシに属し，特に東北日本を中心に多いA群に属することがわかった。また，2000年近くの長い期間にわたって同じ場所から持ち込まれ続けた可能性もある。

4．遺跡出土イノシシにおける「飼育」と「管理」の問題

では縄文遺跡から出土したイノシシは縄文人からどのように取り扱われて

いたのだろうか。Hongo et al.(in press)のテーマにあるような「飼育」(domestication)や「管理」(management)が存在したのだろうか。

　本州地域のイノシシについて Hongo et al.(in press)は否定的であり，「本州の縄文遺跡出土イノシシの殺された時期と大きさについての分析の結果は，縄文時代における飼育を示すものではなく，一地域内の個体群が総個体群から分離していたことを示すにすぎない。」と述べている。このことは体の大きさの地理的変異の多様性の指摘と結びつき，見かけ上の小型化が飼育の指標とはかならずしも対応しないという Zeder(2001)の警鐘の引用につながっていく。このように，現段階では本州のイノシシについては当時の自然分布のあり方や，各地域の個体群の情報を積み重ねることが必要だろう。

　では，自然分布の外にあった北海道や伊豆諸島はどうだろうか。Yamazaki et al.(in press)や Hongo et al.(in press)において述べられているように，これら島嶼部のイノシシは(佐渡島の特異例を除いて)縄文人が本州から持ち込んだ結果である。

　伊豆諸島では Yamazaki et al.(in press)が述べているように，縄文早期段階からイノシシが出現し，そこには幼獣から成獣までが含まれ，特にV段階の個体が多いこと，下顎骨第三後臼歯とLSI法による評価ではきわめて小型の個体が多いことなどから，南端の八丈島を含む伊豆諸島には非常に古い段階から長い期間(＝複数世代)にわたって継続して小型化したイノシシが存在していたことがいえる。ただ Yamazaki et al.(in press)は，イノシシを継続して島環境に生息させる技術(breeding)が本州にあった証拠は認められないとしている。このことについて，Hongo et al.(in press)も否定的であることはすでに述べたとおりだ。そうすると隔離された島環境のなかにおいてこそ，いったん持ち込まれたイノシシが結果として小型化するという，縄文人による何らかの「干渉」を考えることもできるだろう。持ち込まれたイノシシが野生化して生息するうちに小型化したとするには遺跡から出土する数が少ない，という指摘(Yamazaki et al., in press)はこれを支持することになるだろう。ただし，この「干渉」がどのようなものであったかを現段階では明らかにすることはできない。

　北海道でも長い期間にわたってイノシシが持ち込まれ続けてきた。どのようにして北海道にイノシシを持ち込んだのかを説明する二通りの考え方ができる。

(1) イノシシは北海道で食料や道具の材料，埋葬の儀礼に使われる動物として必要になるたびに，おもに北日本から持ち込まれた。
(2) おもに北日本から持ち込まれたイノシシは，食料や道具の材料，埋葬の儀礼に使われる動物として殺されるまで，人の何らかの形の「干渉」を受け続け，その時間はあまり長くない複数の世代におよんだ。

すでに見たように，北海道の礼文島や釧路地方にまでイノシシを出土する遺跡があることから，(1)のように必要となるたびに北日本から持ち込まれたと考えることは，本州に近い北海道南部ではできないことではなかっただろうが，北海道全体からみてやはり無理があるだろう。

5．北海道・伊豆諸島イノシシの大きさの謎

さて，すでに述べたように北海道のイノシシの体は本州と同じかやや大きい。Hongo et al.(in press)の指摘のように，現代のイノシシには西から東の地域にかけて大きくなる地理的な傾向があり，これが縄文時代をはじめとする遺跡出土イノシシのなかにも見られた。Endo et al.(2000)は，厳密にベルクマンの規則にしたがっているのではないが，日本の野生イノシシの体の大きさにある程度の地理的変異があり，暖かい地域よりもより寒い地域におけるイノシシの体サイズが大きいことを指摘している(Endo et al., 2000; p.816)。

北海道の出土イノシシの大きさが，本州より北方・高緯度地域における寒冷環境における適応あるいはそれが Endo et al.(2000)の指摘する体サイズの増大であるとすれば，それは一世代ではなく複数の世代にわたって北海道内で生息した結果と考えられるだろう。そしてそのことは，伊豆諸島と同様にイノシシが縄文人による何らかの「干渉」を受けていたことを示すことになる。なぜなら北海道の環境は，かつてイノシシの自然分布を許したことがなかったからだ。その何らかの「干渉」を具体的に示すことは未だできないことはすでに述べたとおりだが，それは上記の理由より，非常に緩やかな規制力の低いものだっただろうことが予察される。

北海道では島嶼隔離効果による小型化ではなく，環境への適応あるいはEndo et al.(2000)が指摘する地理的変異＝体サイズの増大があてはまるのか，伊豆諸島というごく狭い島環境ではどれほど世代を経れば小型化が顕現する

のか，それが人間の干渉の有無にどのように影響されるのか，などを海外の多くの例を参考にしながら動物学や理化学の研究成果と動物考古学を含めた考古学全般との総合的な分析が是非とも必要なのである。

　北海道出土イノシシ，比較する本州出土のイノシシの計測値ほかは，Yamazaki et al. (2005 in press) および Hongo et al. (2005 in press) を多用している。

第9章 イノシシの遺伝子分布地図と起源

岐阜大学・石黒直隆, シグマアルドリッチジャパン・渡部琢磨

　「イノシシ」と聞いてどのようなイメージをもたれるだろうか。イノシシを祖先種として家畜化された家畜ブタを連想される方が多いかもしれない。近年，イノシシは狩猟と有害鳥獣駆除をあわせて日本国内で1年間に10万頭以上が捕殺されており，捕獲数は年々増加の傾向にある。イノシシは里山を好適な生息地としていることから人の目につきやすく，生息域も人間の生活圏と密接に入り組んでいることから，日本では古くから親しまれた大型の哺乳動物である。近年，イノシシの生息域が近接する都市近郊の中山間地域では農作物への被害が増加し，深刻な農業問題を引き起こしている。またときにはイノシシが偶然遭遇した人間を襲う事故が起こるなど，生息数の増加によりいろいろな面で社会問題化しつつある。このようにイノシシを害獣としてとらえる一方で，かわいい「うり坊」や美味しいぼたん鍋を連想する人も少なくないだろう。日本の先史遺跡からは非常に多くのイノシシの骨が出土する。縄文・弥生時代の当時からイノシシはシカとならんで主要な狩猟対象獣であり，最もよく食された哺乳動物であった。またイノシシを模した土製品も遺跡から多数出土しており，ときには人の墓域内に埋葬されていた例も見受けられる。このように，先史時代から日本人にとってイノシシは狩猟対象獣としてだけではなく，親しみを感じてきた野生動物でもある。

　ここでは日本に生息するイノシシについて，mtDNAを用いた分子系統解析から得られた知見を基礎に，現在進行中の系統地理学的な研究成果をまじえて，ニホンイノシシ集団の成立過程に関して考察してみたい。また，Ancient(古)DNA分析の手法を用いて明らかになった先史日本列島におけるイノシシの系統と人為的に大陸から移入されたイノシシ・ブタの遺伝的背

景に関しても紹介する。

1. 日本に生息するイノシシ

さてイノシシ，つまりイノシシ属 *Sus*，イノシシ種 *scrofa* はすべての陸生哺乳動物のなかで地理的に最も広く分布する大型の哺乳動物の1つである。分布域はアフリカ大陸北辺部，ユーラシア大陸のほぼ全域とその近隣島嶼域に及ぶ。この広大な分布域からもわかるように環境に対する適応能力は高く，シベリアの厳冬期や，熱帯域，山岳地域，そして亜乾燥地域にもよく適応する (Ruvinsky and Rothschild, 1998)。亜種の数は定義によりまちまちで定かではないが，少なくとも16～17亜種に区別されるようである (Ruvinsky and Rothschild, 1998; Groves and Grubb, 1993)。体のサイズは亜種(地域)により大きく異なり，ロシア極東地域に分布する *S. s. ussuricus* やヨーロッパ東部から中央・西アジアの *S. s. attila* では250 kg以上にもなるという。一般に島嶼域のイノシシは隣接する大陸本土のイノシシより小型であり，南方のイノシシは北方のイノシシより小型である (Groves and Grubb, 1993)。

日本にはニホンイノシシ *S. s. leucomystax* とリュウキュウイノシシ *S. s. riukiuanus* という2亜種が生息している。ニホンイノシシの分布域は東北や北陸の日本海側の多雪地帯を除く本州全域と四国と九州であるが，北海道には生息しない。ニホンイノシシは第四紀の地質時代にユーラシア大陸と日本列島のあいだの陸橋をとおって渡来した集団の子孫と考えられている。化石記録によると，*Sus* sp.(おそらく *scrofa*) は中期更新世から日本列島に生息していたとされる (川村ほか，1989；Fujita et al., 2000)。しかし，後期更新世前半のイノシシ化石が現在まだ見出されていないことから，これら更新世のイノシシが現生ニホンイノシシの直接の祖先であるかどうかは明らかではない。リュウキュウイノシシの分布域は南西諸島の奄美大島，加計呂麻島，請島，徳之島，沖縄本島，石垣島および西表島である。このうち徳之島においては，近年個体数の減少が深刻であり集団の崩壊が危惧されている。以前，リュウキュウイノシシは人類の移動にともなって南方地域より持ち込まれた原始的なブタが再野生化したものと考えられていた(直良，1937)。しかし更新世の堆積層からリュウキュウイノシシとみられる化石が発見されたことから，現在ではニホンイノシシ同様に地質時代に大陸から渡来した遺存種と考

えられている。ニホンイノシシとリュウキュウイノシシの形態的な特徴として顕著なのは体格の大きさの違いであろう。ニホンイノシシは成獣で100 kg ほどあるのに対して，リュウキュウイノシシは 40〜50 kg にすぎない。リュウキュウイノシシは最も小型の亜種の1つであり，頭骨最大長の平均値（275 mm）はすべてのイノシシ亜種のなかで最小である（Groves and Grubb, 1993）。

　前述のようにニホンイノシシ，リュウキュウイノシシは共に化石記録から大陸のイノシシの子孫と考えられている。では，実際に大陸のイノシシ亜種とニホンイノシシやリュウキュウイノシシのあいだにはどのような遺伝的関係があるのだろうか？　これは非常に興味をそそられる問題である。これまでに遺伝形質である血液型抗原やタンパク質多型の分析からさまざまな解析結果が得られている。血液型抗原の1つである Ga 抗原の出現頻度はユーラシア大陸のヨーロッパ地域（*S. s. scrofa*）から極東地域（*S. s. ussuricus*）にかけてしだいに低下し，大陸の東西でいわゆる地理的勾配（クライン）を示す。九州のニホンイノシシにおいては *ussuricus* とほぼ同程度の出現頻度がみられ，本州のニホンイノシシやリュウキュウイノシシ，そしてタイワンイノシシ *S. s. taivanus* では検出されない（Kurosawa et al., 1979）。このことからニホンイノシシ，リュウキュウイノシシは東西のクラインの東端に位置し，ともにユーラシア大陸東部のイノシシと遺伝的に近縁であることがうかがわれる。しかし血液型抗原である Ea 抗原の出現頻度や血清トランスフェリンの対立遺伝子頻度では，ニホンイノシシとリュウキュウイノシシのあいだで，あるいはそれぞれの地域集団間で大きく異なる場合があった（Kurosawa and Tanaka, 1988）。これはそれぞれの島域に長期間隔離されたため遺伝的浮動により集団間に生じたものかもしれないが，祖先集団の遺伝的な違いを反映しているのかもしれない。これらの結果は日本に生息する2亜種とユーラシア大陸東部の亜種が遺伝的に近縁であることを示唆している。しかし，まだ詳しい遺伝的な系統関係は解析されていなかった。そこで私たちは mtDNA の塩基配列の比較によってニホンイノシシとリュウキュウイノシシの遺伝的関係の解析を開始した。

2. mtDNAにおける日本のイノシシの系統関係

　mtDNAは塩基の置換速度が核DNAに比べて5倍から10倍も速く，また母系遺伝するため組み換えや交雑の影響を受けないという特徴がある。mtDNAのなかでも調節領域と呼ばれる部分はタンパク質やtRNAなどの遺伝情報を担っていないため塩基置換速度が特に速い。つまり同一種内の非常に近縁な比較においても塩基の多型が検出できるということである。そこで，ニホンイノシシとリュウキュウイノシシの系統関係を明らかにするために，調節領域とタンパク質をコードするチトクロム b 遺伝子の塩基配列を決定して解析した(Watanobe et al., 1999)。

　地質学的な観点から日本列島(本州・四国・九州)と南西諸島(琉球弧)をユーラシア大陸との関係で考えてみると，日本列島と朝鮮半島，琉球弧・台湾とユーラシア大陸のあいだにはそれぞれ断続的にではあるが，更新世まで陸橋が存在していたとされている(Ohshima, 1990；木村, 1996)。一方，日本列島と琉球弧の場合は，トカラ列島と奄美諸島のあいだのトカラ海峡が更新世前期という非常に早い時期に成立していたようである。更新世中期から後期に一時的に接続した可能性もあるが，その当時も幅数キロの水路は存在していたとされている(木村, 1996)。つまり，日本列島のイノシシ集団と琉球弧のイノシシ集団が直接行き来した可能性は低い。mtDNA調節領域とチトクロム b 遺伝子の塩基配列をもとに系統解析して得られた結果は，この予想とよく一致した(Watanobe et al. 1999)。ニホンイノシシとリュウキュウイノシシのmtDNA塩基配列のあいだには大きな違いが存在し，ニホンイノシシは相対的には中国に起源をもつと思われる家畜ブタと近縁であり，したがってニホンイノシシとリュウキュウイノシシはそれぞれ異なる大陸系イノシシ集団に由来することが示唆された。その結果，ニホンイノシシとリュウキュウイノシシの祖先がそれぞれ大陸系のどのイノシシ集団に由来するかが大きな関心事となった。そこで，ユーラシア大陸に生息するイノシシおよび地理的な特異性が高い中国在来のブタ品種とニホンイノシシとリュウキュウイノシシについて，mtDNA調節領域の部分配列(574塩基)を比較して系統解析を行なった(図1)。比較した大陸のイノシシは北東アジアのイノシシ(モンゴル北東部・ウランバートル近郊，モンゴル南東部・大シンアン

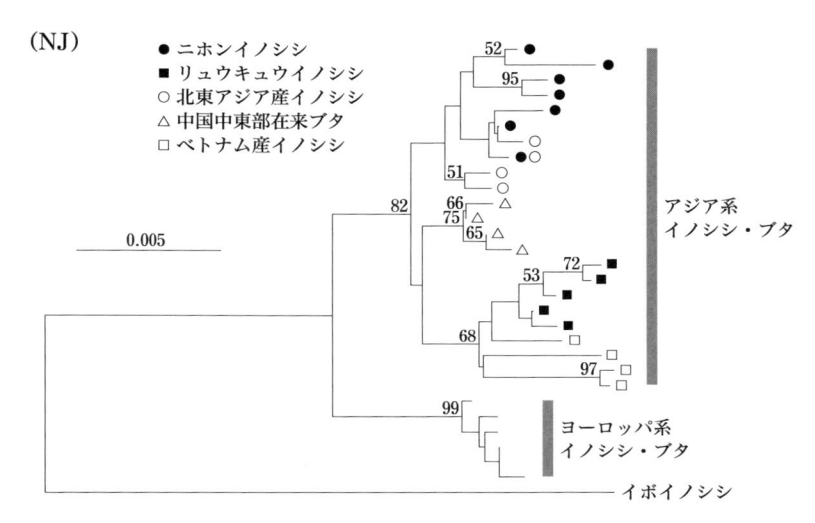

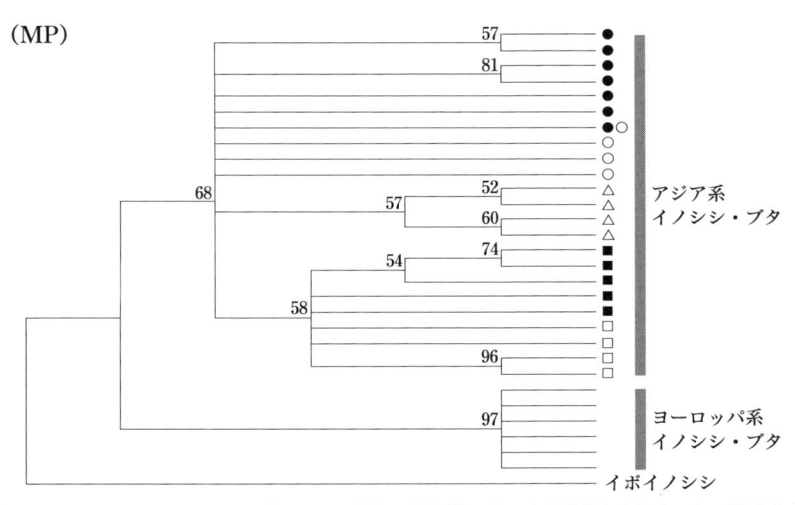

第9章 イノシシの遺伝子分布地図と起源 147

図1 イノシシの mtDNA ハプロタイプ間の系統樹。上から近隣結合法(NJ)，最節約法(MP)により作成した系統樹。NJ は木村の2変数モデル(Kimura, 1980)による距離行列を用いて作成した系統樹。MP は分岐限定探索法(branch-and-bound search)によって得られた複数の最節約系統樹の厳密合意樹。両系統樹の各枝上の数字は50%以上のブートストラップ確率。外群にはイボイノシシ *Phacochoerus aethlopicus* を用いて解析した(Okumura et al., 2001 より)。

リン山脈付近，中国・黒竜江省北部；Watanobe et al., 2001, 2002)とベトナムのイノシシ(ハノイ農業大学およびハノイ考古学研究所に所蔵の頭骨；Hongo et al., 2002)である。ブタ品種は中国・浙江省在来の梅山豚と金華豚(Watanobe et al., 2001)であり，これらの品種は同地域のイノシシ *S. s. moupinensis* の遺伝的背景を反映しているといわれている(小澤，2000)。

まずニホンイノシシについてみてみると，北東アジアのイノシシ，特にモンゴル北東部のイノシシはニホンイノシシとまったく同じmtDNAタイプが検出されていることから，ニホンイノシシと最も近縁なイノシシのようである(図1，NJ)。図1を見る限りニホンイノシシが単系統ではなく複数の系統から成り立っていることがうかがわれる。これはニホンイノシシ集団の成立過程がかなり複雑であることを強く示唆している。これについては次節で詳しく考察してみることにする。中国中東部・長江の南側を起源とする梅山豚，金華豚のタイプはNJ樹，MP樹の両方で単系統群として支持された(図1)。この地域の家畜ブタ(その原種であるイノシシ)は，ニホンイノシシやリュウキュウイノシシの祖先集団として寄与していないようである。

リュウキュウイノシシはベトナムのイノシシと単系統群を形成した(図1)。ベトナムの家畜ブタや野生イノシシのmtDNAは非常に多型に富むが(Hongo et al., 2002)，ベトナム地域のイノシシがリュウキュウイノシシの直接の祖先であると断定することは難しい。しかしこの結果は，リュウキュウイノシシの祖先がユーラシア大陸の南東部に生息するイノシシ集団であることを強く示唆するものである。

3. ニホンイノシシ集団の分布と成立過程

さて前節では，ニホンイノシシがユーラシア大陸北東部のイノシシ集団から，リュウキュウイノシシが南東部のイノシシ集団からそれぞれ派生したと考えられるmtDNAの系統解析の結果を紹介した。そのなかでニホンイノシシを単系統群として定義することが難しく，その集団成立過程が複雑である可能性を示した。ここでは，ニホンイノシシに検出されたmtDNAの多型解析から，その集団成立の歴史を遺伝的に考えてみたい。

ニホンイノシシ180個体(Okumura et al., 2001; Watanobe et al., 2002, 2003)を検索したところ，mtDNA調節領域(574塩基)について16のタイプ

が検出された。図2は16タイプ(J1〜J16)の網状ネットワークを展開した場合に95％以上の確率で得られる枝からなる分岐図である(TCS program: Clement et al., 2000)。分岐図の各タイプを末端から1塩基置換ごとに群別していくと10の第1ステップクレード(1-1から1-10)ができ，次に同様に第1ステップクレードを群別していくと3つの第2ステップクレードが構築された。この入れ子構造は，相対的に末端の派生クレードと内部の祖先クレードを規定していることになる。Templeton and Sing(1993)は，この分岐図における入れ子構造とそれらの地理的な分布から計算されるクレードの地理的な広がり(D_c)と上位クレードの分布中心からクレードに含まれる個体への距離(D_n)，また内部クレードと末端クレードのD_cやD_nの差を検定することで，系統関係と地理的な分布に統計的に有意な相関があるかどうかを評価し，各クレードが現在の地理的な分布をするにいたった要因を推定する方法，Nested clade法を報告した。以下，このNested clade法を用いて，ニホンイノシシ集団に関して得られた結果を紹介していくが，詳細はWatanobe et al.(2003)を参照されたい。

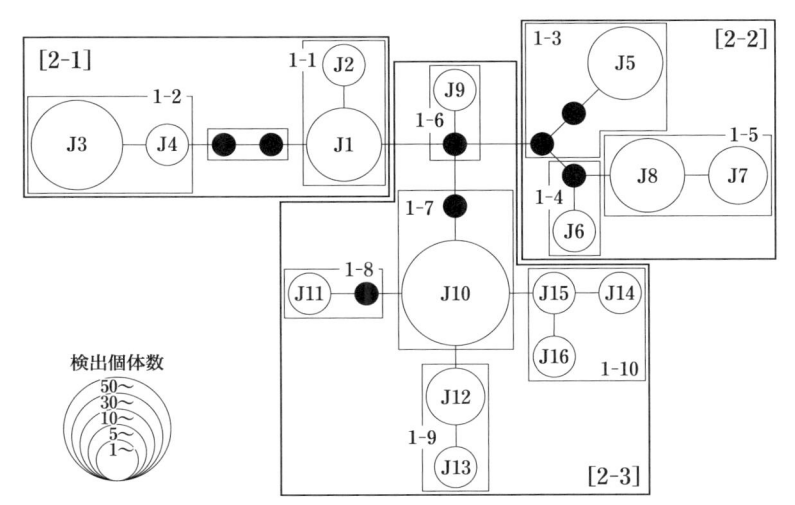

図2 ニホンイノシシのmtDNAハプロタイプ間の最節約的分岐図(Clement et al., 2000より)。J1からJ16はそれぞれのハプロタイプを示し，○の大きさは各ハプロタイプが検出された個体数を表わす。●はサンプル中には検出されなかった中間型の仮想ハプロタイプ。ハプロタイプを結ぶ線は1塩基置換を示す。細い線の囲み(クレード1-X)は第1段階の入れ子構造，太い線の囲み(クレード2-X)は第2段階の入れ子構造。

まずタイプJ1からJ4を含むクレード2-1であるが，これらのタイプは群馬，岐阜，兵庫，滋賀などの地域から集中的に検出されている(図3)。このうち内部クレード(1-1)に属するJ1とJ2は兵庫，滋賀などでおもに検出され，新しい末端クレード(1-2)に属するJ3とJ4は滋賀，岐阜などでも検出されているが最も高頻度なのは群馬においてである。これらの分布を反映するように，クレード2-1では内部クレードにおいてD_cが有意に小さく，内部クレードと末端クレードのD_cの差も小さい。これは内部クレードの分布が末端クレードに比べ限定されていることを示している。この分布パターンは集団の分布域が拡大した場合に予測されるものである(Cann et al., 1987; Templeton et al., 1995)。したがってクレード2-1は過去に近隣地域へ分布域を拡大したものと推定された(図3)。クレード2-2に属するタイプJ5は島根，山口と佐賀，J6は岐阜と宮崎，J7とJ8は群馬と静岡からそれぞれ検出され，分布が岐阜以東と島根以西に分断されている(図3)。内部クレードの1-4について有意に小さいD_nが得られ，逆に上位のクレード2-2では有意に大きなD_nが得られている。これは過去に分布が分断された集団においてみられるパターンである(Templeton et al., 1995)。次にクレード2-3をみてみると，これは九州から本州まで最も広い地域から検出されたクレードであるが，群馬や静岡といった本州東部ではきわめて低頻度であった(図3)。このクレードでは末端クレードでD_cが有意に小さく，またD_cの平均値は下位から上位のクレードになるにつれて増加している。基本的に，遺伝子流動が制限されている状況では古い(内部の)タイプほど広く分布する傾向がある(Neigel et al., 1991; Neigel and Avise, 1993; Slatkin, 1993)。この分布パターンはクレード2-3においても，内部のクレード1-7(J10)が最も広く分布するという形で現われており，このクレードでは遺伝子流動が制限されていると推定された(図3)。これらの3つのクレードは分布域が重なっているにもかかわらず，推定された歴史的経過がまったく異なっているのは非常に興味深い。

　同一地域に生息しながら各クレードの分布パターンがまったく異なっていた要因は何だろうか。これまでのところニホンイノシシのなかに生態的に大きく異なる集団が混在しているという報告はないので，生態的な違いによって分布パターンに差がでたとは考えづらいだろう。1つの仮説として，各クレードが日本列島へ渡来した時期が異なることで，このような分布パターン

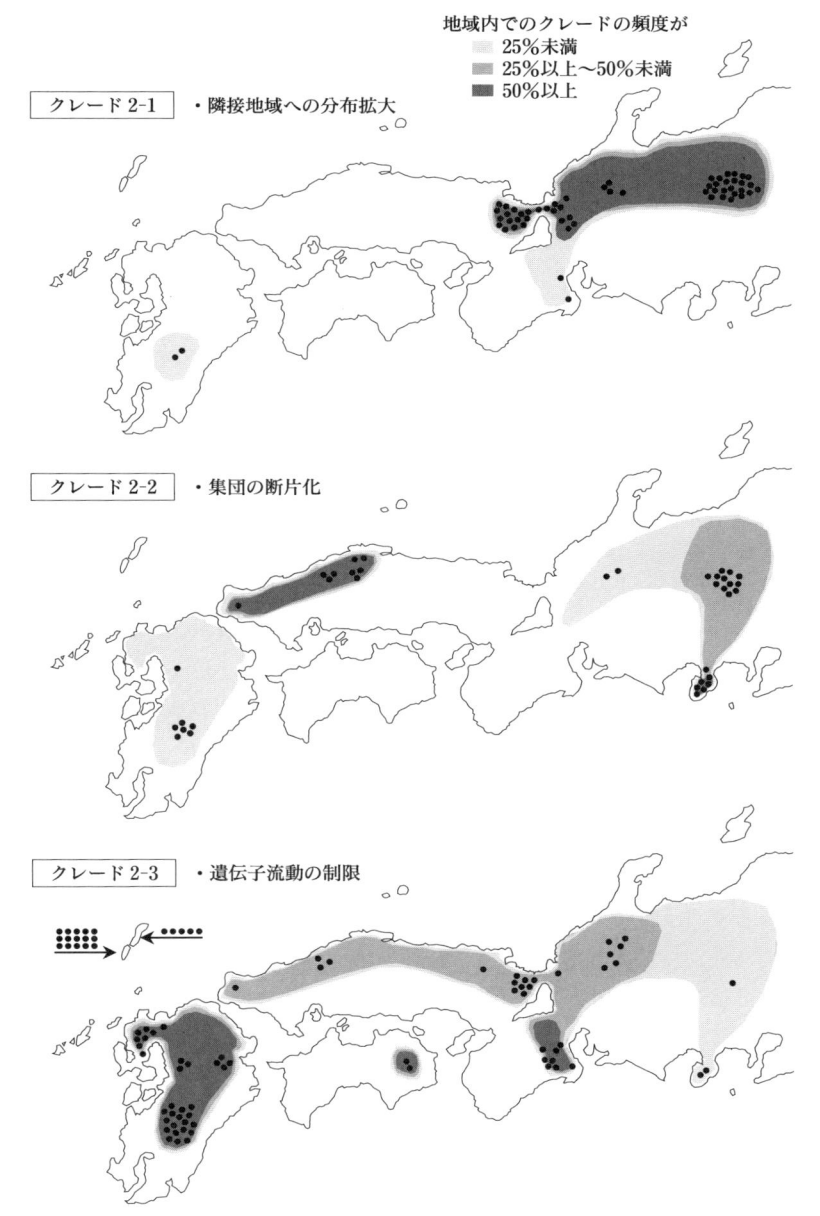

図3 ニホンイノシシの mtDNA クレード(クレード 2-1, 2-2, 2-3)の地理的分布。●は検索個体のおおよその採集地域を示す。経験したと思われる歴史的できごとあるいは遺伝子流動の制限が各クレードに関して Nested Clade 分析により推定された。

の違いが生じたと考えることができる。日本列島への渡来時期が違うということは，結果として異なる環境要因（気候変動や狩猟圧の変化など）の影響を受けたことが予想されるからである。

　ではここで，各クレードが日本列島へ渡来した時期について考えてみる。イノシシに関しては，ユーラシア大陸の東西での遺伝的な分岐が50万年，あるいは90万年に相当するという報告がなされている（Giuffra et al., 2000; Kijas and Andersson, 2001）。そこで私たちがこれまでに検索したヨーロッパ系とアジア系のイノシシ・ブタのあいだの純塩基差（Nei, 1987）である0.01976という値を50〜90万年相当の分岐と仮定した。この仮定の下，今のところ祖先集団として最も有力な候補である北東アジアのイノシシとニホンイノシシの各クレード間の純塩基差は，クレード2-1が204,000〜367,000年，2-2が170,000〜307,000年，2-3が12,000〜21,000年前の分岐に相当すると推定された（Watanobe et al., 2003）。日本列島内に見られる哺乳類の化石記録の変遷によると，朝鮮半島と九州のあいだの陸橋の形成はおよそ50万年前と30万年前に想定されている（Dobson and Kawamura, 1998）。また地質学的には，およそ15万年前までは陸橋が存在しておりそれ以降は消失したと報告されている（Ohshima, 1990）。クレード2-1と2-2が大陸北東部のイノシシから分岐したと推定される年代は上記の陸橋形成の時期とほぼ対応していた。しかしクレード2-3の分岐年代ははるかに最近（17,000〜31,000年前）であり，ほぼ最終氷期にあたる。クレード2-3の渡来はどのように説明されるべきだろうか。最終氷期の海水準低下により再度，陸橋が形成されたのかもしれない。あるいは人の手で人為的に運ばれた可能性もあるだろう。ここで示した各クレードの分岐年代はあくまでも暫定的なものであり，特に大陸のイノシシ集団についてより詳細な調査を行ない，あらためて検討する必要があるだろう。

　先に，渡来時期が違うということは結果として異なる環境要因の影響を受けたことが予想されると述べた。しかし，実際にどのような環境上の違いがあったかは今のところわからない。化石の出現頻度によると，日本列島におけるイノシシは中期更新世後期から後期更新世前期にかけて著しく減少したようである（Fujita et al., 2000）。この時期には何らかの大きな気候変動やほかの哺乳類との競合があったのかもしれない。各クレードの分岐年代を考えると，クレード2-1と2-2はこの個体数の激減を経験した可能性が十分にあ

る。クレード 2-1 にみられた限られた地域での分布域の拡大やクレード 2-2 にみられた分布域の分断は，個体数の激減により分布域が狭められあるいは分断された結果かもしれない。

　ここまで述べたように，Nested clade 法を用いることでニホンイノシシの遺伝的なクレードとその地理的分布のあいだには統計的に有意な相関があることが明らかとなった。しかしながらこの方法におけるデータの解釈（分布域の拡大・分断や遺伝子流動の制限など）は，Templeton et al.(1995)やTempleton(1998)の"inference key"に拠っており，その解釈の信頼性や妥当性を統計的に検証する方法がない(Knowles and Maddison, 2002)。したがってニホンイノシシ集団成立の歴史についてはほかの大型哺乳類の歴史的な成立過程も参考にしながら，さらなるデータの蓄積を行ない今後も注意深く再評価していく必要があるだろう。

4. 先史時代の人々とイノシシとのかかわり

　日本列島に生息しているイノシシの mtDNA についての系統関係やニホンイノシシ集団の成り立ちに関する仮説などをこれまで述べてきた。ここからは遺跡から出土したイノシシの骨や歯に残存する DNA（古 DNA）の解析から明らかになった先史日本列島の人々とイノシシの関係について紹介する。

　西本(1991，1993)は弥生時代の遺跡から出土した骨にニホンイノシシとの形態上の違いを認め，当時の日本列島に家畜化されたブタ，いわゆる弥生ブタが大陸から持ち込まれていたという仮説を展開した。しかしこの仮説に対しては，遺跡から出土した骨に家畜ブタに特徴的な形態は見出せず，弥生時代に大陸由来の家畜ブタは存在しなかったとの主張もあり(小澤，2000)，議論の分かれるところであった。そこで本州，四国，九州のおもに弥生時代の遺跡より出土したイノシシの骨に残存する mtDNA の塩基配列を解析し，その遺伝的背景を検討した。朝日遺跡(愛知)，阿方遺跡(愛媛)，宮前川遺跡(愛媛)，下郡桑苗遺跡(大分)，宮下貝塚(長崎・福江島)の合計 132 資料を検索し，そのうちの 10 資料について mtDNA 調節領域(574 bp)の塩基配列を決定した(図4)。系統分析に供することができた 10 資料のうち，アジア系の家畜ブタと同定された資料は 4 資料であり，残り 6 資料はニホンイノシシかあるいはそれに近縁なイノシシであった(図5)。アジア系家畜ブタの検出

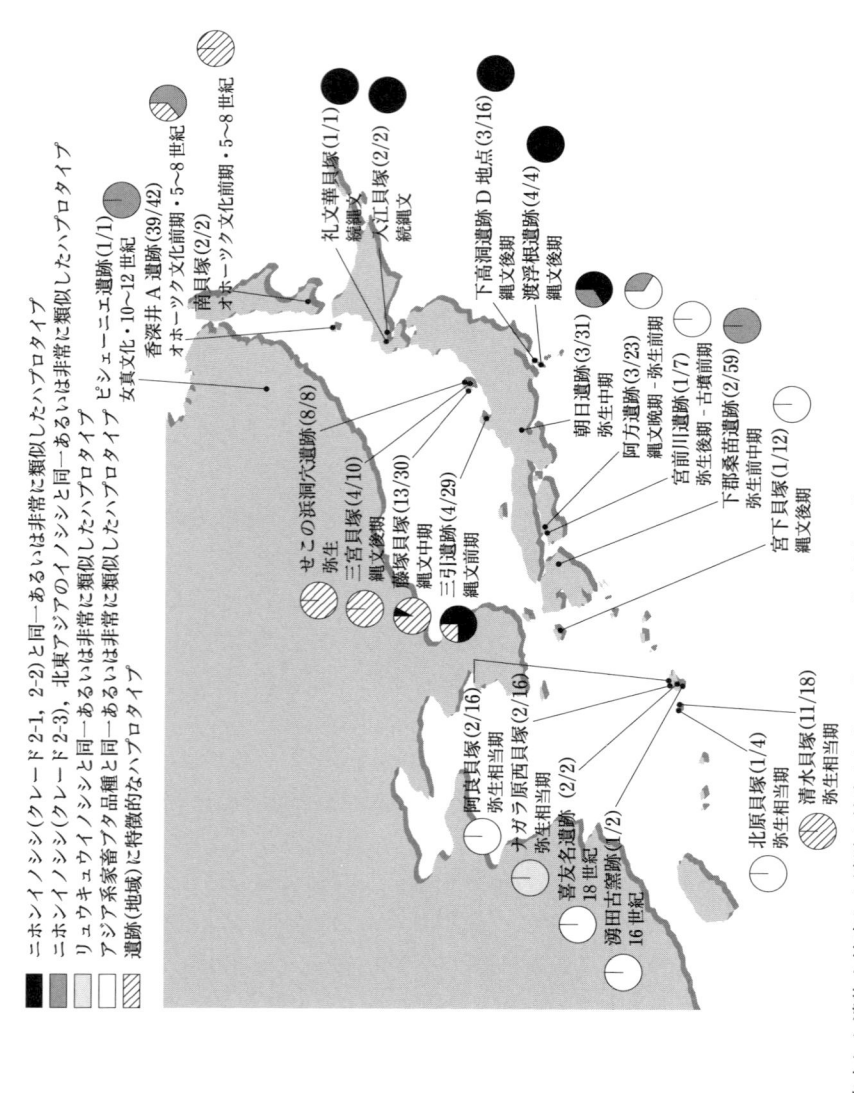

図4 出土した遺物を検索した遺跡と検出されたハプロタイプの割合。詳細はWatanobe et al.(2001, 2002, 2004), Morii et al.(2002)を参照。

図5 遺跡から出土したイノシシ・ブタの骨や歯から検出されたmtDNAハプロタイプと現生のアジア系イノシシ・ブタハプロタイプ間の系統樹。近隣結合法により作成した。系統樹の各枝の数字は50%以上のブートストラップ確率。詳細はWatanobe et al. (2001, 2002, 2004), Morii et al. (2002)を参照。

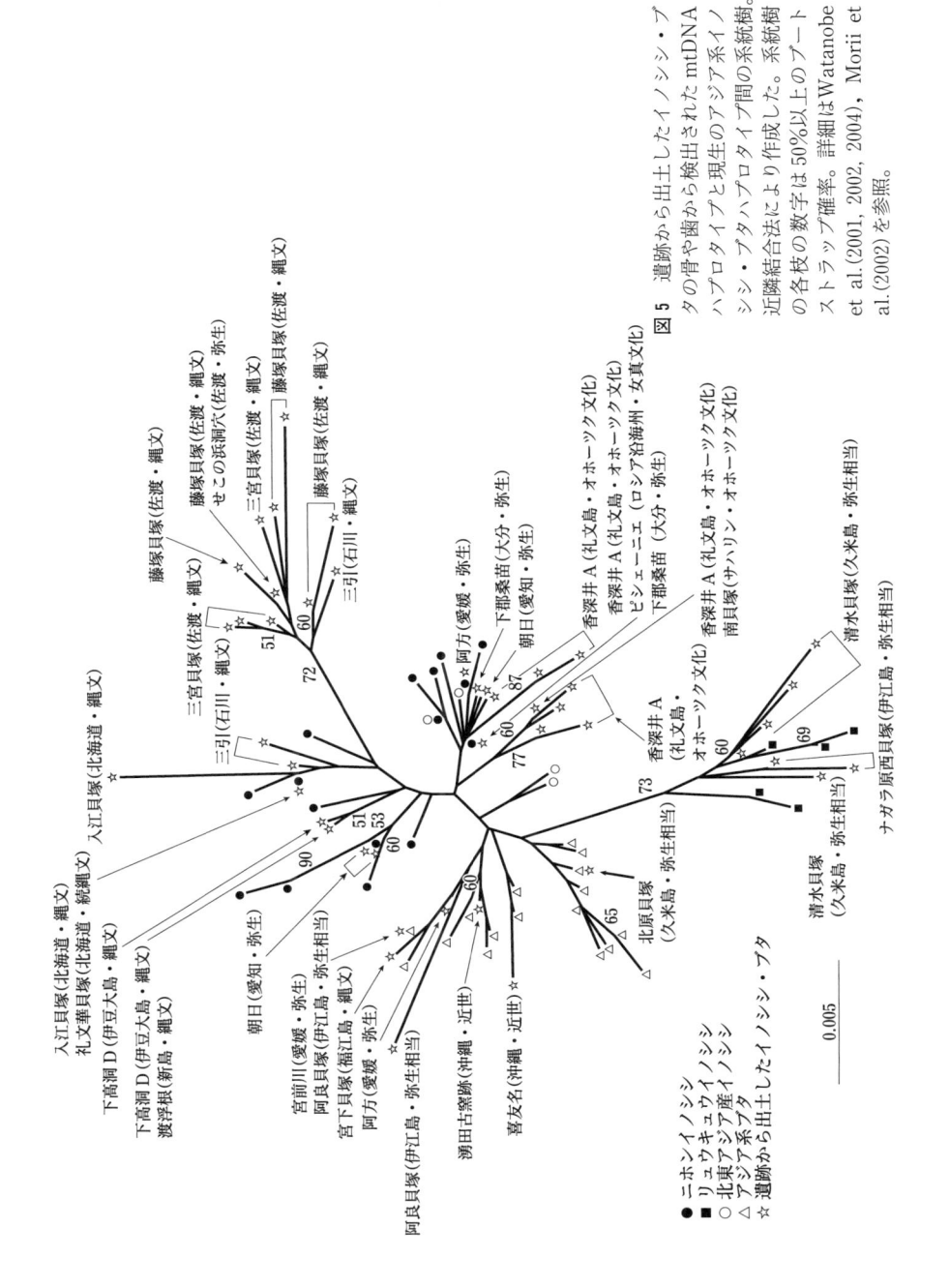

● ニホンイノシシ
■ リュウキュウイノシシ
○ 北東アジア産イノシシ
△ アジア系ブタ
☆ 遺跡から出土したイノシシ・ブタ

された場所は愛媛県の阿方遺跡と宮前川遺跡，それに長崎県宮下遺跡であり，3カ所とも海洋交易の拠点と考えられ，中国大陸や朝鮮半島からの導入がきわめて容易な場所であった。愛媛県の阿方遺跡からは韓国で出土している骨角器ときわめてよく似た遺物が多数出土していることから朝鮮半島との交易地であった可能性が高い。九州や四国の弥生時代の遺跡からアジア系家畜ブタが検出されたのに比べ，愛知県の朝日遺跡からはこうした遺伝的背景を有する資料は出土していない。このことは，たとえ中国や朝鮮から家畜ブタが日本に持ち込まれていたとしても，ある限られた地域への導入であり，弥生時代に広く家畜ブタが飼育されていたことではない。また，たとえ大陸系の家畜ブタの配列が検出されたとしても，骨に残る古DNA分析からだけでは当時持ち込まれた家畜ブタが生きたままの生体なのか骨付きの食料だったのかは判断がきわめて難しい。一方，縄文時代の遺跡から出土しているイノシシの骨に関して古DNA分析を行なっているが，骨からのDNAの回収とPCRによる増幅率が悪いため弥生時代のイノシシ骨のDNA分析結果と遺伝子レベルで比較することが難しく，詳しい時代的な変遷を示せないのが現状である。

　現在，野生イノシシが生息しない北海道や離島（伊豆七島，佐渡）から多くのイノシシの骨が縄文時代の遺構から出土しており，以前から離島での遺存種の存在や人による飼育動物としてのイノシシの持ち込みが話題となっていた。これまでの解析では伊豆七島の下高洞D地点や渡浮根遺跡のイノシシの骨はニホンイノシシと非常に類似した配列を示したことから，本州のニホンイノシシが食料としてこれらの離島に持ち込まれたものと考えられる（図5）。一方，佐渡の3遺跡（せこの浜洞穴遺跡，三宮貝塚，藤塚貝塚）からはニホンイノシシとは少し異なった配列を有するイノシシの骨が出土していることから，佐渡には古い時代に本州のニホンイノシシと遺伝的に異なるイノシシの地方集団が生息していた可能性が考えられる（図4，5）。また，佐渡のイノシシと同じような配列を有するイノシシが石川県の三引遺跡からも出土しており，本州にも同じ系統のイノシシが生息していた可能性もある。

　北海道でも縄文時代の遺構からイノシシ骨が多く出土している。縄文時代の遺跡から出土する骨の多くは焼骨（焼いた骨）であるが，続縄文時代の遺跡から出土した骨は古DNA分析が可能であった。噴火湾に面する続縄文時代の礼文華貝塚や入江貝塚から出土したイノシシは，mtDNAの配列をみる限

り本州のニホンイノシシと考えられる(図5)。一方，オホーツク海沿岸に散在するオホーツク文化期(5～12世紀)の遺跡からもイノシシの骨が出土している。礼文島の香深井A遺跡では何層もの遺物の層(魚骨層)から多数のイノシシ骨が出土しており，交易による持ち込みが盛んであったことが推測される。その資料39点からmtDNAを増幅して解析した結果，香深井A遺跡の資料はニホンイノシシのグループとは異なり，サハリン(樺太)の南貝塚やロシア沿海州のピシェーニエ遺跡から出土したイノシシ・ブタのグループに属することが明らかとなった(図4，5)。香深井A遺跡のイノシシはオホーツク文化の古代人により遠く沿海州から持ち込まれたイノシシあるいは家畜ブタであったと推測される。

　南の沖縄諸島でも多くのイノシシの骨が古代の遺跡より出土している。沖縄本島には現在もリュウキュウイノシシが生息していることから，古代人にとっては当時のリュウキュウイノシシはよきタンパク資源であった可能性が高い。ただ，現在ではリュウキュウイノシシが生息しない久米島や伊江島でも貝塚時代(本州の弥生相当期)の遺跡から現生のリュウキュウイノシシに比べて形態的に大きい骨が出土しており，これらの骨が古代のリュウキュウイノシシに相当するのかあるいは中国大陸から持ち込んだ家畜ブタに由来するのか話題となっていた。骨からの古DNAの分析結果から，弥生相当期の伊江島の阿良貝塚と久米島の北原貝塚から出土したイノシシ骨のなかにアジア系家畜ブタの配列タイプを見出すことができた(図4，5)。もちろん現生リュウキュウイノシシと同じ配列を示すイノシシ骨もこれらの遺跡から出土している。なかでも久米島の清水貝塚から出土したイノシシは系統的にはリュウキュウイノシシに属するが，現生のリュウキュウイノシシには検出されない変異を有したものであり，古くは久米島にリュウキュウイノシシの特異集団が生息していたか，あるいは交易により中国大陸から持ち込まれたものかもしれない。沖縄本島は古くから中国大陸との文物の交流が盛んであり，多くのもが中国大陸から移入されている。家畜ブタに関しては14世紀に中国より移入されたことが史実に残されており，近世の「島ブタ」の基礎をつくったものと思われる。16世紀の湧田古窯跡や18世紀の喜友名遺跡から出土した骨のmtDNAはアジア系家畜ブタに属し，沖縄本島では広く島ブタが飼育されていた可能性が高い(図5)。

　以上，日本各地の古代遺跡から出土したイノシシの骨についてこれまで得

た古 DNA 分析結果を紹介した。縄文時代からイノシシは古代人にとって重要なタンパク資源であり，人の移動にともない生体かあるいは食料としてかは不明であるが，いくどとなく移入されている。特に大陸から人が移動した弥生時代やオホーツク文化期には移入が顕著であったろう。ただ，こうした時代に家畜ブタが生体のまま日本に持ち込まれたとしても導入された頭数は多くはなく，野生のニホンイノシシ集団やリュウキュウイノシシ集団に大きな遺伝的影響を与えたものとは考えにくい。

5．ニホンイノシシの生息に関する最近の動き

図3に示したごとくニホンイノシシは本州，九州，四国とかなり広い範囲に生息する哺乳動物であるが，最近はこれまで生息が確認されていなかった地域に出現するなど，全国的に生息域を拡大しつつある。特に島嶼域においてその傾向は顕著である。たとえば対馬諸島においては，江戸時代に「イノシカ追い詰め」の運動によりイノシシは絶滅したものとされていたが，1990年代にはいりイノシシの生息が確認され増加の一途をたどっている。このイノシシは mtDNA 分析の結果，九州にきわめて高頻度に見られるニホンイノシシと同じタイプであることが明らかとなっていることから，九州のニホンイノシシが人為的に持ち込まれ自然繁殖したものと考えられる (Ishiguro et al., 2002)。また一方で，イノブタ牧場のイノシシが逃げだして繁殖したのではないかとも考えられるが，正確なところは不明である。今日，イノブタ牧場は全国に散在していることから，イノブタ牧場から逃げだした飼育イノブタが全国のニホンイノシシ集団のなかにはいりこんでいる可能性は否定できない。ニホンイノシシとイノブタを遺伝的に区別することは自然界で両者が繁殖歴を積むにつれて難しくなる。家畜ブタの子孫を野生ニホンイノシシとどのように区別するかが今後の課題として残されている。

第IV部

山脈と砂漠の動物地理

海峡は動物集団や動物種の隔離を引き起こす大きな地理的障壁であるため，生物境界線のほとんどは海峡に相当する。一方，内陸部の山脈や砂漠も動物の移動を阻むことがある。言い換えれば，各動物種がどのような環境に適応して生活しているかによって，その行動圏や移動範囲が限定される。ここでは，山脈や砂漠と動物地理の関係を考えることにする。まず，登場するのはモグラである。退化した眼，穴堀りに特化した前脚，この動物ほど地中生活に適応した哺乳類はいないであろう。大型のシカやクマにとって地理的障壁にならない山々もモグラの移動にとっては大きな障壁になる。日本列島における山脈がモグラの移動に与える影響について紹介する。

　一方，山脈のような起伏がなくとも，砂漠はほとんどの動物の移動を遮断する。たとえば，中央アジアには広大な乾燥地帯が広がり，そこの厳しい自然環境のなかで動物たちが生きている。中央アジア・シルクロードの砂漠地域に隔離されるアカシカもそのような動物の1つである。探検家ヘディンの著した『さまよえる湖』で有名なロプノール湖に注いでいたタリム川周辺のオアシス域に生きるアカシカ集団は，北半球全域に分布を展開したアカシカの移動を知るうえで重要な位置を占めていることがわかってきた。

　第10章では，筆者による長年の研究に基づき，土壌条件や地形が日本産モグラの分布に影響している実例を示す。日本内陸の山脈がモグラの移動を抑制していることが分子系統解析の結果とも合致することなどを議論する。

　第11章では，アカシカの地理的変異を分子情報と頭骨形態の両面から解析し，ユーラシア大陸において東西を分ける2系統が存在し，その分布境界線がシルクロード文化が栄えたタリム盆地に相当することを明らかにする。さらに，ユーラシア大陸からベーリング陸橋を経て北米大陸へ渡ったアカシカの移動にまで言及する。

第10章 土壌環境がモグラの分布を制限する

阿部　永

　地球上の各地域において，生物はその地域における生物的，無生物的(物理的)環境を最大限効率的に利用する方向で進化してきた。これは生物群集内の各生物種が環境内の一定の限定された要素をそれぞれ効率よく利用する方向での進化，すなわち適応放散を意味する。適応放散というものは適応対象をよりうまく利用する方向への形態的，生態的特殊化である。したがって，特殊化が進んだものほどその生物にとっては適応対象の性質が生存のための強い制限要因になり，ひいてはそれがその生物の分布にも影響する。ここではそのような例の1つを地下適応者モグラで紹介したいと思う。

　日本のモグラ類には半地下性のものから地下性の強いものまで地下適応度の異なるものが複数種存在している。一般に，半地下性ないしは地下性種はトンネルというごく限定された空間で生活を行なうため生態的同位種間の種間競争はきわめて厳しく，したがって通常1地域には1種だけがすみ，複数種がいる場合はつねに側所的に分布し，通常，行動圏が同時に重なることはない(阿部，1998)。

1. 日本のモグラ科動物

　日本のモグラ科動物にはヒミズ亜科とモグラ亜科があり，前者は原始的なグループであるとともに，地下適応がまだ中間段階にあるのに対し，後者は真性モグラといわれるように地下適応が一層進んだものである。ヒミズ亜科にはヒメヒミズとヒミズの2種があり，本州，四国，九州に分布する。これらは形態や生態が地表(落葉層)性のトガリネズミと地下性のモグラの中間に

位置している．すなわち，これらは山地森林の土壌表層に形成される腐植層を主要なすみかとし，餌の20〜30％をミミズが占めていて，ミミズ類をほとんど食べていないトガリネズミ類とは異なり，食性においても地下方向への進出の証拠が示されている．土を掘るための前足や爪もトガリネズミよりはよく発達しているが，モグラ類に比べると格段に弱い．ヒミズ類2種は互いに類似した生活型をもつが，ヒメヒミズの方がより原始的で，体も小さく，生態的に劣勢である．したがって，現在のヒメヒミズは，広く連続分布をするヒミズの分布域内に散在したパッチ状の分布をもっており，いわば優勢なヒミズによる生態的圧力によって岩のガレ場や渓流ぞいの岩場など限定された生息場所に閉じこめられているという様相を示している．

　真性モグラのうち本州，四国，九州の本土域にはミズラモグラ属のミズラモグラとニホンモグラ属のサドモグラ，エチゴモグラ，アズマモグラ，コウベモグラの5種が生息する．ミズラモグラとニホンモグラ類との関係はヒメヒミズとヒミズの関係に類似し，小型で原始的なミズラモグラは本州の山地森林の一部に散在した分布域をもっている．

　モグラ科のなかでは原始的なヒミズ類をはじめ，真性モグラ類のなかでは比較的原始的な部類にはいるミズラモグラはいずれも山地森林だけに生息している．食虫類のなかで地下適応が起こるにあたっては，温帯森林の地表に形成される厚い落葉層，さらにそれの分解物である厚い腐植層という環境の存在が不可欠であったと考えられる（阿部，1998）．その意味から，地下適応の場はこのような環境をもつ温帯森林であったものと予想され，現在最も地下適応の進んだものの1つニホンモグラ類も，平野部の沖積地ばかりでなく山地森林にも広く分布している．

2．大型化の場は沖積地

　温帯の森林で進化したと考えられるモグラ類のうち，日本国内のものばかりでなく国外のものをも含め，分布が山地森林に限られるような種はいずれもモグラとしては小型である．また，日本産のコウベモグラやアズマモグラに見られるように，同一種内においても山地のものは広い沖積平野の個体群に比して顕著に小型である（Abe, 1996）．山地においては一般に岩礫地が多く，土壌層は浅い．大きな川の下流域に形成される沖積平野は一般に湿潤で

深い土壌層をもち，そこにすむ土壌動物，特にモグラの主食の1つであるミミズなども大型のものが多くなる。このような深い土壌をもつ地域に進出したモグラはその環境を十分に利用できるよう，掘削用の手や爪，筋肉などを強化し，それと連動して体のサイズを大型化したものが多い。このようにモグラは土壌条件にあわせて体サイズを変化させるため，山地から川の氾濫原など環境変動の激しい平野部にまで広く分布するモグラ類は，形態変異のきわめて激しい動物である。それは，安定した環境が維持される山地森林にすみ，形態変異の少ない動物，ヒミズ，ミズラモグラ，ヒメネズミなどとは対照的である。したがって，コウベモグラやアズマモグラにおいては，種内の山地小型群と平野部大型群のあいだには体重でみると2倍ほどにも達する差が生じ，また相対成長の違いから形態にも大きな差が生まれている（Abe, 1967）。このように，モグラ類は環境条件に対応して激しく形態を変化させるため，場合によっては適応対象である土壌の環境条件が生存にとっての制限要因ともなり，種間競争においてそれが不利に働く例が観察されるのである。

3．モグラ類の形態と分布

本土域におけるニホンモグラ類4種の形態と分布の概略をここでみておこう。サドモグラとエチゴモグラは形態やmtDNAの情報に本質的な差がないところから，最近まで同種とされ，サドモグラ1種として扱われていた。しかし，染色体構成に生殖隔離をもたらすほどの差が認められたことから，系統的にはごく近いものではあるが別種として扱われるようになったものである（Kawada et al., 2001）。サドモグラは体重95～135 g，頭胴長153～167 mm，エチゴモグラは体重112～164 g，頭胴長163～182 mmという全体として非常に大型のモグラであるが，頭骨の形態やmtDNAの情報などからみてこれら2種はほかの2種に比して系統上最も古いものであることがわかっている（Abe, 1967; Okamoto, 1999）。現在の分布はサドモグラは佐渡島のみ，エチゴモグラは越後平野の中央部，すなわち弥彦，三条，加茂，新津，五泉，新発田を結ぶ線から西の低平な沖積平野にその主要部分があり，このほかに三条市の南十数kmに位置する見附市と栃尾市の周辺および主要分布地周辺の新津市・五泉市付近などにおいてアズマモグラの分布域に囲まれ

た小さな孤立個体群が散在している(図1)。そしてそれらの孤立分布地は本来の生息地であったはずの大水田の中央ではなく土壌改変の少ない灌漑溝などの土手，段丘斜面，集落域などに限られる。

　系統上，次に古いと考えられるアズマモグラは体重48〜127 g，頭胴長121〜159 mm で，4種中では全体として最も小型である。しかし，これらの数値からも明らかなように，サイズを含む形態の変異はきわめて激しく，前述のように山地で小さく，広い沖積平野で大型化する。本種の主要な分布域は静岡，長野，石川の3県を結ぶ線より北の本州である。そのほかに京都北部の山地，和歌山県広川町南部から三重県尾鷲市までの海岸域を含み，さらに内陸にむかって和歌山県，奈良県，三重県にまたがる紀伊山地域，三重県鈴鹿山系，広島県北部の比和町・西城町の山地，小豆島の一部，愛媛県石鎚山系，徳島県剣山，高越山，大滝山などの高地にコウベモグラに囲まれた孤立分布地がある。

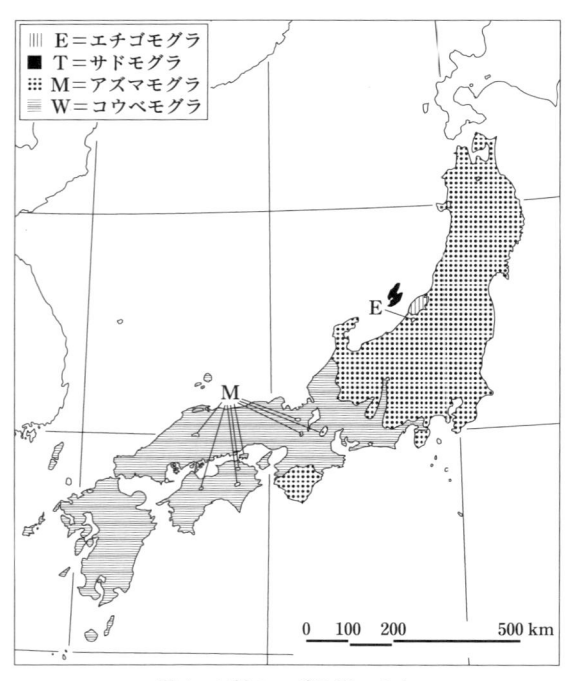

図1　4種のモグラ類の分布

系統的に最も新しく，中期更新世に朝鮮半島を通じ大陸から西日本に侵入してきたと考えられているコウベモグラ(Abe, 1999)は，体重 48.5～175 g，頭胴長 125～185 mm でアズマモグラよりはやや大型である．分布の北端は静岡，長野，石川付近においてアズマモグラと接し，これより南部の本州，四国，九州，隠岐，対馬，五島列島，種子島，屋久島および小豆島などの瀬戸内海島嶼などに分布する．

4. 分布境界の変化

前述のように，コウベモグラとアズマモグラの大まかな分布境界は本州中部，静岡，長野，石川の 3 県を結ぶ地域にある．これらのうち，長野県の一部，すなわち木曽川上流と天竜川上流において私は 1959 年に詳しい分布境界を記録しておいた．そこでまずこの時点における分布状況を記述し，次いでその後の変化について述べる(阿部，1974；Abe, 1985, 2001)．

木曽川上流上松地区

1959 年，木曽川の上流で狭い山峡内に位置する長野県読書村(現・南木曾町)，大桑村などで採集された 25 頭のモグラはすべてコウベモグラで，さらにこの流域で調べたトンネルもすべて大型(平均 54×49 mm)でこのモグラのものであった．コウベモグラの分布はさらに北上し，上松町にはいっても，鉄道や自動車道が通る木曽川左岸においては，景勝地，寝覚ノ床の下流 200～250 m 付近の段丘上にまでこのモグラのトンネルが分布しており，ここが分布北端になっていた．なお，これに接した上流側で上松町市街までの区間にあったトンネル(平均 39×35 mm)はすべてアズマモグラのものであり，市街南端において西方に分岐する支流(小川)流域や本流のさらに上流に位置する木曽福島町，木祖村で採集された 16 頭はすべてアズマモグラであった．このように，1959 年時点において，この峡谷では寝覚ノ床下流約 200 m 付近に両種の明瞭な分布境界があった(図 2)．

木曽川上流における 2 種のモグラの分布境界については，その後 1973，1979，1983，1989，1993，1998 年に調査を行ないその変化を追跡した．その結果，最初の調査から 14 年後の 1973 年には，上松町市街地南端から寝覚ノ床までの約 1.4 km 区間の段丘上にある水田や畑地はすでにコウベモグラ

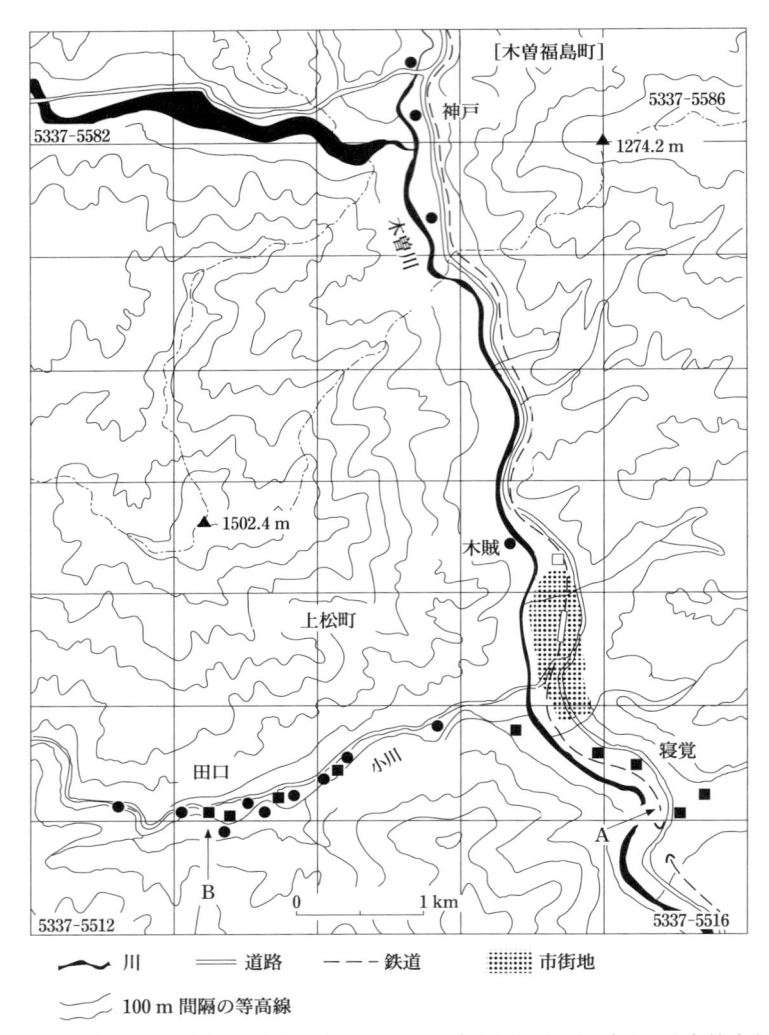

166　第IV部　山脈と砂漠の動物地理

図2　1998年，長野県上松地区におけるコウベモグラとアズマモグラの分布接点（Abe, 2001を改変）。■はコウベモグラの生息地，□は1993年以降コウベモグラが消失したところ，●はアズマモグラの生息地。Aは1959年，Bは1998年におけるコウベモグラの分布先端。A，B間のすべての生息地は1959年にはアズマモグラの生息地であった。

の生息地となっており，さらにこのモグラは市街地南端で木曽川を渡り，西方にのびる支流，小川の狭い谷筋にそって上流へ約 1.6 km 進出し，合計約 3 km の分布拡大を果たしていた．なお，このときコウベモグラは本流谷底のほぼ全面に広がる面積約 0.5 km² の上松町市街地を越えることができず，その上流側ではまだアズマモグラの生息が維持されていた．しかし，その後 1979 年までにコウベモグラはこの市街地を越えて北側の狭い耕地にまで達し，西方の小川流域ではさらに 0.6 km 上流へ分布を広げ，結局 20 年間で 3.6 km の分布拡大を果たした．この状態は 1983 年までほとんど変化なく維持されていたが，1993 年までに市街地北側のコウベモグラの狭い孤立生息地が消失した．しかし，小川流域のコウベモグラは 1998 年までに川にそってさらに 0.5 km の分布を広げ，結局 39 年間で 4.1 km の分布拡大を果たした．

天竜川支流北小野地区

1959 年，天竜川の上流，辰野町において北西北方向に分岐する支流，横川の下流部付近にはコウベモグラのトンネルが分布し，唐木沢北方でこの川から分岐する小支流，小野川の下流域においては辰野町小野集落までのあいだにコウベモグラの生息地が点在していた．ただ，この流域のうち土壌硬度の高い一部の地区にアズマモグラの生息地が残存していた．小野集落にある鉄道の駅裏手（東側）の水田やそれより北方約 300 m にある塩尻市北小野南端の水田にはコウベモグラが生息し，これがこの地域におけるコウベモグラの分布北端であった．この分布北端より北方，すなわち小野川最上流域に広がる一続きの水田地帯にはアズマモグラのトンネルが分布し，その分布はさらに北方の善知鳥峠を越えて松本平野の方へ広がっていた（図 3）．

この地区でも上松付近と同様，その後 6 回の調査を行なった．その結果，1973 年時点で小野川下流域にあったアズマモグラの生息地は一部がコウベモグラによって置換され，残存生息地は縮小していた．しかし，小野集落の東側水田にあったコウベモグラの分布北端は 14 年間実質的に変化が見られなかった．その後，北端部のコウベモグラは小野川の細い川岸だけに限って 1983 年までに約 0.4 km，1993 年までにさらに約 0.5 km 北方へ分布を広げたが，その後 1998 年までは再び分布拡大が停止している．したがって，1959 年から 1998 年までの 39 年間に，ここでは川岸にそって細長く約 0.9

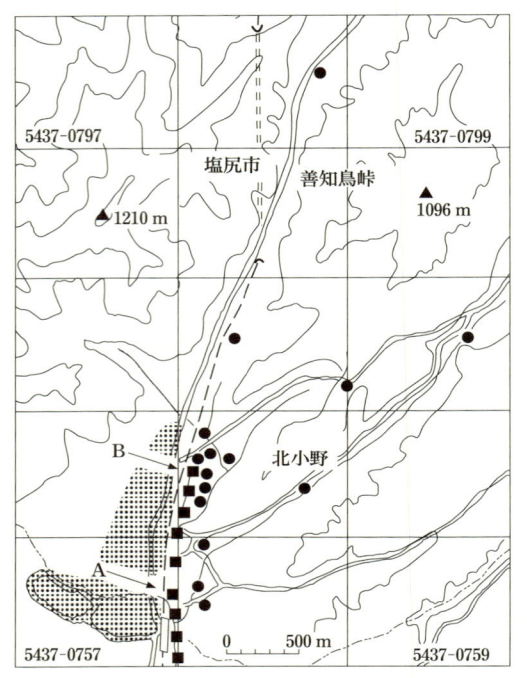

図3 1998年，長野県北小野地区におけるコウベモグラとアズマモグラの分布接点（Abe, 2001を改変）。Aは1959年，Bは1993〜1998年におけるコウベモグラの分布先端。A，B間のすべての生息地は1959年にはアズマモグラの生息地であった。図2の凡例参照。

kmの分布拡大を果たしただけである。ここでは，周辺の水田地帯は依然としてアズマモグラによって占められている。

天竜川本流諏訪地区

1959年，天竜川上流では辰野町上平出の狭い水田にコウベモグラのトンネルが分布し，これが本流域における分布北端であった。この上流側，辰野町と岡谷市の境界付近には長さ約1kmほどのごく狭い峡谷があり，その上流側の駒沢（川岸）集落がある非常に硬い土壌からなる河岸の台地を含め，さらに上流に広がる諏訪盆地などにはアズマモグラが生息していた（図4）。このような両種の分布配置は調査開始から1989年までの少なくとも30年間，変化することなく維持されていた。したがって，この狭い峡谷部がコウベモグラの分布拡大の障壁になっていたものと考えられる。ところが，4年後の

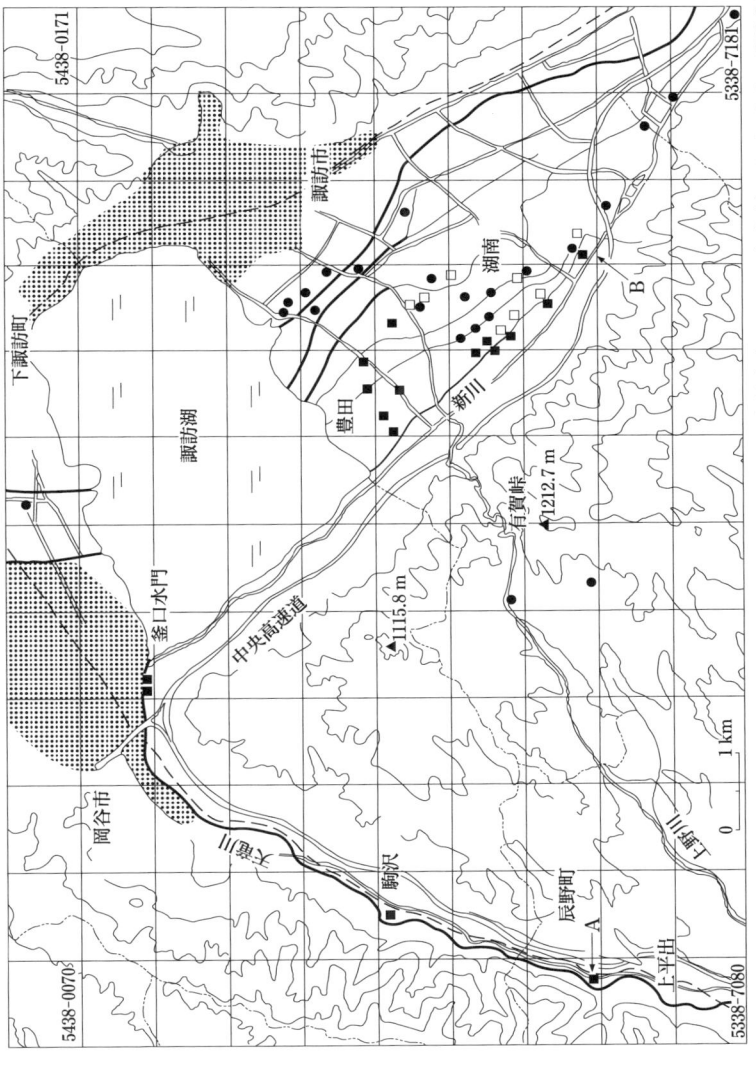

図 4 1998 年，長野県諏訪地区におけるコウベモグラとアズマモグラの分布接点（Abe, 2001 を改変）。A は 1959～1989 年，B は 1993～1998 年におけるコウベモグラの分布先端。A，B 間のすべての生息地は 1959～1989 年にはアズマモグラの生息地であった。図 2 の凡例参照。

1993年の調査時において，コウベモグラは峡谷部を突破し，いっきょに諏訪湖の南東岸に広がる湖南地区の沖積水田地帯にまで進出し，その先端は盆地南東をかすめる中央高速道の北側付近にまで達していた。これは4年間でいっきに約16 kmの分布拡大を果たしたことになる。この時点でアズマモグラの方は諏訪湖北岸の水田や，湖南の水田地帯でも北部や中央部にはまだ残存個体群があった。

　1993年時点で生息が見られた，湖南の土地改良された水田地帯中央におけるコウベモグラの分布の一部は1998年までに消失し，この時点での分布先端の生息地は盆地南部縁を流れる新川の堤防部分のみに限定されるようになった。しかし，その最先端の位置は1993年時とほとんど変わらなかった。この地区においてコウベモグラの分布先端に接する上流側のアズマモグラ生息地にも変化は見られていない。

　この地区のコウベモグラはこのように天竜川にそって分布を拡大したものと仮定したが，辰野町方面から別の支流，上野川にそって北上し，有賀峠を越えて直接諏訪盆地に侵入することもあり得る。そこでこの支流域をも調べた結果，その下流にはコウベモグラが生息するものの，上流域ではまだアズマモグラが生息を維持し，コウベモグラは見られないことから，山越えによる分布拡大ではないことが明らかとなった。

5．土壌条件が分布を制限する

　これまで述べてきたように，木曽川や天竜川の上流域においてコウベモグラとアズマモグラの分布が接し，前者が後者を駆逐しながら少しずつ分布を拡大中である。前述のように，モグラ類は一般に土壌の浅い山地や山峡で体が小さく，深い土壌をもつ広い沖積平野において顕著に大型化する。木曽川や天竜川の上流の山峡において，アズマモグラはその環境に合致した非常に小型の体型をもっているが，この同じ環境に進出したコウベモグラの方はその一般的な変異傾向に反し，アズマモグラの倍ほどもある，きわめて大型の体型をもち，それはこのモグラの地理的変異のなかでも最大のものである。コウベモグラがここで大型を維持している原因について今のところ明確な説明はできていないが，説明の可能性のあるものとして次のようなものがある。1つは，コウベモグラは進化的時間スケールからみると，ごく短時間で急速

第 10 章　土壌環境がモグラの分布を制限する　171

に分布を拡大中であるところから，これらの大河の下流沖積平野で大型化したものが急速に上流域へ分布を広げ，いまだその環境にあわせた小型化が進んでいないとする見方である。もう1つは，アズマモグラとの生態学的な関係，すなわち劣勢者であるとはいえアズマモグラとの競争に打ち勝つため大型が維持されているとする，いわば形質置換の見方である。形質置換は一般に共存のための機構の1つであるが，この場合は実質上分布境界の線上でしか接触がなく，しかも一方が他方を駆逐している現状からみて，この説明にはやや難点がある。これらの説明のうちどちらが正しいのか，両者が共に関係しているのか，あるいは別の原因があるのかなどについて現在のところ結論は得られていない。しかし，現実には大型のコウベモグラが山峡にすみ，上に述べた現象が進行している。

　前述のように，場所によってコウベモグラによるアズマモグラ置換の速度が異なり，あるいは一時的に遅滞し，また，近接したところに小型のアズマモグラの広い生息地があるにもかかわらず大型のコウベモグラが長年月にわたってそこへ侵入できない例があるのはなぜであろうか。この問題の有力な原因として，生息地の土壌硬度に差があることが予測された。そこで分布境界の両側の生息地において，土壌硬度計を使ってモグラが通常よく利用する地下 60 cm までの硬度測定を行なった(Abe, 2001)。この際，それぞれのモグラの分布域内で 15 カ所ほどの測定を行なうと共に，深さ 5 cm 刻みで 60 cm まで 12 層の測定値を取り，各層毎の平均値で表示し比較した。なお，硬度は細い棒を土中に差し込むときにかかる圧力を kg/cm² で示したものである。モグラは一般に土壌硬度が 8〜10 kg/cm² 以下の軟らかい土壌層を好むことが経験的に知られたので，ここでは硬度 10 kg/cm² 以下の土壌を便宜的に軟土壌と呼ぶことにする。

上松地区

　さて，上松地区においてコウベモグラの分布先端がある小川流域は狭い渓谷で，谷底の一部の平地が水田や畑地となっている。この部分の灌漑水路土手や水田畦などの一部がコウベモグラの生息地となっており，その周辺や斜面の多くにコウベモグラは侵入しておらず，そこではアズマモグラの生息地が維持されている。これら両種の生息域において測定した土壌硬度を示したものが図 5 である。この図から明らかなように，コウベモグラの分布域内で

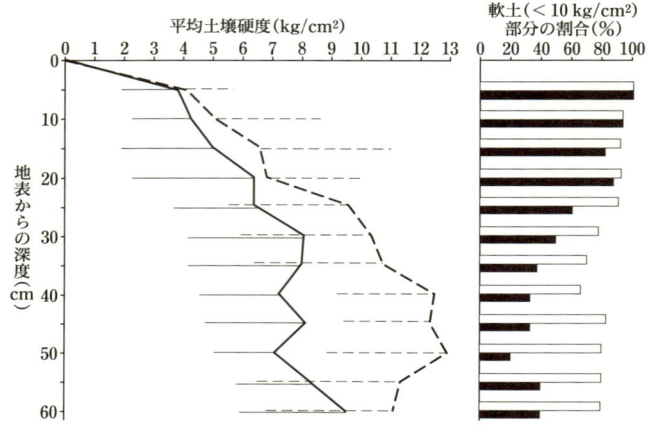

172　第IV部　山脈と砂漠の動物地理

図5　長野県上松地区のコウベモグラ生息地（寝覚）およびアズマモグラ生息地（田口）における土壌硬度の垂直分布および軟土壌の水平分布（Abe, 2001 を改変）。左：各層の平均硬度曲線，横線はSD，実線はコウベモグラ，破線はアズマモグラ。右：軟土壌（＜10 kg/cm²）をもつ調査地点の比率で示した軟土層をもつ生息地面積の割合。白柱はコウベモグラ，黒柱はアズマモグラ。

は地下50 cm までの平均硬度が8 kg/cm² 以下で非常に軟らかく，地下60 cm でも平均硬度は10 kg/cm² 以下であった。また，ここでは調査地の67％以上の部分に深い軟土層が分布していた。それと対照的にアズマモグラの生息地においては，平均硬度10 kg/cm² 以下の軟土層は地下25 cm までしかなく，30 cm 以下の深い部分ではそれより高い平均硬度を示した。また，35 cm 以下の深部まで軟土層が分布している部分は生息地の半分以下という狭いものであった。このように地下60 cm ほどの深さまで軟土層が分布する所では，コウベモグラはアズマモグラを置換することに成功しているが，軟土層が30 cm 以内の浅い土壌のところでは，長期にわたってコウベモグラの侵入定着が成立しないことを示す結果が得られた。

北小野地区

この地区にあるコウベモグラの分布北端個体群は，小野川にそった岸の土手あるいはそれに近い水田周辺だけに限られている。そして，その周囲の広い水田地帯はすべてアズマモグラの生息地で占められ，この状態は少なくとも1959年以来最終調査時の1998年までは維持されていた。ここでも両生息地の土壌硬度を測定した。この地区の地形は上松地区の峡谷地形とは異なり，

比較的平坦な高原である。しかし，両種の分布域における土壌硬度と軟土層の深度分布の関係は上松地区のものにきわめて類似していた。すなわち，コウベモグラの生息地は地下 50～60 cm に達する軟土層をもつ部分が生息地の大部分を占める環境であり，一方アズマモグラの生息地は軟土層が広く分布しているのは地下 25 cm までという環境であった。

　以上の 2 地区での土壌硬度とモグラの分布に示されたように，2 種が分布を接し競合する場合，大型のコウベモグラは深い軟土層をもつところにおいては小型のアズマモグラに打ち勝ち，比較的短期間にそれを置換できたが，軟土層が浅い環境では小型のアズマモグラといえども容易に駆逐できないことが明らかになった。北小野地区で見られたように，一見一様な水田地帯であっても，沖積土壌ではない，硬く浅い土壌地帯がある場合，それがコウベモグラの分布拡大を長期にわたって遅らせていることは明らかである。ただ，ここで確認しておかなければならないのは，このような浅い土壌地帯においてコウベモグラがまったくすめない訳ではないということである。浅い土壌環境においても十分に生活をまっとうできる競争種がいる場合，コウベモグラがそれを排除するのは容易でない。しかし，いったん排除されたところでは，一時的かも知れないが生息できる場合がある。諏訪湖下流の峡谷にある，駒沢地区の河岸段丘上の土壌は砂利を多く含み，硬度計が使えないほど硬く，長期にわたってアズマモグラの生息地が維持されていたところである。しかし，前述のようにコウベモグラがより上流まで進出し，そこがこのモグラの分布圏内になって後の 1993 年，ここにはこのモグラのトンネルがつくられ，生息が観察された。しかし，この種の最良とはいえない環境は，このモグラにとって安定した生息地ではないことも確かなようである。1993 年，諏訪湖湖南の水田に進出したコウベモグラが，農業基盤整備事業によって農道や畦が硬度の高いものに改変されたこの水田において，1998 年時にその一部が消失していたのはそのような例にあたるであろう。

6．遺存個体群が意味するもの

　3 種のモグラのうち系統的に最も新しく，生態的にも優勢で，分布を拡大中のコウベモグラは別として，分布を縮小しつつあるアズマモグラとエチゴモグラにおいては，前述のようにそれぞれの主要分布地から隔離された複数

の遺存個体群がある。これらの隔離分布地を現地調査した結果，それらが成立し維持されている機構には3つのタイプがあるということがわかった(阿部，2001)。

(1)土壌条件の良いところでは優勢種コウベモグラが劣勢種アズマモグラを排除して進出するが，土壌条件が悪化して優勢種の生息限界に達した場合，優勢種によるそれ以上の進出は制限される。しかし，劣勢種にとってそこがまだ生息可能な場所である場合，そこに劣勢種の遺存個体群が維持される。この場合，優勢種はそこに侵入できないか，あるいは永続的な生息地とはなりにくいため，それらの遺存個体群は比較的長期にわたって維持される。このようなものの例として，前述した広島県，徳島県，小豆島などいくつかの山岳地などに見られるアズマモグラの遺存個体群をあげることができる。

(2)優勢種の生息に不適で，分布拡大の障壁となるような環境に囲まれた生息地に残存した劣勢種の遺存個体群がある。この場合，第一の例と異なるところは，その遺存個体群の分布域内の環境の多くが優勢種にとっても生息可能なものであるということである。したがって，何らかの理由で優勢種がその障壁を突破した場合，劣勢種の遺存個体群は容易に駆逐される可能性がある。このカテゴリーにはいるものとして，小豆島内海町の吉田や土庄町小部など，海岸にせりだした急峻な山稜という障壁に囲まれた狭い盆地のアズマモグラ遺存個体群や，類似の障壁に囲まれた紀伊半島南部のアズマモグラ個体群をあげることができる。紀伊半島の遺存個体群の場合，東西の海岸域ではやはり海にせりだした急峻な山稜が障壁となり，また北部の半島内部では，吉野川の支流の狭い峡谷などがコウベモグラにとっての障壁となっているため，現在でもここに比較的大きなアズマモグラ遺存個体群が維持されている(図1)。このカテゴリーにはいる遺存個体群は，このように環境内の物理的障壁によって維持されているため，大規模道路の建設などによる連続した土盛りなど，大型モグラの分布拡大に有利な条件がつくられた場合，その隔離条件が消失し，大型モグラによる置換によって遺存個体群は消滅する可能性が高い。

(3)農業基盤整備事業などの大規模な土木工事により，大型モグラの主要な生息地である沖積地の耕地がいったん破壊され，大区画化されることによってわずかに残されていたモグラの生息地である畦や農道部分がさらに減少するばかりでなく，それらが非常に硬度の高いものに改変された場合，大型モ

グラの生息不適地が拡大する。その結果大型種の分布が後退し，そこに小型種が進出するため，結果として大型種の分布が分断されて孤立個体群が出現する。これの例といえるものが越後平野の見附市‐栃尾市付近および新津市‐五泉市付近などに見られるエチゴモグラの多数の孤立した非常に小さな遺存個体群である。これらの地域では孤立個体群の周囲がきわめて小型のアズマモグラによって占められるという，前記2つの例とは逆の現象が出現している。前述のモグラ類における大型化の一般傾向からみて，エチゴモグラのような極大モグラは越後平野のような広大な沖積平野なしには進化し得なかったと考えられる。しかし，その巨大化故に人為的環境改変‐不適地化の影響を最も強く受けているといえる。事実，エチゴモグラの分布の中心部にある大水田地帯では，畦や農道の大きな部分でモグラが消失して広大な空白地帯が広がり，土の土手が残る灌漑溝周辺や，大規模土木工事が行なわれていない集落周辺のような，きわめて限定された部分にしかエチゴモグラは生息していない(図6)。現在でも新しく強力な耕地環境改変が進行しているこ

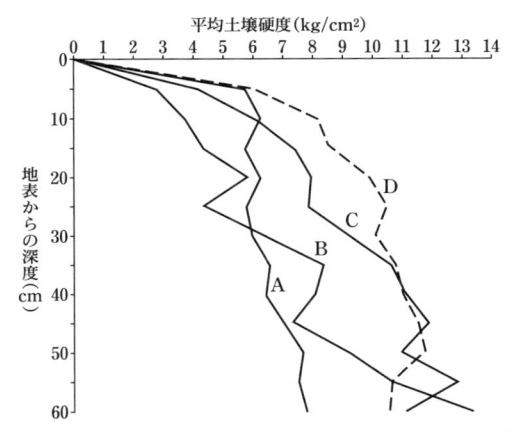

図6 新津市および五泉市付近における土壌硬度とモグラ類の分布の関係(阿部，2001より)。Aは新津市東町，Bは五泉市羽下の水田畦で，これらの曲線に示されるように平均10 kg/cm² 以下の軟土層が地下50 cmにも達するところで，いずれもエチゴモグラの連続した生息地が維持されている。Cは五泉市丸田新田の能代川堤防に近接した水田畦で，軟土層が30 cm以内と浅いものの，堤防にいるエチゴモグラの孤立個体群の一部がまだここを利用している。しかし，堤防から離れた水田中央部はすべてアズマモグラによって占められており，この孤立個体群は絶滅が予測される。Dは新津市飯柳の水田中央部の畦で，この曲線のように軟土層がきわめて浅く，ここはすでにアズマモグラの生息地になっている。

とを考えると，種の分布域としてはきわめて狭い越後平野のエチゴモグラは近い将来消滅し，アズマモグラによって置き換わることは明らかであろう。ここでもう1つ興味深いことは，この大沖積地，越後平野に進出し，エチゴモグラの隙間に分布を広げながら置換を進めているアズマモグラが，きわめて小型，その種内変異のなかでも特に小型の個体からなる個体群であるということである。これは分布を拡大中の山峡のコウベモグラが，形態の一般的変異傾向に反して大型化しているのとは対照的であるものの，分布拡大中の方の種に，その環境から予測されるものとは逆の体型変化を起こしている点では同じである。アズマモグラのこの地の個体群についても長野県におけるコウベモグラと同様の説明が可能であるが，現在のところその原因の明確な答えは得られていない。

7. 日本産モグラ類の分布変遷

　生態的に劣勢種であってもそれが対峙する競争者となっている場合，優勢種にとっては，生息地の土壌硬度が少なくとも一時的には生息や分布拡大の制限要因になることが明らかになった。
　日本固有種サドモグラやエチゴモグラの起源についての情報はまだほとんどないが，これらが系統的には4種のうち最も古くに生まれた種であることは間違いない。現在のエチゴモグラは深い土壌をもつ広い沖積地において典型的な大型化をなしとげたものであるが，山地にいたであろう小型群を(たぶん，新興種アズマモグラとの競争により)消失したが故に，人為的改変とはいえ最近の環境変化に対応できず，また主要生息地における新興種アズマモグラとの新たな種間競争も加わり，分布縮小や絶滅の危機に直面している。アズマモグラは中期更新世中期以前から生息していた可能性が高く，サドモグラやエチゴモグラに次いで古い種である。アズマモグラの現在の主要分布域は本州北半であるが，中国地方や四国に見られる多くの孤立遺存個体群から明らかなように，かつては日本列島に広く分布していたもの考えられる。しかし，中期更新世の後期，対馬海峡が閉じ陸橋が形成された時期(13〜15万年前)までに大陸から渡来した優勢なコウベモグラが分布を拡大し，その過程で，西日本の大部分の地域においてアズマモグラは駆逐・置換されてしまった。前述の遺存個体群はその過程において，生息地の土壌硬度などを介

して生じたものである。コウベモグラが最初に侵入したと考えられる九州では，アズマモグラの遺存個体群はもはや見られないが，これはこの地域のコウベモグラの一部がすでに小型化を果たして山地上部まで侵入していることから，それらによるアズマモグラの駆逐がすでに完了したことを物語るものであろう。

　日本列島はきわめて複雑な地形とそれに結びついた多様な土壌環境をもつところから，新興種モグラの分布拡大過程においては，先にみてきたように，場所によっては急速な進出，強い障壁に際しては長期停滞などを繰り返しながら，きわめて長い進化的運動を続けてきた。その結果の一部が本州中部や越後平野で起こっている種の置換現象である。我々はここにおいてその歴史の進行を目にしているのだといえる。私はこの分布先端の調査50年目を迎える2009年に最後の記録をとり，さらに50年後あるいは100年後において誰かがその変化を検討してくれることを願って記録を残したいと考えている。

第11章 シルクロードの動物地理：アカシカのダイナミックな大陸移動

中国新疆大学・馬合木提 哈力克(マハムト ハリク)

　中国西部のチベット高原から新疆ウイグル自治区(以後，新疆と呼ぶ)にかけての一帯は，旧北区産発展型哺乳類の進化の舞台であり，現代の発展型哺乳類群集の形成や進化の要因を解明する際の鍵となる地域である。新疆の動物群集は，チベット高原の隆起にともなう古テーチス海の退行，中央アジアの乾燥化，氷河期の気候の影響などにより南北および東西の地理的隔離が生じた。新生代(第三紀後期から第四紀初頭)における激しい自然環境の変化により，徐々に現在のような動物小区画の構成および生態地理的分布様式が形成された。新疆の自然環境は多様であり，そこには7目23科136種の哺乳類が分布している(マハムトほか，2003)。

　シカ類の重要な分布地である中国では，世界のシカ類約55種のうち25種が生息し，固有種・固有亜種も多いが，十分に調査が行なわれていないため，アカシカ *Cervus elaphus* についても形態・生態・起源・分子系統に関する基礎的，実証的データがほとんどない。近年中国では，人口増加にともなう家畜の増加による草原の開墾，樹木の過剰な伐採，自然資源開発などの人為的な活動が，アカシカの生息環境に変化を及ぼし，その生息域の減少と，生息地の分断が余儀なくされた。そのため，地域個体群の保護や生息環境の保全が全国的に問題となり，共存が緊急の課題となっている。しかし，アカシカの保護に応用価値の高い基礎的な情報は依然として不十分である。アカシカを適正に保護するためには，その起源や進化的歴史を明らかにすることと，種内遺伝的多様性を把握することなどの情報を体系化し，同時に保護と生息地保全の施策を決定するのが急務である。

　私たちは，中国産アカシカを研究材料としてmtDNAコントロール領域

の分子系統分析を行ない，ヨーロッパ産や北米産アカシカの遺伝学的データと比較した．その結果，世界のアカシカは西系統(新疆に生息するタリム集団を含むヨーロッパ集団)と東系統(中国産のほかの集団と北米集団)に分けられた．そして2系統の境界が新疆タリム盆地に位置することを明らかにした．この結果は，この地域がアカシカの系統進化および放散において重要な地域であることを示している．また，新疆産アカシカ3亜種(タリム亜種 *Cervus elaphus yarkandensis*，テンザン亜種 *C. e. songaricus*，アルタイ亜種 *C. e. sibiricus*)の頭蓋形態の地理的変異のパターンを分析した．その結果，タリム亜種の頭蓋は相対的に横に幅広く，前後に短い特徴を有することが示され，ほかの2亜種とは明瞭に区別された．この特徴は，タリム亜種がほかの中国産亜種とは別系統であるという分子系統学的解析結果とも一致した．さらに，国際自然保護連合のレッドリストに絶滅危惧種として記載されているタリムアカシカの保護対策を行なう目的として，マイクロサテライトDNAによる多様性分析を行なった．その結果，本亜種のヘテロ接合度がきわめて低いことが明らかとなり，生息地の分断と個体数の減少により遺伝均一化が進行している可能性が示唆された．このことにより，タリム亜種を中国政府の「第一級保護動物」とすることなどの5項目にわたる具体的保護対策を提示した．

　本章では，分子系統学的解析によって明らかになったアカシカの地理的変異および大陸間移動の歴史について概況する．まず最初に，アカシカがどのように進化し，どのように大陸移動したかを説明しよう．

1. アジアでの第四紀哺乳類相の起源と変遷

　インド亜大陸の地殻がユーラシア大陸の地殻の下をクンルン山脈あたりまでもぐり込んだため，地殻が2倍の厚さになり，その結果，内陸アジアが隆起した(朝日ほか，1981)．インド亜大陸は，約4500万年前にユーラシア大陸と衝突してから現在までに，2000 km以上も北上へもぐり込んでいる(在田，1988)．アジアの中央部は，北はバイカル湖付近から南はインド半島の北部まで内陸アジア高地である．この高地には，ヒマラヤ山脈・クンルン山脈・天山山脈・アルタイ山脈などの高山が連らなり，それらの山脈にかこまれてタリム盆地・ジュンガル盆地・ツァイダム盆地などがある．内陸アジア

高地はクンルン山脈あたりを境界として、北と南の 2 つに分けることができる。南はほぼ 5000 m 前後の高度が続くチベット高原で、北は山脈と盆地が繰り返す地形変化の激しい地域である。

　アジアに現生する哺乳類の動物相の起源は、少なくとも第三紀後期までさかのぼることができる。この時期の南方北方両系の動物群は、基本的に同一の動物相（ヒッパリオン三趾馬動物相・地中海動物相）に属し、ユーラシアとアフリカの大部分を包括していた。中国北部はその頃亜熱帯〜温帯で、草原や森林草原が広がり、草原性の動物が豊富であった。一方、南部は熱帯に属し、森林性の動物が優勢であった。

　第四紀は、アジア大陸では中央アジアのヒマラヤ山脈・チベット高原・天山山脈などの山塊以北の動物群と以南の動物群とのあいだに明瞭な違いが見られる。北方の動物群は Sino-Siberian Fauna といわれ、シベリアから中国北部に達するもので、西はヨーロッパの動物群に連なっていた。そのためこの動物群には、アジア固有の要素とヨーロッパ要素が混在している（Kahlke, 1968; Maglio, 1979）。一方、南方の動物群では、鮮新世〜前期更新期にインドの要素が西はパキスタンからビルマ・ジャワ・中国南部に広がって Sivamalayan Fauna と呼ばれる動物群をつくったが、前期更新期から中期更新期にかけては、中国の要素がビルマ・ジャワ・インドに南下して Sinomalayan Fauna をつくったとされる（Koenigswald, 1939; Kahlke, 1968; Maglio, 1979）。このような北方と南方の動物群の境界は、主として、中国の北部と南部を隔てるヒマラヤ山脈である。

2. シカ科ならびにアカシカの生態学的特徴および系統進化

　シカ科は偶蹄目に属する反芻類であり、地球規模の寒冷期気候や季節性が顕著化する環境下で、北半球において適応進化した（Geist, 1998）。現在の分布域は、寒冷な北極圏から熱帯にまでと幅広く、その生息環境は森林から草原まで多様である。そのため、種の生息環境により形態的および生態的特徴が顕著に異なる。現存種は 39 種あまりに分類されているが、近年それらの生息域は森林伐採や農耕地利用などのため減少し、地域個体群の管理や生息環境の保全が課題となっている。

　シカ科は中新世初期にマメジカ科から分岐し、食性を森林性の木の葉食い

に特化させて進化してきた。初期の形態はアフリカなどに生息する小〜中型のアンテロープ類であるウシ科のダイカーDuikerに似ていて，小型で上顎犬歯が牙状に発達し，角はないかあってもきわめて単純なものであった（このような原始的な形態は一括して「ダイカー型」と呼ばれる）。これらのうち，Palaeomerycinae亜科とDromomerycinae亜科は，気候帯の分化が少なく草本類が急速に増加した時期に全世界に分布を拡大した（Dawson, 1967）。両亜科とも寒冷・乾燥化が進行した鮮新世には絶滅したが，これらを祖先としたホエジカ亜科やキバノロ亜科などがアジアに生き残り現生種につながっている。

シカ科の地理的分布をみると，ダイカー型はユーラシア南部に集中しているのに対し，シカやオジロジカ型は北半球一帯に大きな分布をもっている。しかも，大型種ほどその分布域は北上していて，北半球では草原への分布の拡大とともに多様な分化が起こったことを裏づけている（Geist, 1971）。この分布域の拡大過程で，食性も木の葉食いからイネ科食いへといっそう特化し，それに見合う消化管の大型化，そして寒冷気候への適応も加わり体の大型化が進行した。それとともに，捕食者の多い環境下での群居性の獲得と視覚による伝達手段の発達を土台に角が巨大化していったと考えられる（三浦, 1986）。

3. mtDNAからみたアカシカの系統進化と大陸移動

アカシカは，森林または林縁性の反芻類として進化し，シカ類のなかで最も分布が広く，種内変異に富んでいる。本種は，毛色のパターンや角・頭骨の形態学的特徴から22の亜種に分類されており（大泰司, 1992, 1995），アフリカ北西部，ヨーロッパ，アジアおよび北米（動物地理学上の旧北区と新北区）に分布している（図1）。

アカシカは，ニホンジカ *Cervus nippon* より分かれた種であり両者の分岐は，ニホンジカのグループが中国大陸・インド亜大陸から中東経由でヨーロッパ・アフリカ北部に分布を広げる際に生じたと考えられている（大泰司, 1992, 1995）。原始的なタイプのアカシカである中央アジアグループからヨーロッパグループの亜種が出現し，続いて氷河期における氷河（氷帽）の北方への後退や消失にともなって北上・東進したグループ，すなわち東アジ

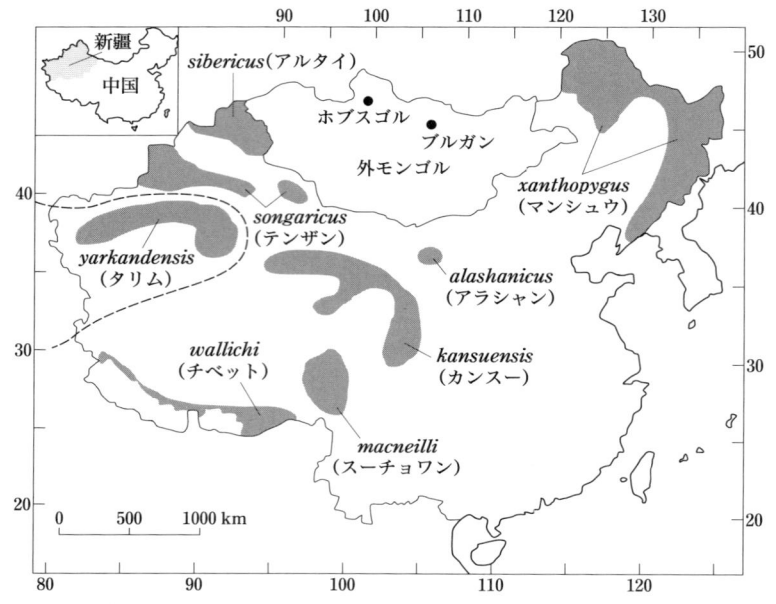

182 第IV部 山脈と砂漠の動物地理

図1 中国におけるアカシカ亜種の分布(Mahmut et al., 2002a より改変)

ア・北米グループが現われた。これらは，シルクロードの天山山脈北部ルートをとおって中国大陸，さらにシベリアおよび北米に分布を拡大した(大泰司，1992，1995)。これらは，形態学的特徴から3つのグループまたはタイプに分けられている。ヨーロッパグループまたはエフスタイプは，ヨーロッパとアフリカ北西部に分布する。中央アジアグループまたはハングルタイプあるいはワリチタイプは7亜種が生息しており，このうち C. e. yarkandensis，C. e. wallichi，C. e. kansuensis，C. e. macneilli の4亜種は中国に分布している。東アジア・北米グループまたはマラール・カナデンシスタイプは8亜種に分けられ，このうち C. e. sibiricus，C. e. songaricus，C. e. alashanicus，C. e. xanthopygus の4亜種が中国に分布している(大泰司，1992，1995)。

中国に分布するアカシカについては，1970年代末から主として分布・生息地・個体数・飼育・繁殖および保護などに関する研究が行なわれている(高・谷，1985；羅・谷，1993；喬・高，1997；李ほか，1998)。しかしながら，こうした研究やこれまでの古生物的および形態学的研究のみでは，本種

の系統進化や移動についての詳細を明らかにすることはできなかった。特に，中国産アカシカの起源・進化・亜種分化などについてはこれまで十分な研究が行なわれておらず，シカ類進化史上のミッシングリンクとなっている。

中国産アカシカの系統関係および系統進化の研究は，アカシカ全体の進化過程を明らかにするうえで重要である。そこで私たちは，アジア，ヨーロッパおよび北米におけるアカシカとの系統関係について，mtDNA コントロール領域を指標とした遺伝学的側面からの分子系統学的解析を行なった（Mahmut et al., 2002a）。特にコントロール領域は，mtDNA のなかで最も塩基置換率が高く，近縁な種間および亜種間の系統関係に関する有用な情報を得ることができる（Aquadro and Greenberg, 1983）。

図2は，近隣結合法（NJ 法）に基づいて作成した mtDNA コントロール領域の分子系統樹である。タリム・ヨーロッパアカシカと北米・外モンゴル・中国東北地方・テンザン・アルタイ・アラシャン・カンスー・チベットアカシカは高い信頼度（ブーツストラップ値）をもって支持され，アカシカ西系統と東系統の2つの系統に明瞭に分けることができた。このことから本種は少なくても2つの母系祖先から派生したと考えられる。最節約系統樹（図2b）においても同様の系統関係が示されている。分析したすべてのアカシカのコントロール領域には4回または6回の繰り返し配列（1ユニットは38～43塩基）の存在が明らかになった。その反復回数は，タリム亜種（*C. e. yarkandensis*）およびヨーロッパ集団（*C. e. scoticus*, *C. e. elaphus*）では4回，中国のほかの集団および北米集団では6回であった。繰り返し配列の構造においても西系統と東系統に明瞭な違いがあった。また，西系統と東系統のあいだでは 6.9～9.9% の塩基置換が見られた。塩基配列に基づいて分岐年代を推定したところ，西系統と東系統の分岐年代はおよそ 30～40 万年と推定された。

分子系統樹（図2a, b）においてタリムアカシカとヨーロッパアカシカは共通して4回の繰り返し配列をもっていることから，両集団は近縁であると考えられる。従来，チベット集団・カンスー集団・アラシャン集団は中央アジアグループに分類されてきた（大泰司, 1992, 1995）。しかし，これらと北米集団のあいだの遺伝距離は小さく（4.4%, 3.6%, 3.4%），さらに，北米集団と同様に6回の繰り返し配列をもつことから，これらが北米集団と近縁であると考えられた。特に，中国東北部集団と北米集団間の遺伝距離は小さ

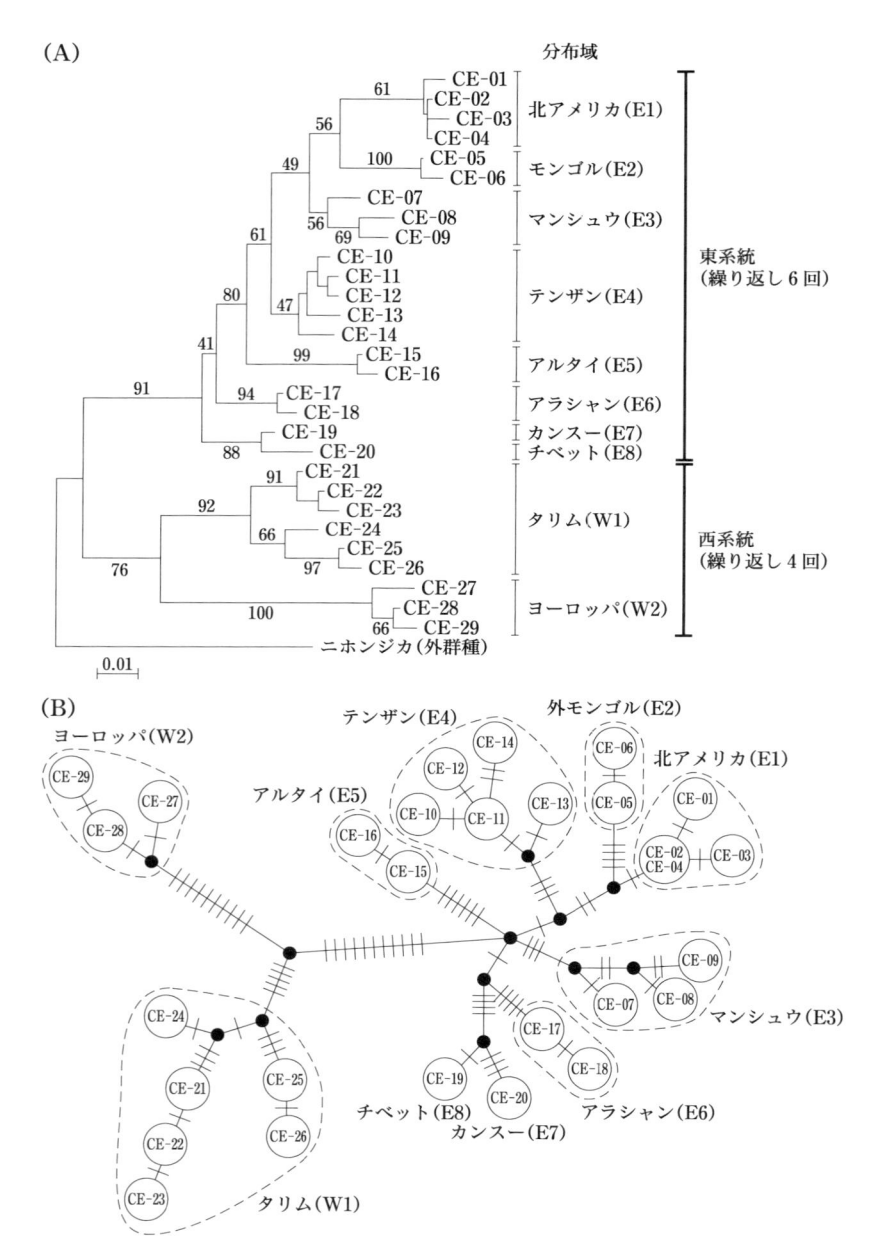

図2 mtDNAコントロール領域の塩基配列に基づく分子系統樹（Mahmut et al., 2002aより改変）。近隣結合法(A)および最節約的ネットワーク(B)。両系統樹はほぼ同様な枝分かれを示す。近隣結合法(A)の，樹上の数値はブートストラップ値(%)。東系統と西系統は91%と76%で支持され，さらに，各々の系統は6回と4回の繰り返し配列をもつ。

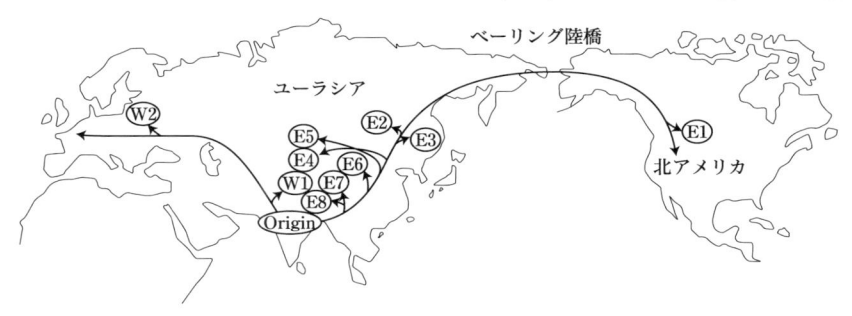

図3 分子系統データに基づいたアカシカの移動の歴史(Mahmut et al., 2002a より改変)。丸内は図2に示したクラスターの記号に相当する。

く(1.8〜2.0%)，両者がきわめて近縁であることを示している。これは，Polziehn et al.(1998)の報告と一致した。

　以上述べてきた分子系統解析の結果から，アカシカは少なくとも2つの母系祖先から派生したと考えられる。つまり，ユーラシア大陸の中央に現存している原始的なタイプのアカシカであるタリムアカシカはヨーロッパ方向に移動しヨーロッパアカシカの集団が生じたと考えられる。一方，チベットアカシカが北東方向に移動し，さらにシベリアおよびベーリング陸橋を渡って北米に移動したと考えられる(図3)。また，2系統の境界が新疆タリム盆地に位置することが明らかとなり，この地域がアカシカの系統進化および放散において重要な地域であることが判明した。

4. 新疆におけるアカシカの頭蓋形態の地理的変異と遺伝的変異

　新疆産アカシカは，タリム盆地・天山山脈・アルタイ山脈にかけて生息し，その分布域は北緯約38〜49°と幅広い(図4)。その生息環境は，中央アジア荒漠乾燥環境であるタリム盆地，高山地である天山山脈やアルタイ山脈とさまざまであり，生息環境の違いに適応した生活史特性の変異が指摘されている(高，1993)。しかしながら，頭蓋形態や体サイズの地理的変異については，これまで研究が行なわれていない。

　一般的に，異なる環境に生息する同種個体群における環境要因と体サイズには相互関係があり，自然条件下における成長パターンに関する知見は，その種の生活史特性を理解するうえで有用である。また，地理的変異の解析を

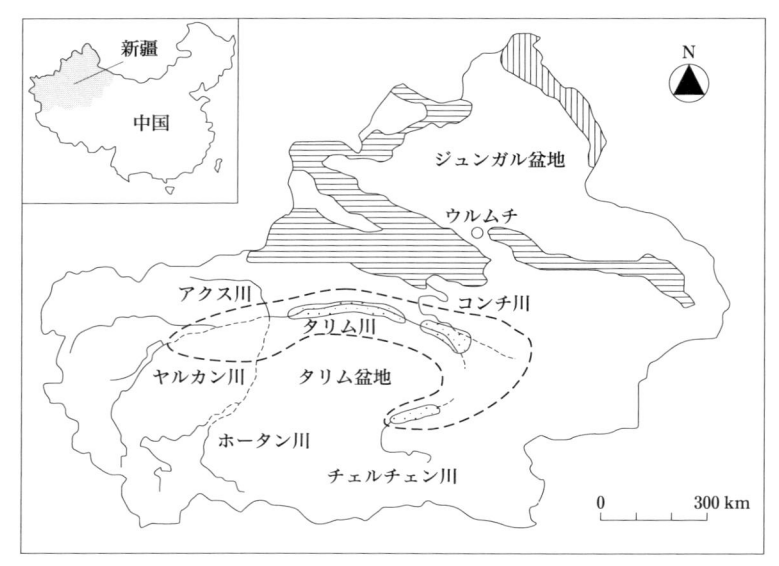

186　第IV部　山脈と砂漠の動物地理

図4　新疆ウイグル自治区におけるアカシカの分布。縦線部：アルタイアカシカ C. e. sibiricus，横線部：テンザンアカシカ C. e. songaricus，点線部：タリムアカシカ C. e. yarkandensis。

　行なうことにより，その動物の分類のみならず，保護管理ユニットの設定についても重要な情報が得られる。そして地理的変異のパターンの記載や種間（亜種間）比較から，その分類群の分化や動物地理についての考察が可能になる。さらに，地理的変異のパターンとさまざまな環境要因との相関や形質置換などの発見から，その動物の生態について議論することもできる。体サイズの指標としては，体長や体高などの外部計測値のほかに，頭蓋骨が用いられることが多い。

　シカ類の形態についても，種間における地理的変異だけでなく，同一個体群（亜種間）内においても変異が認められている（浅田，1996；城間，1998）。同一個体群内の種内変異の要因は，密度依存的なものと密度非依存的なものに大別される。冷温帯のシカ類ではいずれの場合も，胎子期や若齢期の食物条件により成獣の体サイズが決定されるため，変異が生じる（Klein and Strandgaard, 1972; Albon et al., 1992）。本節では新疆産アカシカ頭蓋骨14部位（図5）の測定値を定量的に評価・分析することによって，頭蓋形態の地理的変異のパターンを検討するとともに，特にタリム亜種とテンザン亜種・

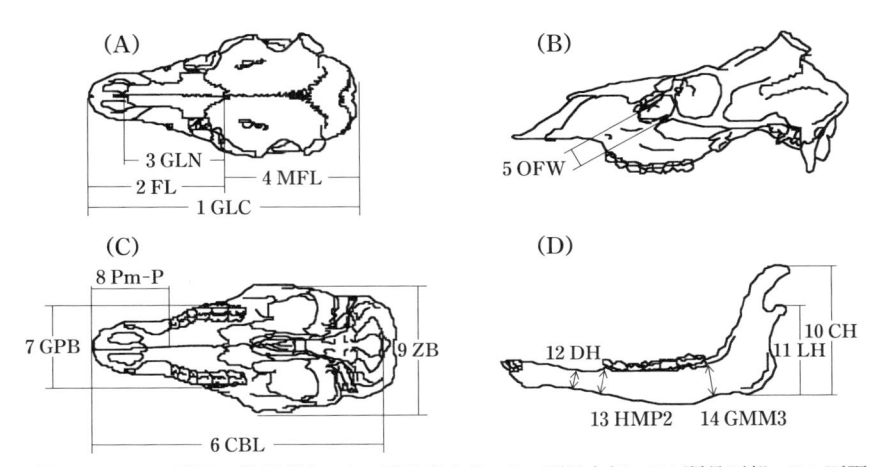

図5 アカシカ頭骨の計測部位。A：頭骨真上部，B：頭骨左側，C：頭骨下部，D：下顎左側

アルタイ亜種との頭蓋形態の差異について前節の遺伝学的解析結果と比較検討した。

　各標本間の頭蓋骨を総合的に比較検討するため，新疆産アカシカが分布する各地域から計52頭分の頭骨を収集し，成獣標本ごとに主成分分析を行ない，主成分得点によって示された個体プロットの位置関係を比較した(図5，6)。分析は，14項目に関して欠損値のない成長標本を使用し，相関行列を用いて行なった。これにより算出された第一主成分および第二主成分の主成分得点値に基づいて，各々の主成分における標本の差を一元配置およびTukey HSD testにより検定した。それぞれの累積寄与率は63.1%，79.6%と算出され，第一主成分は頭蓋の長さを示す成分，第二主成分は頭蓋の幅と高さの関係を評価した成分であると解釈された。

　得られた主成分分析の結果では，タリム亜種の頭蓋が，テンザン・アルタイ亜種よりも，相対的に前後に短く横幅が広いことが明らかになった(図6)(Mahmut, 2002)。すなわち，タリム亜種の頭蓋はテンザン・アルタイ亜種とは明瞭に区別され，より横に幅広く，前後に短い特徴が示唆された。また，テンザン亜種はアルタイ亜種とタリム亜種のあいだに位置したが，よりアルタイ亜種に近似していた。この結果は，3亜種の生息環境と食物の違いが重要因と考えられる。アルタイ亜種とテンザン亜種が寒冷な針葉樹林帯に適

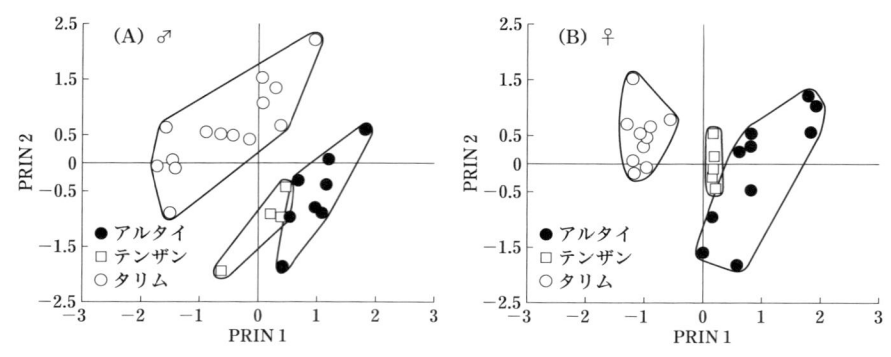

188　第Ⅳ部　山脈と砂漠の動物地理

図6　第一主成分（PRIN1）および第二主成分（PRIN2）による二次元散布図。オス(A)・メス(B)共に，タリムアカシカよりも，アルタイアカシカとテンザンアカシカの形態的特徴の方が互いに似ていることを示す。

応し，タリム亜種は乾燥地域であるタリム盆地の灌木林およびタマリクス林に適応し，より硬い食性に適応した結果と考えられる。これは，テンザン亜種とアルタイ亜種が近縁で，タリム亜種は両亜種とは別系統であるという第3節の分子系統学的解析とも一致した。次に，3亜種の生息環境についてもう少し具体的にみてみよう。

アルタイ亜種は，新疆北部辺縁（東経86°30′〜90°00′，北緯46°〜49°10′）の海抜が1600〜2500 m であるアルタイ山地に分布している（図4；高，1993）。この地域は大陸性気候寒冷区に属し，年平均気温2〜3℃，最低気温は−45〜52℃であり，年降水量は平均320 mm，山地では500〜600 mm である。生息地には，針広混交林・針葉樹林・森林灌木・森林草原などがある。この地域に生息するアルタイ亜種はイネ科牧草を食べ，これは80％に占める（阿布力米提・阿布都卡廸爾，2002）。テンザン亜種は，天山山脈の東部と西部（東経79°29′〜95°05′，北緯41°49′〜47°19′）の海抜1400〜3000 m，東部では1800〜3200 m の山地に分布している（高，1993）。テンザン亜種生息地は，年平均気温2.3℃，年降水量650 mm であり，アルタイアカシカの生息地とほぼ同様で，食性もほぼ同様である。しかし，タリム亜種の生息地は，上述2亜種の生息地と異なり，タリム盆地のタリム川とその支流・コンチ川流域，またはホータン川・ヤルカン川・チェルチェン川の流域（東経86°45′〜88°，北緯40°45′53″〜40°30′15″）に分布している（高，1993；羅・谷，1993）。この地域は，典型的な温熱大陸気候に属し，年平均気温10.8℃，最高気温

37.8°C，最低気温 20.7°C，年間平均降水量 33.6 mm である．その生息地には，胡楊 *Populus diversifolia*・タマリクス（紅柳）*Tamarix florida*・ギリシレイザ（甘草）*Glycyrrhiza inflata* など乾燥地域に適応した低木が点在する．タリム盆地には 39 種類の植物が自生しているが，タリムアカシカは，胡楊，ヨシ（芦苇）*Phragmites communis*，ギリシレイザ，大叶白麻 *Poacynum hendersonii*，骆驼刺 *Alhagi sparsifolia* などを食べ，木本植物は 50％を占める（喬，1996；阿布力米提・阿布都卡廸爾，2002）．

　このような乾燥地域に適応した硬い食物を咀嚼した結果，本亜種の頭蓋は相対的に前後に短く横幅が広い形態が生じたのである．つまり頭蓋の形は乾燥とより硬い食性に適応した結果と考えられるのである．

　新疆産アカシカ各亜種の標準体重は，アルタイ亜種が 160〜250 kg，テンザン亜種は 240〜260 kg，タリム亜種では 130〜230 kg 前後とされる（高，1993）。このことは北から南への体サイズの減少勾配（クライン）が存在することを示唆するものである．これは，新疆産アカシカ体サイズにおいて気候要因と関連するベルクマンの規則に合致すると考えられる．ところが，体重の増加による体温保持機能の向上を謳うベルクマンの規則については，説を異とする研究も報告されている．なかでも Geist（1987）はヘラジカとトナカイの体重の緯度分布を調べ，それが北緯 60 度前後で最大となり，それ以北またはそれ以南ではしだいに小さくなることを指摘し，ベルクマンの規則の否定とともに，その要因についてシカと食物の関係に注目した．すなわち，草食獣の体重は食物量の最大値ではなく，成長に必要なレベルの食物量が利用できる成長可能期間の長さに比例するとした．このとき，成長可能期間は熱帯や極地方では比較的短く，温帯では長いとされるため，上記の新疆産アカシカの体サイズ変異もこのような要因によるという可能性も考えられる．

　このように，新疆産アカシカは形態的に顕著な地理的変異を示し，これは食性および生息環境の差違が重要な要因の 1 つとしてあげられる．しかし一方で遺伝的な内因性の要因についても検討する必要があろう．第 3 節に述べたように，mtDNA コントロール領域の塩基配列を用いた分子系統研究から，タリムアカシカはヨーロッパ亜種を含む西系統に含まれ，テンザンアカシカ・アルタイアカシカは中国産のほかの亜種と北米各亜種を含む東系統に含まれており，新疆産アカシカは大きく 2 つの系統に分かれることが明らかになった（Mahmut et al., 2002a）。亜種間の分子系統関係が，従来受けいれら

れている新疆産の亜種の分類を反映し，さらに，頭蓋形態変異のパターンとよく一致していた。しかしながら，これらの遺伝的背景が頭蓋の形や大きさといった表現型にどれほど重要であるかは未知数であり，各々の地域個体群が示す表現型に影響をもたらす遺伝的要因と環境要因の相互作用についても不明である。

5．タリムアカシカの分子系統的位置および遺伝的多様性

　タリムアカシカは，荒漠乾燥環境に生息する絶滅危惧亜種である。本亜種はタリム盆地のタマリクス樹林に適応し，タリム盆地のタリム川とその支流コンチ川流域，またはホータン川・ヤルカン川・チェルチェン川流域(78°17′〜89°34′E，38°02′〜41°23′N)に分布している(図4)。Morden(1927)は，本亜種がすでに絶滅したと報告したが，生息が確認された(高・谷，1985)。中国では二級保護動物として記録しているもののなんら特別な保護政策は行なわれておらず，本亜種の生息数は依然危機的状況にある。本亜種は人間活動により，その生息地が分断化され，現在ではそれぞれの地域(ブグル，ロプノール，チャルチャン)ごとに隔離化がすすんでいる。そのため，現在の集団においても，遺伝的多様性が減少している可能性が高いと考えられるが，各地域集団ごとの遺伝的多様性に関する基礎的データはない。タリムアカシカの遺伝的多様性の現状を記録して，その長期にわたる変動を記録することは，タリムアカシカの保護対策を策定するうえで重要な基礎的資料を提供すると考えられる。

　タリムアカシカ(シャヤ，ロプノール，チャルチャン個体群)の遺伝的多様性を明らかにするために，マイクロサテライトDNAの対立遺伝子を分析し，遺伝子頻度から平均ヘテロ接合度を算出した(Mahmut et al., 2001)。その結果，3つの遺伝子座において，明瞭な標識バンドを対立遺伝子として同定した。観察された平均ヘテロ接合度は，シャヤ個体群 Ho＝0.08±0.04，ロプノール個体群 Ho＝0，チャルチャン個体群 Ho＝0.17±0.08であった。タリムアカシカ全体を1つの集団とした平均ヘテロ接合度0.08±0.02は，北米アカシカ集団 Ho＝0.552±0.039に比べきわめて低値であった。この数値はタリムアカシカの絶滅の危険性がきわめて高いことを物語っている。タリムアカシカの生息数は，1970年代1.5万頭，1980年代1.1万頭，1990年代

2000〜3000頭，2000年代には450頭にまで減少している．本集団の全分布地である3.5万km²を基準して計算すると，平均密度は0.057〜0.086頭/km²となっている(羅・谷，1993)．

　近年，人口増加にともなう家畜の放牧頭数の増加，遊牧民の定住化政策による草原の開墾，樹木の過剰な伐採，資源開発などの人為的な活動により，生息環境が悪化し，その生息域が減少するとともに，生息地が分断されている．さらに1956年にタリム盆地に養鹿場が建設され，袋角(鹿茸)採取の目的で毎年野外で生まれた子ジカの捕獲が行なわれている．

　生息数が減少した集団は，その生息数そのものが少ないという理由に加えて，環境変動，人口統計学的変動要因，遺伝的劣化などの要因によって，さらにその集団の絶滅が促進される(Primack，1993；鷲谷・矢原，1996)．特に，近親交配によって現われる遺伝的な負の効果として，新生子の死亡率の増加や精子の形態異常などが報告されている．このようなメカニズムによって遺伝的に均一化した集団は，生息環境の変化に対しての適応の柔軟性を失うことになり，人為的なものを含めた環境撹乱に対して非常に脆弱な集団となってしまう．タリムアカシカは個体数が減少し，生息地が隔離されて孤立個体群が形成され，遺伝的交流は困難であり，ボトルネック効果を受けていると考えられる．したがって，タリムアカシカ集団はきわめて脆弱な集団であり，何年もたたないうちに，新疆トラ *Panthera tigris* のように絶滅してしまうだろうと懸念される．

6. タリムアカシカの未来：保護対策の提言

　アカシカの起源・進化史を知るうえでも重要な亜種であるタリムアカシカは，人間活動の影響で絶滅してしまうのだろうか．

　筆者らが行なった研究では，タリムアカシカは中国産他集団と異なり西系統に属し，その遺伝的多様性もきわめて低くボトルネック効果を受けていることが明らかになった．したがって，本亜種の保護が特に緊急を要する課題であることが明らかとなった．保護のためには，(1)中国政府が「第一級保護動物」に指定し，いっさいの捕獲を禁止すること，(2)シャヤなど主要な生息地に保護区を設置し個体数の回復をはかること，(3)個体群間の遺伝的交流を保障する「コリドー」の設置を行なうこと，(4)生息環境の復元と維持する水

資源を保障すること，(5)飼育個体群からの再導入を検討すること，の5つの対策が不可欠と考えられる（Mahmut et al., 2002b）。

　このための基礎研究として，次の4つの調査・研究が必要である。

(1) 定期的な生息数推定や死亡率など生物学的特性値の推定を通じて，生息数の変動傾向を予測する研究
(2) 個体群の質的特徴を明らかにするために，年齢別・性別の体重および外部計測，栄養状態，繁殖状況の調査・研究
(3) 個体動態を明らかにするための繁殖生理および栄養学的研究
(4) タリムアカシカの生息分布は，生態的・地理的な植生と水の分布，および人為的な土地利用によって制限されている。そのため，地理情報システム（GIS）を用いて，植生分布・人為的土地利用，人口密度，資源開発地などについて調査する

　以上の調査研究の成果を基にタリムアカシカの分布動向を把握してタリム盆地に保護区を設立する。そして(1)自然保護区ネットワークの設置，(2)自然史博物館の建設，(3)生物圏保全地域の設定による本亜種の保護ばかりではなくこの地域の生物多様性保全と原生的野生動物群集の復元，そして(4)エコツーリズムなどを通じた環境教育など包括的かつ具体的な保護計画案を作成することは筆者ら研究者に課せられた責務ではないだろうか。

第 V 部

飛行への適応と動物地理

哺乳類は土壌中，草原，森林，樹上，水中などさまざまな生息環境に適応進化し，体形や器官，そしてその機能も多様化している。ここでは，"空間を飛ぶ"ことに進化してきた動物の地理について議論する。まず，リス科に属し樹間を自由に滑空するムササビ・モモンガ類。鳥のように自由に空を駆け巡ることはないが，滑空移動は哺乳類のうちごくわずかな動物群のみが獲得した能力である。ムササビ・モモンガ類には日本列島やその周辺において種々の多様化が見られる。

　さらに，コウモリ類(翼手目)ではこの目に属するすべての種が空間を自由に飛翔する能力を身につけている。コウモリ類は哺乳類のほかの目と比較して最も種分化が進み種が多い。そして，小型コウモリの仲間はエコーロケーションという特殊な行動的特性を獲得した。

　これらの飛翔性動物の動物地理的特徴には，陸上のみを移動する動物のものと比べてどのような違いが見られるのだろうか？

　第12章では，森林環境へ適応をとげた結果，特異な飛膜構造を獲得し，樹から樹へと巧みな滑空移動を行なうムササビ・モモンガ類の進化とその動物地理的歴史を形態，生態，古生物，染色体，分子系統学的情報から考察する。現在ユーラシア大陸と北米大陸に分布しているかれらの祖先が単系統であったこと，すなわちリス科の進化過程での滑空形質の獲得はたった一度であったことを明らかにする。

　第13章では，鳥類同様に飛翔が可能なゆえに移動能力が大きいコウモリ類における動物地理に関する謎の実態と本質に迫る。移動能力の大きさは必ずしも分布域の拡散の大きさとは一致していない。分布域の拡散能力は種によってさまざまであり，その結果が現在見られる地理的変異と動物地理に反映されている。

　第14章では，日本列島，中国，台湾の各地において測定されたキクガシラコウモリ，カグラコウモリなどの超音波の音響学的特性と種内の地理的変異を形態的特徴や古地理の変遷と合わせて比較考察する。小型コウモリ類のエコーロケーションは超音波による夜間飛行中の定位法であり，各々の種の生活様式や飛翔様式と密接に関連していることが明らかになってきた。

第12章 滑空性リス類の進化を探る

帯広畜産大学・押田龍夫

　森林環境へ適応をとげた結果，前肢から後肢にかけて特異な'飛膜構造'を獲得し木から木へと巧みな'滑空'を行なういくつかの哺乳類グループが知られている。彼らはいつごろどのような過程でこのユニークな能力を身につけたのであろうか？　残念ながら，このシンプルな問いかけに対して答えることができるほど滑空性哺乳類の進化に関する研究は進んでない。しかしながら本章では，滑空性哺乳類(特に滑空性齧歯類)の特徴およびその起源に関して，現時点で知られていることの概説を行ない，そして，筆者が行なっている最も広い分布域を有する滑空性哺乳類のグループであるリス科のムササビ亜科の系統進化に関する研究を紹介する。

1. 滑空とは？　現生哺乳類に見られる滑空形質

　現生哺乳類のなかで滑空という手段を用いて移動を行なうのは，正獣類では，齧歯目のウロコオリス科とリス科のムササビ亜科，および皮翼目ヒヨケザル科のヒヨケザル属である。
　初めに齧歯目ウロコオリス科であるが，中央・西アフリカの熱帯林にのみ分布し3属7種に分類されている。アフリカの森林に適応をとげ分化したものと考えられるが，筆者の知る限りこのグループの進化に関する詳細な研究はなされていない。このグループは，肘の部分(尺骨近位部)から突出した特殊な構造により飛膜を支持し滑空を行なう(図1A)。大型のウロコオリス属では体重が1kg近くになるが，ピグミーウロコオリス属は体重20gほどで，種間・属間での大きさの違いは著しい。哺乳類の滑空適応を考えるうえで後

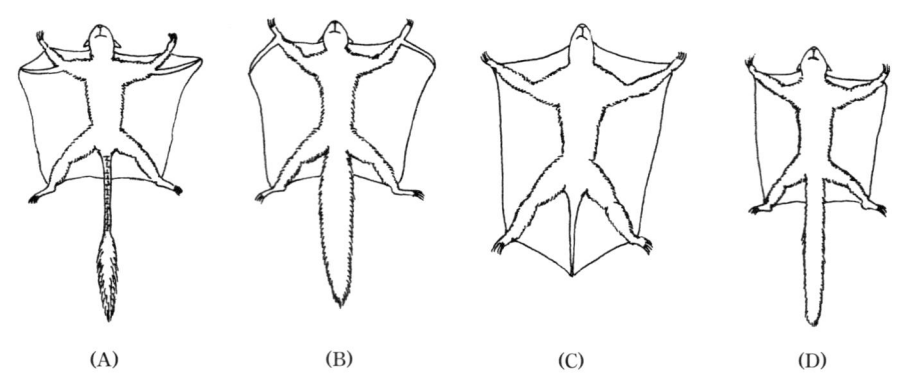

図1 現世滑空性リス類の飛膜構造の模式図。A：ウロコオリス属，B：滑空性リス類，C：ヒヨケザル科，D：滑空性有袋類

述するリス科のムササビ亜科とさまざまな比較検討を行なうとおもしろいグループであろう。

　次に筆者が長年研究を続けているリス科のムササビ亜科の滑空形質について述べることにしよう。リス科齧歯類は，その形態・生態学的特徴に基づいて地上性（プレーリードッグやジリスの仲間），樹上性（アメリカの公園で見かけるハイイロリスなど），滑空性（ムササビやモモンガ）の3タイプに分けることができる。オーストラリアと両極地を除くほぼ全世界に広汎な分布を示し，地中，地上，樹上，空中（滑空による限定的空間だが）といったさまざまな環境に適応しており，科レベルでこれほど多様な環境に適応した哺乳類はほかに例を見ない。そして滑空性リス類は，滑空性哺乳類のなかで最も広い分布域を獲得し，また最も多くの属・種に分化をとげた一番の成功者とみなすことができるであろう。研究者間で意見の相違があるが，現在16属49種の滑空性リス類が知られている。ウロコオリスがアフリカの熱帯林に適応したのに対し，ムササビ亜科のメンバーはヨーロッパ，アジア，北米に分布し，亜寒帯，温帯，亜熱帯，そして熱帯といった幅広い気候域に適応している。大きさもいろいろで，ボルネオのコビトモモンガは頭胴長わずか7 cm，体重24 gであるが，パキスタン北部の高山に生息するウーリームササビは，頭胴長40〜50 cm，体重は1.5〜2.5 kg以上になり，リス科齧歯類のなかで最大級である。滑空性リス類の飛膜構造はウロコオリスとは異なり，前肢手根部より突出した'針状軟骨'という構造により滑空時に支持される（図1 B）。

この針状軟骨の起源に関しては3つの仮説がある。1つは，針状軟骨の起源は非滑空性リス類で見られる遊離軟骨であるという説である(Thorington et al., 1998; Thorington and Darrow, 2000; Thorington and Stafford, 2001)。2つ目は，筆者らが提唱した針状軟骨は手根骨の1つ(付着する筋肉から考えて豆状骨)が形を変えたものであるという説である(Oshida et al., 2000a, b)。また，これらの説以前にGupta(1966)は針状軟骨の起源が種子骨であるという説を唱えている。手根部の詳細な比較解剖学的所見から米国スミソニアン研究所のThorington博士は「針状軟骨の遊離軟骨説」を主張しているが，筆者らは組織学的に針状軟骨が加齢にともない骨化することを見出し針状軟骨が真の軟骨ではないこと，そして筋肉が明らかに付着することから「針状軟骨の豆状骨説」を主張している。豆状骨の起源は種子骨であると一般に考えられているので，Guptaの説と筆者らの説は検討しだいによっては同じ立場と見なすことができるかもしれない。いずれにせよこの議論に終止符を打つためには，針状軟骨の発生過程を調べる必要があるだろう。

3番目に皮翼目のヒヨケザル科ヒヨケザル属についてであるが，現在インドシナ半島からマレー半島，スマトラ，ボルネオ，ジャワなどに分布するマレーヒヨケザルとフィリピン諸島に分布するフィリピンヒヨケザルの2種に分類されている。彼らの飛膜は，ウロコオリスやムササビ亜科のように前肢にそなわった特殊な構造によって支持されてはいないが，その発達ぶりは滑空性哺乳類のなかでも随一で，首の付根から前肢・後肢を経て尾の先端部にまで及ぶ(図1C)。さらに指のあいだにまで飛膜と思しき水かき様の構造をもっている。高さにしてわずか12mの落差の地点へ136mもの水平距離を滑空したという記録があり(Francis, 2001)，熱帯雨林の樹上生活に適応をとげた滑空の名手であるといえよう。

以上の滑空性正獣類のみならず，オーストラリア大陸に分布する有袋類のなかにも飛膜を用いて大空を駆ける一群，フクロモモンガ・フクロムササビがいる。正獣類とは別系統である有袋類から独自に生じた滑空適応は，環境に裏打ちされた収斂進化のきわめて明解な例としてさまざまな生物学・進化学のテキストで紹介されている。滑空性有袋類は3科3属9種に分類されており，オーストラリアの森林にみごとな適応をとげている。彼らの飛膜は滑空性齧歯類のように特殊な支持体によって支えられるのではなく，体側にそって，前肢から後肢にかけて発達しているだけである(図1D)。また，飛

膜部位の筋組織の構築も滑空性齧歯類とは大きく異なっている(Endo et al., 1998)。滑空性有袋類の系統・分類で興味深いのは，形態学的に見て3属は互いに近縁ではなく，それぞれが非滑空性の異なった有袋類の属と近縁であると考えられることである。すなわち滑空性有袋類の滑空形質獲得は独立に3回生じたということが示唆されている(Archer, 1984; Strahan, 1983)。3属の滑空形質を機能形態学的に比較し詳細に論じた研究は筆者の知る限りではまだないが，3属の滑空時の姿勢が異なるという観察結果が報告されており(Jackson, 1999)，3属の滑空形質が起源を異にする証拠の1つと見なすことができるかもしれない。きわめて安直な洞察ではあるが，前肢に特殊な支持体を発達させた滑空性齧歯類や，尾の先端にまで飛膜を発達させたヒヨケザルと比べると，滑空性有袋類の飛膜は，前後肢間の皮を伸ばした程度のものであり，環境適応という名の元に，このようなシンプルな形質の獲得が複数回生じたということは十分考えられるかもしれない。滑空性有袋類の研究は，オーストラリアのメルボルン動物園のJackson博士らにより生態を中心に多岐にわたって進められており，今後の研究成果が期待される。

　以上，現世滑空性哺乳類とその滑空形質を簡単に紹介したが，ここで読者諸氏に御理解頂きたいことは，滑空性リス類，ウロコオリス，ヒヨケザル，そして滑空性有袋類の3属が，各々異なった起源から由来する滑空形質をもつということ，すなわち樹上生活へ適応するための平行進化・収斂進化が生じたということである。滑空形質の獲得は，哺乳類の進化において決して特殊であったわけではなく，いくつかのデザインが過去・現在を通して試された(試されている)のである。このことは，後述の滑空性哺乳類の古生物学的証拠とも併せて，哺乳類の滑空適応を考える際に重要な概念である。

2. なぜ滑空？　滑空の利点について

　ところで滑空性哺乳類は，滑空行動から何を得ることができたのであろうか？　ここで滑空によってもたらされた利益を考えてみたい。
　まず簡単に推察できるのがエネルギーの節約である。樹上に生活する動物にとって，木から木への移動ほどやっかいな仕事はない。せっかく地上20m以上の場所にいても，いったん地面に降りて，さらに地面を歩いて移動し，そして別の木の根元から登り始め，再び葉の生い茂った樹冠部近くまで

辿りつくには相当のエネルギーを消費しなければならない。この一連の動き（降りる→歩く→登る）を一部滑空に置き換えることができればどれだけ楽だろう。降りる→歩くのステップが省かれ，「滑空する→登る」という2つの動作のみが彼らのエネルギー消費の主体となるのである。滑空性哺乳類の滑空移動におけるエネルギー代謝についてはいくつかの報告がなされている(Geiser and Stapp, 2000; Holloway, 1998; Scholey, 1986; Stapp, 1992)。ここでは本書の主題から外れるためこれ以上の議論はしないが，詳細についてはこれらの文献を参照して頂きたい。

次に考えられる滑空の利点であるが，天敵・捕食者からの回避であろう。樹上生活に適応した動物にとって，地面に降りたときほど危険な瞬間はない。特に滑空性哺乳類の場合，樹上では便利な飛膜という構造が地上での走行・歩行移動に際して皮肉なことに妨げとなる。もちろん彼らは歩くことも走ることもできるが，そのスピードは非常に遅い。しかし樹上高くに留まっていることができれば高い確率で安全が保証される。たとえば滑空性リス類の場合では，樹上の彼らを襲うことができる捕食者は限られている。彼らがどんな高さにいても襲うことができるのは，タカやフクロウなどの猛禽類だけであろう（低い枝などにいた場合，テン，イタチ，ネコなどに襲われることはあるようだが……）。Holmes and Austad(1994)は，滑空性リス類が，ほぼ同じサイズの非滑空性リス類と比べた場合，寿命が長く(Austad and Fischer, 1991)また繁殖率が低いことをあげ，これは捕食者からの回避が樹上および夜行性生活によって容易であるからだと考えた。一方Stapp(1992, 1994)は，アメリカモモンガが多くの天敵によって捕食されること(Dolan and Carter, 1977)，およびオオアメリカモモンガがニシアメリカフクロウの重要な餌資源であること(Forsman et al., 1984)から，天敵回避が滑空形質の一番の便宜であるとはいえず，代謝効率こそが重要な意義をもつと主張した。小型のアメリカモモンガ属では，確かに夜行性猛禽類の格好の餌食となることが十分に予想されるが，大型のムササビ属の成獣個体をフクロウが捕食することは困難である。滑空形質の天敵に対する有用性についてはさまざまな滑空性哺乳類の生態学的事例を個別に検討・議論する必要がある。

さてもう1つ予測される滑空移動の利点であるが，樹上資源の効果的な利用をあげることができる。滑空性哺乳類は亜寒帯から熱帯にいたる多様な森林環境に生息するため，食性に関する特徴を一言で述べるのは難しいが，

Goldingay(2000)は彼らの食性を5つに分けている（なおこの食性カテゴリーはあくまでも野生状態でのものであり，飼育下における人為的給餌では異なった傾向を示すことがしばしば見られるので，ペットとして滑空性哺乳類を飼育されている方は誤解されないで頂きたい）。有袋類のフクロモモンガ属は'樹液食性'であり，種類によって食物中の割合は異なるものの樹液，樹脂，花密，そして昆虫をおもに利用する(Goldingay, 1986; Howard, 1989; Quin et al., 1996; Sharpe and Goldingay, 1998; Smith, 1982)。一方，同じく有袋類のフクロムササビ属は'葉食性'である(Kavanagh and Lambert, 1990)。東南アジアのヒヨケザル2種も強い葉食傾向を示すことが知られている(Kraft, 1990; Wischusen and Richmond, 1998)。'葉食性と種子食性'を兼ね備えたのが旧世界に分布する多くの滑空性リス類である。ムササビ属は，葉，花芽，種子，果実などのさまざまな樹上資源を利用する(Kawamichi, 1997; Lee et al., 1986)。モモンガ属も葉・種子食傾向を示すことが知られている(柳川, 1993)。また Muul and Lim(1978)は，クサビオモモンガ属，ハネオモモンガ属，ムササビ属，ミゾバムササビ属，ケムリモモンガ属が葉・種子食性であると述べ，大型の滑空性リス類は小型のものより葉食傾向が強く盲腸が相対的に長いことを報告している。'種子食性'を示すのが，アメリカモモンガ属のアメリカモモンガであり(Harlow and Doyle, 1990)，同属のオオアメリカモモンガは，専ら'キノコ食性'でこれに少量の苔類，種子などを加えた変わったメニューを好む(Hall, 1991; McKeever, 1960; Maser et al., 1978, 1985; Waters and Zabel, 1995; Wells-Gosling and Heany, 1984)。これらの滑空性哺乳類の多彩な採食様式は，遠距離を瞬時に移動できる滑空によってより円滑に担われると考えられる。特にムササビなどの滑空性リス類では，季節によって資源量の異なる芽，花，種子，果実といった樹上の食物を効率よく探索するために，滑空は理想的な移動手段であると考えられる。木から木へと迅速に移動することによって効率のよい食べ歩きならぬ食べ滑空を行なうことができるのである。

　以上，滑空の便宜について考えてみたが，滑空性哺乳類の生態はまだまだ謎に包まれている。今後さまざまな種の生態学的特徴が明らかにされ，そして種間および科・目間での比較検討が十分になされることによって，滑空の普遍的な意義に関する結論が得られるであろう。

3. 滑空性齧歯類の起源

いよいよ本章の主題であり筆者が研究を続けている滑空性齧歯類の系統進化および動物地理に話を進めよう。最初に滑空性齧歯類の古生物学的な研究を紹介したい。

中新世のヨーロッパではおそらく豊かな森林が発達し，この森林こそが齧歯類の滑空形質を育んだ揺籃であったと考えられる。齧歯類に見られる滑空形質は，その形態的特徴から少なくとも4つの科(前述のウロコオリス科・リス科に'ヤマネ科'と'エオマイド科 Eomyidae'が加わる)で独立に獲得されたものであるが，これらの化石証拠はいずれもヨーロッパから発見されている。

これまでに発見された最古の滑空性齧歯類の化石は，後期始新世から鮮新世にかけて4000万年もの長いあいだ，ヨーロッパ，北米，アジアに広く分布していたエオマイド科のものである。このグループは現在では見ることのできない絶滅種群であるが，これまでにヨーロッパからだけでも11属約50種もの化石種が報告されており，漸新世から中新世にかけてのその繁栄ぶりを窺い知ることができる。そのなかの1種で明瞭な全身化石が発掘されている *Eomys quercyi* は，ウロコオリスのような肘の部分からの突起構造によりその飛膜構造を支持していたことが知られているが(Storch et al., 1996；図2)，臼歯形態に基づいた研究から，エオマイド科は現在のホリネズミ科，およびポケットマウス科に近縁であると考えられている(Fahlbusch, 1985)。

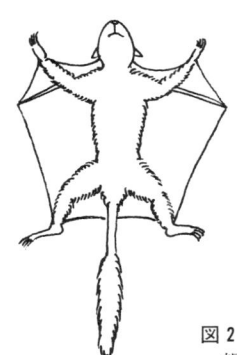

図2 エオマイド科の飛膜構造(Storch et al., 1996 の報告に基づいて筆者が想像で描いたもの)

ここでも肘からの支持体という滑空形質のデザインが試されていたのである。

　中新世後期，ヤマネの一種 *Glirulus* aff. *lissiensis* もヨーロッパの空を滑空していた。フランスから発見されたその化石は，飛膜の痕跡などの形態が *Eomys quercyi* に類似していたが，臼歯の形態は日本のニホンヤマネと酷似しており，ヤマネ属の一員として分類された(Mein and Romaggi, 1991)。現在では滑空性ヤマネは絶滅しており，ヤマネ属では樹上性のニホンヤマネ1種が存在するのみである。

　さてここで本章の主題である滑空性リス類の古生物学的な知見を紹介しておこう。研究者によって意見が異なるようだが，少なくとも8属の滑空性リス類の化石が漸新世・中新世のヨーロッパから報告されている。同時期同地域からの地上性リス類の化石が6属，樹上性リス類のものではわずか2属であることから考えても，ヨーロッパはまさに滑空性リス類の都であったようだ。ところでその最古の化石であるが，ヨーロッパの前期漸新世から発見された *Oligopetes* 属のものである。この属は臼歯の特徴からクサビオモモンガ属の祖先であると考えられており(Bruijn, 1999)，このように現世の滑空性リス類と直接的な系統関係が論じられている化石(絶滅)滑空性リス類はこの属のみである。その次に古いのは後期漸新世のヨーロッパ南西部に現われた *Blackia* 属である。彼らはこの後，後期鮮新世までおよそ2000万年もの長期間ヨーロッパに広く君臨していた。

　中新世になるとヨーロッパの森林は，滑空性リス類によってにわかに活気づいてくる。前期中新世には，*Aliveria* 属，*Miopetaurista* 属，そしてクサビオモモンガ属が現われた。さらに中期中新世には *Forsythia* 属と *Albanensia* 属が，また，後期中新世には *Pliopetaurista* 属が出現した。クサビオモモンガ属以外はすべての属が絶滅してしまうが(クサビオモモンガ属においてもこの時代に生息していた種はすべて絶滅する)，ヨーロッパ南西部からのみ化石が見つかっている *Aliveria* 属を除く5属は，南西部から中部および南東部にかけて広い分布域を有していた。

　ここで興味深いのは，これら滑空性リス類の分布域が前述のエオマイド科および滑空性ヤマネの分布とおそらく長期間重複していたであろうということである。三者ともヨーロッパの森林でその繁栄を謳歌していたと思われるが，エオマイド科や滑空性ヤマネがなぜ絶滅し，滑空性リス類がなぜ現存しているのであろうか？　これは大変難しい質問であるが，森林環境の急激な

変遷，三者の環境に対する適応の程度，およびヨーロッパ以外の地域への分散の有無などの要因が複雑に絡みあった結果，淘汰・選択が生じたのであろう。

　さて，中新世が終わり，さらに鮮新世から更新世へと時代が移ると，これらヨーロッパで栄えた滑空性齧歯類は姿を消してしまう。替わりに現存する滑空性リス類，あるいはその直接的な祖先が新旧両大陸に出現する。ここで，古いタイプの滑空性リス類から新しいタイプへの交替劇はどのようにして生じたのか？　また，新しいタイプのものと古いものとの系統関係はどう解釈すればよいのか？　という疑問が生じてくる。これらは今後の大きな研究課題である（分子系統学的データからの最近の解釈を後述する）。

　中期更新世のアジアでは，東アジアからムササビ属，ケアシモモンガ属，およびモモンガ属の化石が発見されている。また，東南アジアにもケアシモモンガ属とアカハラモモンガ属が生息していた。一方北米からも，アメリカモモンガ属の化石が報告されている。滑空性リス類の生息環境は，後期更新世に生じた氷河期と間氷期の反復により大きく影響を受けたと考えられるが，それ以前の中期更新世にすでに現在の分布パターンが全世界レベルでほぼ完成されており，その後のイベントは，それらに修飾・変更を加える程度であったのかもしれない。

4．遺伝学的解析結果からみた滑空性リス類の系統進化

　リス科齧歯類における滑空性リス類の系統的位置については，これまでに2つの仮説が提唱されている．1つは，滑空性リス類が'多系統'であり，滑空形質が異なった地域で独立に複数回獲得されたとする説である．化石記録からBlack（1963）がこの説を提唱し，また免疫学的な研究からHight et al.（1974）は，アカハラモモンガ属が滑空性リス類より樹上性リス類に近縁であると考え，Blackの説を支持した．一方，滑空性リス類の滑空時に重要な働きを担う前肢骨の比較解剖学的解析から，Thorington（1984）はこれらが'単系統'であることを主張した．Thoringtonは7属の滑空性リス類を観察して，それらの前肢骨が同じ形態を呈しており，樹上性や地上性のリス類とは異なることを見出した．そして進化の過程でこのような複雑な形質が偶然に複数回獲得されるとは考えにくいと判断した．

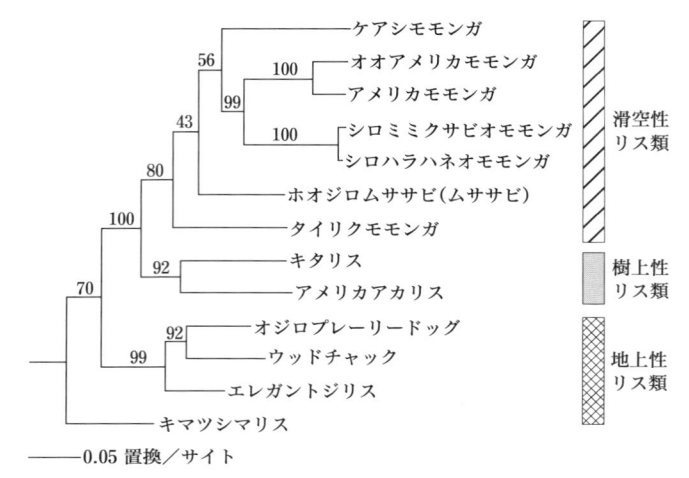

204　第V部　飛行への適応と動物地理

図3　mtDNA のチトクロム *b* 遺伝子全塩基配列(1140 塩基)を用いて，最尤法によって作成されたリス科齧歯類の系統樹。ラットを外群として有根化した。枝上の値は quartet-puzzling(10000 ステップ)により得られたサポート値を示す。滑空性リス類は1つのグループを形成し，単系統であることが示された。

　そこで筆者は，遺伝学的な手法を用いてこれらの仮説を検証することを試みた。mtDNA のチトクロム *b* 遺伝子を用いて作成した分子系統樹を図3に示す。滑空性リス類としてムササビ属(ホオジロムササビ)，モモンガ属(タイリクモモンガ)，アメリカモモンガ属(アメリカモモンガ，オオアメリカモモンガ)，クサビオモモンガ属(シロミミクサビオモモンガ)，ケアシモモンガ属(ケアシモモンガ)，ハネオモモンガ属(シロハラハネオモモンガ)を，また非滑空性のリス類として，リス属(キタリス)，アメリカアカリス属(アメリカアカリス)，シマリス属(キマツシマリス)，ジリス属(エレガントジリス)，マーモット属(ウッドチャック)，プレーリードッグ属(オジロプレーリードッグ)をこの系統樹内に含めた。結果は明瞭で，滑空性リス類は単系統であることが示された。筆者は，滑空性リス類の単系統説の検証をこれまでに全滑空性リス属を使わずにいくつかの属のみを用いて行なってきた(Oshida et al., 1996; Oshida et al., 2000c)。困ったことに滑空性リス類のサンプル蒐集は容易なことではなく，筆者は蒐集能力の限界を感じつつもカバーできる限りさまざまな地域からサンプルを集め仕事を続けていたわけである。しかしながら最近，全滑空性リス属を含むリス科齧歯類全体の属間系統関係をミトコンドリアの 12S・16S rRNA および核の IRBP(interphotoreceptor retinoid binding protein)遺伝子塩基配列を用いて解析した論文が，Mercer and Roth(2003)によりアメリカのサイエンス誌に発表された．正直言ってこの時点で筆者の長年の研究は惨敗を喫したわけであるが，幸いなことに彼らの研究結果でも滑空性リス類が単系統であることが明瞭に示されており，いくつかの属のみを用いた筆者の解析結果と矛盾するものではなかった．Mercer and Roth は，その論文中でリス科齧歯類の進化に関してさまざまな議論を展開しているが，滑空性リス類について着目すべき点としては，滑空性リス類がリス属，アメリカリス属といった温帯〜亜寒帯域に分布する樹上性リス類と近縁であるという系統学的位置づけ，および彼らが算出した分岐年代，そして滑空性リス類の属間系統関係(ここではこの問題には言及しないが，彼らのデータは Thorington and Darrow(2000)および Thorington et al.(2002)による形態学的な解析結果と概ね一致を示す)についてである．滑空性リス類が単系統であり，リス属・アメリカアカリス属などと近縁であることは，癌原遺伝子 c-myc および RAG1(recombination activating gene 1)の塩基配列を用いた Steppan et al.(2004)による系統解析でも示されている．

　mtDNAのチトクロム b 遺伝子塩基配列の比較から，筆者ら(Oshida et al., 2000c)は，新大陸のアメリカモモンガ属と東南アジアに分布するクサビオモモンガ属・ハネオモモンガ属の分岐がおよそ2800〜2900万年前(後期漸新世)であり，またムササビ属とモモンガ属の分岐が2800〜3600万年前(前期〜後期漸新世)に起こったということを示唆したことがあるが，Mercer and Roth は，前期中新世(約1800万年前)に滑空性リス類の属間での分岐が生じたことを示している．これは筆者らの見積りより1000万年も新しい値である．しかし，Mercer and Roth の分岐年代に従うと前期漸新世の古いタイプの滑空性リス類の化石証拠が問題となってくる．彼らは滑空性リス類が単系統で，温帯・亜寒帯域の樹上性リス類に対し姉妹グループを形成し，両グループの分岐年代が中新世初頭(2300万年前)であると述べているが，これが事実だとすればそれ以前にヨーロッパに出現していた滑空性リス類(*Oligopetes* 属と *Blackia* 属)はその系統を伝えることなく絶滅し，中新世になってから現世の滑空性リス類の系統が独立に現われたことになる．すなわち，リス科齧歯類における滑空形質の獲得が2回起こったという解釈が要求されるわけである(図4A)．また，*Oligopetes* 属をクサビオモモンガの祖先

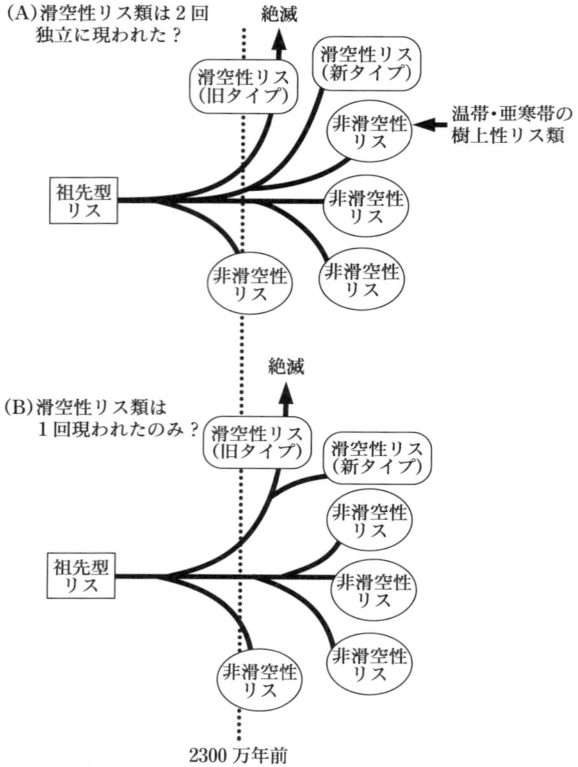

図4 滑空性リス類の系統進化に関する仮説。(A)滑空性リス類の複数回出現説。Mercer and Roth(2003)によって提唱された分岐年代とこれまでの化石証拠とを併せて考えると，滑空性リス類は，少なくとも2回以上独立に出現したことになる。(B)滑空性リス類の1回出現説。筆者を含めた従来の研究者がイメージしていた滑空性リス類の系統パターン。

とする古生物学的解釈も成り立たなくなってしまう。この矛盾点についてMercer and Roth は，漸新世の化石証拠の解釈が専ら臼歯形態の比較に基づいていることから，これら臼歯の特徴は，(1)リス科齧歯類の進化過程で複数回獲得された，または(2)滑空性リス類に特有ではなく現世の滑空性リス類と温帯・亜寒帯域の樹上性リス類の共通祖先がもっていたものであろうと述べているが，分子証拠からの分岐年代の算出法自体も含めた今後の大きな検討課題であろう(図4参照)。

さて最後に染色体からみた滑空性リス類の進化について触れておこう。筆

表 1 滑空性リス類の染色体数および常染色体の腕数

	和名	学名	染色体数 (2n)	常染色体の腕数 (FN)	引用文献
ムササビ属	インドムササビ	*Petaurista philippensis grandis*	38	72	Oshida et al. (1992)
	オオアカムササビ	*Petaurista petaurista*	38	72	Nadler and Lay (1971); Oshida et al. (1992); Young and Dhaliwal (1976); Li et al. (2004)
	カオジロムササビ	*Petaurista alborufus castaneus*	38	72	Oshida et al. (2000d)
	カオジロムササビ	*Petaurista alborufus lena*	38	72	Oshida et al. (1992)
	ホホジロムササビ (ムササビ)	*Petaurista leucogenys*	38	72	Oshida and Obara (1991); Tsuchiya (1979)
	ホジソンムササビ	*Petaurista magnificus*	38	72	Chatterjee and Majhi (1975)
モモンガ属	エゾモモンガ (タイリクモモンガ)	*Pteromys volans orii*	38	68	Oshida and Yoshida (1996); Rausch and Rausch (1982)
	ニホンモモンガ	*Pteromys momonga*	38	68	Oshida et al. (2000e); Tsuchiya (1979)
クサビオモモンガ属	ソメワケクサビオモモンガ	*Hylopetes alboniger alboniger*	38	72	Garg and Sharma (1972)
ハネオモモンガ属	シロハラハネオモモンガ	*Petinomys setosus*	38	—	Oshida and Yoshida (1998)
ケアシモモンガ属	ケアシモモンガ	*Belomys pearsonii*	38	72	Oshida et al. (2002)
アメリカモモンガ属	アメリカモモンガ	*Glaucomys volans*	48	76	Schindler et al. (1973)
	オオアメリカモモンガ	*Glaucomys sabrinus*	48	76	Schindler et al. (1973)

者は滑空性リス類の単系統性を証明すべく，滑空性リス類の染色体と非滑空性リス類の染色体の比較を試みている。これまでに報告されている滑空性リス類の染色体に関する情報は表1に記した通りである。染色体数のみに着目すると，旧大陸のものがすべて38本であるのに対し，新大陸の2種は48本であり系統的に離れているようにみえる。しかしながら，染色体の腕数はほぼ同じであるので，両者のあいだでロバートソン型の再配列が何度か起こった結果，染色体数の違いが生じたものと考えられる。これまでに報告されている分子および形態のデータから判断して，この両大陸間での染色体数の違いはまったく系統を反映していない。また，G-，C-バンドパターンなどの特徴は旧大陸の滑空性リス類の属間・種間においてもかなりの違いを示し，現時点で滑空性リス類の単系統性を染色体から論じることは困難である。しかしながら筆者は，滑空性リス類の核型に共通して見られる形質として二次狭窄および長い柄をもった付随体に着目している(一般にこれらの部位にはrRNA遺伝子が存在し仁形成部位に相当することが知られている)。これまでにアジアから報告された6属10種の滑空性リス類の核型では，ムササビ属のインドムササビを除いてめだった二次狭窄あるいは付随体が観察されて

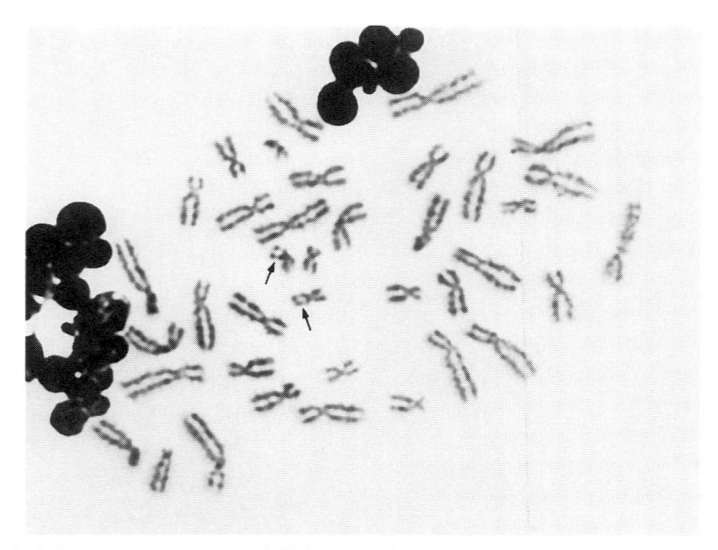

図5 台湾産カオジロムササビの末梢血リンパ球より得られた中期分裂像。矢印は二次狭窄を示す。これらの構造は，その数は異なるもののこれまで筆者が調べた滑空性リス類では1種を除いて共通に観察される。

いる(押田・吉田，1999；Oshida and Yoshida, 1999; Oshida et al., 2002；図5参照)．さらに多くのリス科齧歯類の染色体を調べてみなければ結論は得られないが，これらの構造が滑空性リス類の核型進化を考えるうえでの指標となりうると筆者は考えている．これらの構造が祖先的な滑空性(あるいは非滑空性)リス類の核型中に存在し，進化の過程をとおしてさまざまな属に保存(もちろん消失あるいは新たな獲得もあったと思われるが)されていると考えると，その核学的な動態を追跡することにより系統関係の把握が可能であるかもしれない．

5．滑空性哺乳類の進化学・動物地理学的研究の意義とは？

　最後に滑空性哺乳類の進化学的・動物地理学的な特徴について考察を行なってみたい．滑空性哺乳類は森林環境に適応しその特異な滑空形質を発達させた．しかしこのことは，森林環境の変遷によって時に致命的なダメージを被ることを意味している．過去のヨーロッパにおけるエオマイド科，滑空性ヤマネ，古いタイプの滑空性リス類の絶滅は，おそらく森林環境の大きな変動に起因するものだろう．そして，現在最も繁栄している滑空性リス類の動物地理を考えてみた場合，大型哺乳動物のように積極的な大移動が過去にあった，あるいは昆虫や小型脊椎動物のように風や海流などの自然の力で分布を広げることができた，または鳥類や翼手目のように飛翔によって移動した……等々のシナリオはまず考えることができない．彼らはあくまでも森林にそのすべてを委ね，森林の発達および衰退にともなって時に集団を拡張し，時に集団を減少させていった……という森林依存型の受動的なシナリオが最も説得力を帯びてくる．すなわち滑空性リス類の動物地理学的研究によって，森林そのものの歴史が浮き彫りにされてくるのである．それ自体が生命によって成り立ち，そして多くの生命にとって重要な砦である森林の過去，現在，さらに将来を考える際に，滑空性リス類の進化学的・動物地理学的研究は有用な情報を与えてくれるものと筆者は考えている．

第13章 **コウモリ類における地理的変異と動物地理**

奈良教育大学・前田喜四雄

1. ユビナガコウモリとコキクガシラコウモリの地理的変異

広範囲での形態変異

コウモリ類は鳥類同様に飛翔が可能なゆえに移動能力が大きい。したがっ

図1 広短型の翼をもつコキクガシラコウモリ(上)と
狭長型の翼をもつユビナガコウモリ(下)

て，コウモリ類は分布域を比較的自由に行き来しており，地理的変異に乏しいはずだ，と思われがちである．実態はどうであろうか．本節では，Maeda(1978)と前田(2001)をもとに日本列島に分布する2種の地理的変異を紹介する．主役の2種は洞窟を昼間の隠れ家とし，互いに飛翔習性が異なる．

図2は，コウモリ類の大きさの基準として使用される前腕長からみたユビナガコウモリ *Miniopterus fuliginosus* の日本列島における地理的変異である．本種は北海道には分布しておらず，秋田県が調査の最北である．ちなみに本種は，雌雄に大きさの差が認められない．なお，和歌山県白浜海蝕洞において示されている2つの変異のうちの小型の個体群と，奄美大島，沖永良部，西表島の個体群は後述するようにここで問題にするユビナガコウモリとは別種の可能性があるので，ここでは除外する．そうすると，秋田県から福岡県までの1300 kmにわたる地域からの本種の平均的な大きさには地理的変化は乏しい．移動能力に長け，遺伝的に同質に近いという想像どおりの結果である．

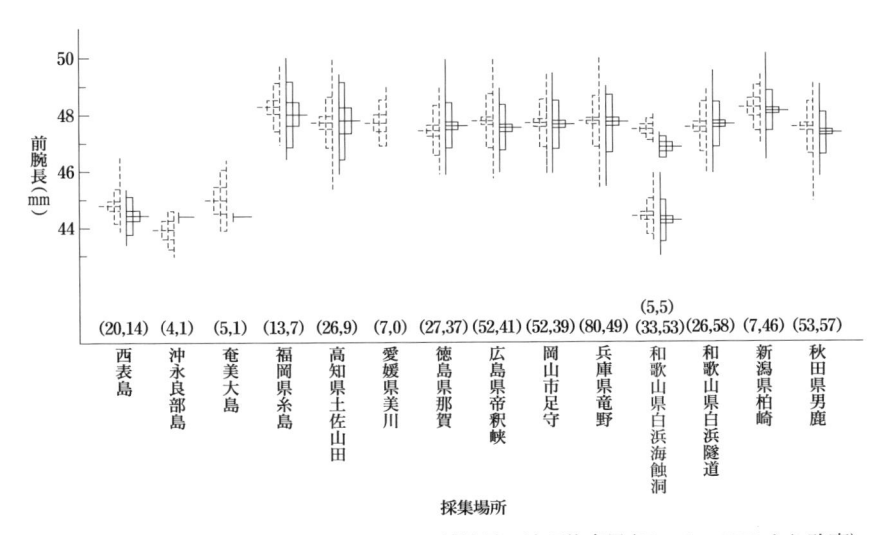

図2 日本列島におけるユビナガコウモリの前腕長の地理的変異（Maeda, 1978より改変）。実線はメス，破線はオス，縦線は変異幅，横線は平均，横長の長方形は標準誤差，縦長の長方形は標準偏差，カッコ内の数値は調査個体数を示す．なお，白浜海蝕洞の上の結果は1969年採集のもの，下の結果は1933年採集のものを示す．

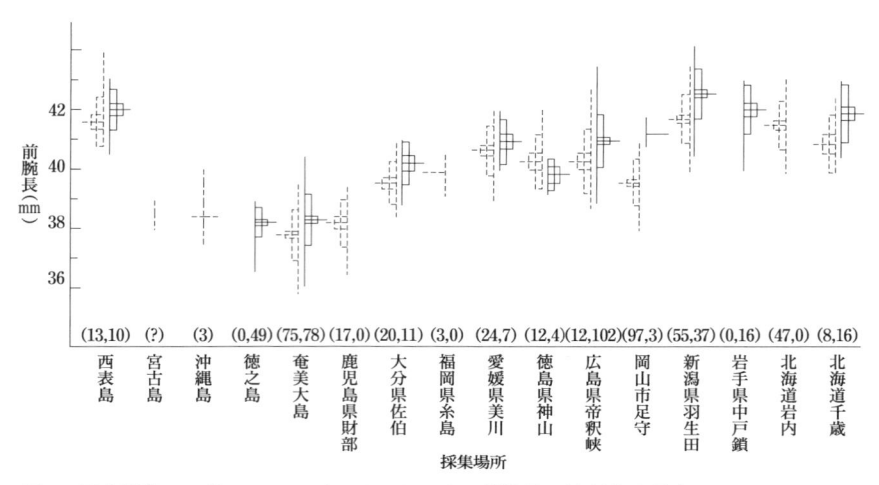

図3 日本列島におけるコキクガシラコウモリの前腕長の地理的変異(Maeda, 1978 より改変)。実線はメス，破線はオス，縦線は変異幅，横線は平均，横長の長方形は標準誤差，縦長の長方形は標準偏差，カッコ内の数値は調査個体数を示す。沖縄島は今泉(1970)，宮古島は Kuroda (1924) より引用。

一方，図3のコキクガシラコウモリ *Rhinolophus cornutus* ではどうだろうか。本種はメスの方がオスに比べて有意に大きい(Maeda, 1978, 1988)。ただし，1個体群の資料が少ない場合はこの限りではない。なおユビナガコウモリと同様に，沖縄島，宮古島，西表島の個体群は別種の可能性があるので，やはりここでは除外する。さて地理的変異はというと，一部に例外はあるが，日本列島を全体的にながめると，北方の北海道のコウモリが大きくて，南にいくにしたがって徐々に小型になるというクライン(地理的形質傾斜)が明瞭である。

狭い範囲での形態変異

直線距離にして 50 km 程度しか離れていない2つの洞窟(岡山市足守と広島県帝釈峡)に，この2種のコウモリが生息していた。両洞窟におけるユビナガコウモリの体の大きさを比較しても，差異は認められなかった。一方，コキクガシラコウモリでは両洞窟間の個体において，明確な違いが見られた。コキクガシラコウモリは幅は広いが相対的に短い翼をもっている。このような翼をもつコウモリ類は一般的に小回りがきく飛翔が可能であるが，長距離

を持続して飛翔することはできない。一方，幅は狭いが相対的に長い翼をもつユビナガコウモリは反対に小回りがきく飛翔はできないが，長距離を持続的に高速で飛翔できる能力をもっている(庫本，1972)。このようなことから推測すると，ユビナガコウモリは2洞窟間を移動しているが，コキクガシラコウモリはそれを行なっていないことが考えられる。

ユビナガコウモリは少なくとも形態(大きさ)に影響がでないくらいの頻度(遺伝的に固定しない程度ともいえる)で，両洞窟間をいったりきたりしていると推測される。これに対して，コキクガシラコウモリは両洞窟間で交流がまったくないか，非常に長い(遺伝的に固定されるくらい)あいだにわたって交流がなかったといえる。

コウモリ類は親とほぼ同じ大きさになり自身で飛翔可能になる(通常は25日から35日くらい)まで，生まれた洞窟のみで過ごす。このため生まれた洞窟の環境の影響を強く受けて育つと思われる。すなわち，行動範囲の狭いコキクガシラコウモリは育った洞窟の気象など環境の影響をより強く受けていると想像される。

ユビナガコウモリにおける地理的変異と分類の問題

さて，このような地理的変異の現われ方の差異から，2つのことが考察できる。1つは分類学に関することである。すなわち，まずユビナガコウモリに関しては，2個体群のあいだで形態的な違いが有意であれば，分類学的に独立した種どうしである可能性を追求するべきであろうということである。このような観点から分類を見直し，私の考え方が正しいことを確信したのが，以下の事実からである。

同じ洞窟で同一日に採集され大きさがわずかしか異ならないため，同一種として扱われて大英博物館に保管されていたユビナガコウモリ属のコウモリがあった。私がそれらが採集された洞窟に調査に行くと，じつはこれら大きさのやや異なる2グループが洞窟のなかですみわけていたことが明らかになったのである(Maeda et al., 1982)。また，上述の変異性の研究やこのようなすみわけに関することなどを考慮して，ユーラシア，マレーシア，オーストラリアに生息するユビナガコウモリ属の分類を再検討したのがMaeda (1982)である。

日本産ユビナガコウモリ属は現在，本州，九州，四国にはユビナガコウモ

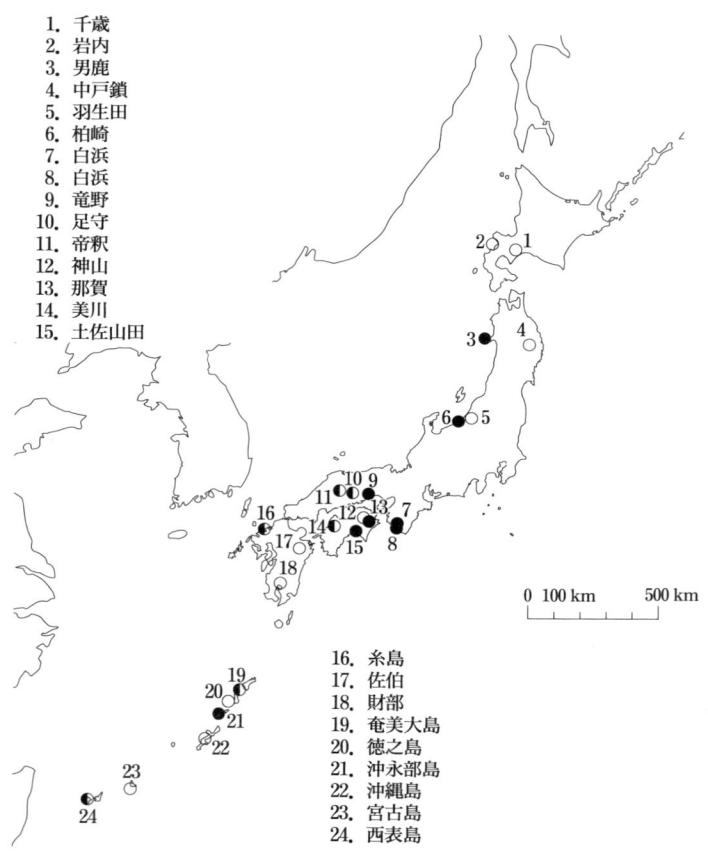

1. 千歳
2. 岩内
3. 男鹿
4. 中戸鎖
5. 羽生田
6. 柏崎
7. 白浜
8. 白浜
9. 竜野
10. 足守
11. 帝釈
12. 神山
13. 那賀
14. 美川
15. 土佐山田

16. 糸島
17. 佐伯
18. 財部
19. 奄美大島
20. 徳之島
21. 沖永部島
22. 沖縄島
23. 宮古島
24. 西表島

図4 日本列島におけるユビナガコウモリ(●)とコキクガシラコウモリ(○)の捕獲地点。白黒半分の丸は両者の捕獲地点を示す。

リ *Miniopterus fuliginosus* が，南西諸島には小型のリュウキュウユビナガコウモリ(コユビナガコウモリともいう)*M. fuscus* が生息する。また，地理的変異を示した図1にある和歌山白浜海蝕洞における1933年採集のものは，以下ように考えられている。この白浜海蝕洞には1933年当時には小型のユビナガコウモリが生息していた。しかし，その後に大型のユビナガコウモリがここまで分布を広げてきて，小型のコウモリを駆逐したのであろうというものである(Maeda, 1978)。すなわち，日本列島全体にかつて小型のユビナガコウモリが分布しており，のちに大陸から移動してきた大型のコウモリが

次々と小型のコウモリと入れ替わっていったのである。しかし，紀伊半島では大型コウモリの分布拡大が遅く，1933年にはまだ小型コウモリが健在であった(Maeda, 1978；前田，2001)。私のこの考えが正しいことの証明は，現在大型のユビナガコウモリが生息する洞窟内から小型のコウモリの化石や遺骸が発見されることであるが，残念なことにまだこのような発見は知られていない。

コキクガシラコウモリの地理的変異と分類の問題

　一方コキクガシラコウモリは地理的変異の現われ方から，個体群間の移動が少なく，比較的近くの洞窟どうしでも形態的な変異が見られることもあるので，全体の地理的変異の傾向を参考にして，分類の検討をする必要がある。その際，あちこちの個体群の形態に一連のクラインが認められれば，基本的に同じ種であるといえるであろうと考えた(Maeda, 1978；前田，2001)。したがって，一連のクラインに含まれる北海道から本州，四国，九州，奄美諸島の個体群はコキクガシラコウモリ *Rhinolophus cornutus*，このクラインからはずれる沖縄島産はオキナワコキクガシラコウモリ *R. pumilus*，八重山列島産はヤエヤマコキクガシラコウモリ *R. perditus* とされた(阿部ほか，1994)。このように見ると，南西諸島の大半のコキクガシラコウモリ類は島(諸島)ごとに種が異なるほど，大きさ以外にも形態が分化していることがわかる。また，現在では絶滅したと思われ，模式標本が消失しているうえに1頭の標本も保存されていない宮古列島産のコキクガシラコウモリ類は，これまでの慣習で沖縄島産亜種，ミヤコキクガシラコウモリ *R. pumilus miyakonis* とされているが，最近この諸島の洞窟内のグアノ(昆虫類を餌とするコウモリ類の糞が堆積したもの)から発見された遺骸頭骨を調べた前田(2001)により，沖縄とは亜種ではなく別種 *R. miyakonis* であると結論づけられている。すなわち，南西諸島の八重山列島，宮古列島，沖縄島，奄美諸島とすべて種が異なることになる。ちなみに，八重山からあまり離れていない台湾島にも別種のコキクガシラコウモリ類 *R. monoceros* が生息することが知られている。

　こうなると，南西諸島のうち唯一，本州，四国，九州と同じクラインに含まれるので，これと同種とされている奄美諸島のコキクガシラコウモリは本当に形態的に種分化していないのであろうかという疑問がわく。しかし私は

まだこれについての詳細な形態比較をしていない。一方，これについての研究のある Yoshiyuki et al.(1989) は奄美諸島産のコキクガシラコウモリ類を本土産の亜種，オリイコキクガシラコウモリ *R. cornutus orii* としているのは注目に値する。

なお，これらの分類について，従来の研究者の考え方は以下のとおりである。大英自然史博物館に勤務していた Corbet and Hill(1991)によると，日本列島周辺のコキクガシラコウモリグループは日本列島の主島(北海道，本州，四国，九州)，奄美諸島，沖縄島，宮古島，石垣島にコキクガシラコウモリ *R. cornutus*，西表島にイリオモテコキクガシラコウモリ *R. imaizumii*，台湾にヒナコキクガシラコウモリ *R. monoceros* が分布する。ただし，中国東部の *M. pusillus* もたぶんコキクガシラコウモリであろうと述べている。アメリカ自然史博物館に勤務していたコウモリ分類の大御所 Koopman (1993)も同じ考えである。

しかし前述したように，私の意見では，西表島と石垣島産はヤエヤマコキクガシラコウモリ *R. perditus*，沖縄島産はオキナワコキクガシラコウモリ *R. pumilus*，宮古島産はミヤココキクガシラコウモリ *R. miyakonis* であり，いわゆる本土産のコキクガシラコウモリ *R. cornutus* とは別種である。さらに，奄美諸島産は本土産の亜種扱いされているが，あるいは別種オリイコキクガシラコウモリ *R. orii* の可能性さえある。

すなわち，この仲間はホバーリング(空中での停止飛行)ができ小回りがきく飛翔は可能であるが，長距離を高速でもって持続的に飛翔することはできないので，島で隔離されたままになる可能性が高く，島ごとに種分化を起こす傾向の強い種といえるのではないかと考えている。こうなると当然，台湾産も中国東部産もいわゆるコキクガシラコウモリ *R. cornutus* ではないということになるであろう。

大東諸島に生息していた小型コウモリの謎

地理的変異の現われ方の差異から考察できるもう1つのことは，分布拡大の仕方や分布様式に関することである。次にこの問題について述べよう。

このキクガシラコウモリ属のコウモリで謎に満ちた分布をしていた例がある。沖縄島の東方 350 km に位置する大東諸島にはこれまで小型コウモリ類の生息は知られておらず，ダイトウオオコウモリのみが知られていた。とこ

ろが，南大東島の洞窟の動物を調べた下謝名(1978)が，洞窟内にグアノがたくさんあり，そのなかから小型コウモリ類の頭骨を発見し，これを「キクガシラコウモリ *R. ferrumequinum* なのか，それともニホンキクガシラコウモリ *R. ferrumequinum nippon* なのか，今のところ明らかでない」と報告しているのである。花や果実を食べているダイトウオオコウモリは洞窟にはいることもなく，したがって洞内にグアノを残すことはない。グアノがあるということは，かつて小型コウモリ類が生息していたという証拠である。ということは，このコウモリはいつのまにか人知れず絶滅してしまったということであろう。大東諸島には1900年頃にヒトが入植したという。おそらくその頃は，島全体が樹木で覆われていたはずであり，コウモリの餌として十分な量の昆虫類の発生が毎日あったと考えられる。しかし開墾が始まり林はごく一部に限定され，一面サトウキビ畑になった。同じ植生だとある時期は昆虫類が大発生したりするが，ある時期にはほとんどいなくなる。これでは昆虫類を餌にするコウモリ類は生息していけない。まもなく小型コウモリ類は絶滅したのであろう。地元住民の話を聞くと，戦前にはまだ小型コウモリを見たという話もあるが，滅びた時期は不明である。

　なお，このコウモリがどのような種だったのか，本当にキクガシラコウモリだったのかについての論文はまだ報告されていない。しかしキクガシラコウモリのようであり，少なくともこのくらいの大きさのコウモリであったことは間違いない。この仲間のコウモリの現在の分布を見るとヨーロッパからパキスタン，インド，中国，日本まで広くから知られる。日本列島では，北海道，本州，四国，九州，屋久島から知られるが，奄美諸島や沖縄島などからは知られていない。また台湾からは知られていないが，その西側の大陸である中国福建省からは知られている。一方，台湾の南部のフィリピン諸島からは知られていない。

　さて，ではこの大東島にこのコウモリはどのようにしてたどり着いたのであろうか？　このコウモリも長距離を高速で持続的に飛翔可能なコウモリ類でない。したがって，最も近い沖縄島からでも350 kmも離れている大東諸島に飛翔して行き，分布を広げることは不可能である。しかも，この大東諸島は一度も大陸と地続きになったことがない大洋島であり，現在少しずつ大陸に近寄りつつあるが，かつてはもっと大陸から離れていたという。

　なお長谷川(1985)によると，宮古島のピンザアブ洞窟の堆積物からコウモ

リ類の上顎骨や下顎骨が発見され，その一部はキクガシラコウモリであったという。しかし私はこの骨を直接調べていないが，まだこの報告が信じられない。なぜかというと，宮古島からはキクガシラコウモリに似ているが現在では絶滅したと思われるカグラコウモリ *Hipposideros* 属のコウモリが，島の洞内のグアノ中から知られるからである(前田，2001)。長谷川の同定した遺骸はあるいはこのカグラコウモリのものかもしれないからである。いずれにしても，大東島にかつて生息していたこのコウモリの近縁種，あるいは同じ種はどこに生息しているのであろうか？

カグラコウモリ *Hipposideros turpis* は現在，西表島，石垣島，波照間島，与那国島といった八重山列島から知られている。しかし前述したようにやや小型のようではあるが，かつては宮古列島にも生息していたようである(前田，2001)。本種に近い種は台湾や中国南部やインドシナ半島に分布する *H. armiger* であるといわれるが，この種の地理的変異は大きいことが知られている。研究者によっては台湾産は別種であるという。したがって，分布域全体にわたる詳細な形態の地理的変異に関する研究がまたれるが，まだ発表されていないので，一連の分類学的結論は暫定的なものといえよう。

すなわちこのように，コウモリ類の形態の地理的変異の現われ方によって，分布の拡大の仕方や分布様式の推測が可能になる場合がある。

以下次節では，これまで述べた地理的変異の現われ方と関連をもたせながら，ほかのコウモリ類の動物地理の問題にふれる。

2. テングコウモリ類の地理的変異

ここではコキクガシラコウモリ類同様，広短型の翼をもつテングコウモリ属のコウモリに着目する。日本列島には，最も大型のテングコウモリ，最も小型のコテングコウモリ，コテングコウモリよりやや大きいクチバテングコウモリ，それよりももう少し大型だがテングコウモリよりはずっと小型のリュウキュウテングコウモリの4種がこれまでに知られている。テングコウモリとコテングコウモリは北海道，本州，四国，九州から知られる。一方，クチバテングコウモリはこれまでに対馬で模式標本の1頭が記録されているのみである。リュウキュウテングコウモリはごく最近1997年に沖縄島北部の照葉樹の森から発見され，新種記載されたものであり(Maeda and Matsumura, 1998），その後奄美大島と徳之島からも発見された（前田，2000；前田ほか，2001；前田ほか，2002）。このうち，テングコウモリのみは他種よりは大型であるというほかにも全体的に大きく異なるが，ほかの3種は同じ仲間であるように見えるくらい比較的類似している。対馬産のクチバテングコウモリはコテングコウモリよりはやや大型であることや，腿間膜に毛がまばらであることなどが異なるとされている（Yoshiyuki, 1970）。しかし私はこれまでクチバテングコウモリはコテングコウモリの単なる変種（奇形個体）であろうと想像したことが何回もあった。理由は，1962年に採集された模式標本の1頭しか記録がなく，その後もまったく発見されていないこと，朝鮮半島や中国東部や中国地方など対馬の周辺で近縁種が見つかっておらず，近縁種はセレベス島やフローレス島のフローリウムテングコウモリ *Murina florium* であるという（Yoshiyuki, 1989）点である。

　しかし，私は南西諸島から小型テングコウモリであるリュウキュウテングコウモリが最近新種発見されてから，考え方を変えた。すなわち，沖縄島でさえ，このようなコウモリの生息がこれまでまったく知られていなかったという事実，および本土産のコテングコウモリに比べて十分に形態が異なるという種分化を起こしているという事実である。もちろん，これには韓国でのコウモリ調査を経験し，韓国での林の状況を見てきたことも大きく影響している。すなわち，確かに，対馬にはクチバテングコウモリが分布していた，いや今でも生息している可能性はある。模式標本以外見つからないのは，対馬でコウモリの調査，しかも樹洞を昼間の隠れ家にするコウモリ類のカスミ網を用いた本格的な調査がまったくといっていいほど行なわれていないことによるのではないだろうか。さらには樹洞があるような大木をたくさん含む原生林があまり残っていないことにもよると思っている。したがって，わずかではあるが，残されている原生林で詳細な調査を行なうと，本種が見つかるような気がしている。

　なお，本種の近縁種が対馬の周辺から見つかっていないことについては，以下のように想像している。生物地理学上，対馬のファウナは日本本土よりも朝鮮半島と深くかかわっているといわれているが，コウモリ類も同様である。かつては朝鮮半島にもクチバテングコウモリが生息していたが，原生林の減少により現在では絶滅してしまったか，あるいはどこかに生き残っている可能性もある。近縁種が韓国で見つかっていないのは，これに関する本格

的な調査がまったくといいほど行なわれていないことによるのではないだろうか。

かつて，屋久島でコテングコウモリが記録されたことがあった(Allen, 1920)が，60数年ぶりに最近，屋久島でコテングコウモリが確認された(船越，1998)。船越によると，外部計測値は本州産と類似しているが，頭骨は大型の傾向にあると報告している。その後やはり屋久島で数頭のコテングコウモリが捕獲され，屋久島を含む日本列島における本種の頭骨と外部形態に関する地理的変異が調べられ，主成分分析と判別分析が行なわれた(Fukui et al., 2005)。これによると，屋久島産は，ほかの本州・北海道産に対してまとまったクラスターを形成したが，本州および北海道の集団間では明確な分離は見られなかった。この屋久島産のコテングコウモリが日本列島他地域産とは別種であるかどうかは，今後の問題であるが，いずれにしても，屋久島産は他地域のものと比べて形態的にかなり種分化を起こしているということになる。これも，この仲間が長距離を持続的に飛ぶ能力に劣り，地続きのときに分布をここまで拡大したが，それ以降は屋久島に隔離されたまま，他地域とは交流をもっていない，あるいはほとんどないということになろう。

3．大洋島の動物地理

前田(2001)に詳述したが，大洋島に分布するコウモリ類がいる。一般に大多数の陸生哺乳類は大洋島に分布していない。しかし，コウモリ類が飛翔可能だからといって，すべてがこの例外であるとは言い切れない。いわゆる旧大陸の熱帯・亜熱帯域にのみに分布するオオコウモリ類のうち，特に大型のオオコウモリ類は，大きな翼をゆっくりと上下に動かし，うまく風を受けて飛翔することができる。したがって，大型のオオコウモリ類は，メラネシアはいうにおよばず，ミクロネシアの島々にも広く分布している。このほかに，長距離を持続的に高速で飛翔可能なサシオコウモリ科とオヒキコウモリ科の一部が大洋島に分布している，あるいはしていた。サモアやフィジー，ミクロネシア連邦にパラオサシオコウモリ *Emballonura semicaudata* が，カロリン島からは別種 *E. sulcata* が知られる。一方，トンガ王国の前歴史時代の遺跡からパラオサシオコウモリのほか，オヒキコウモリ科の *Chaerephon jobensis* が知られるが，両種ともトンガ王国では現在絶滅してしまった。ち

なみに，後者の方は現在でもソロモン，フィジー，バヌアツなどに生息している。

なお，ハワイには現在3種のコウモリ類の生息が知られているが，そのうちホーリーバットの亜種 *Lasiurus cinereus semotus* を除いたほかの2種はヒトが持ち込んだとされている。ホーリーバット *Lasiurus cinensis* はカナダからチリ，アルゼンチンまで広範囲に分布する種であり，ハワイ，ガラパゴスからも知られる (Corbet and Hill, 1991)。これらのうち，ハワイ産は前述のように亜種として認められているが，ガラパゴス産はアメリカ大陸産とまったく同種とされている (Shump and Shump, 1982)。ホーリーバットはオヒキコウモリ科やサシオコウモリ科のように特に狭長型の翼をもっているわけではないが，しかし，驚くような渡りの記録が知られている。北カナダの北緯65度付近にあるサウサンプトン島，アイスランド，スコットランド北方の北緯59度にあるオークニー諸島，北米大陸の東海上1500kmにあるバミューダ島などへの移動が知られている (Shump and Shump, 1982)。すなわち，本種はかなりの遠距離をあちこちに移動する習性をもともともっており，長距離を高速で持続的に飛翔するのに長けているとまではいえないまでも，オオコウモリ類のように，風にうまく乗るなどして長距離をいっきに移動しているように思われる。そして移動した先で，気候がこの種に適合していたり餌条件や昼間の隠れ家が整えば，そこに新しい生息地をきずきあげているようである。

このようにみてくると，コウモリ類の分布拡大の様相や大陸島への分布拡大は，長距離を高速で持続的に飛翔可能であるかどうかのほかに，あちこちへの移動習性能力が高い種であることによっていると思われる。

4. コウモリ類の動物地理における人間の影響

コウモリ類の分布拡大は，海や大きな湖が移動の障害（障壁）になる一方で，大陸の地形状況に移動が大きく影響される陸上哺乳類とは異なり，飛翔能力の差が大きく影響していることがわかる。

一方，コウモリ類の2大生活要素である昼間の隠れ家たる洞窟や樹洞と，冬眠時期を除き恒常的に多量の飛翔昆虫類が得られることが，コウモリ類の定まった地域での生息可能な条件といえる。なおこの条件は，おもに果物の

ような植物食の習性をもち昼間は樹木の枝にそのまま懸下する，あるいは垂れ下がった葉の付け根のような窪みに潜むオオコウモリ科のコウモリ（いわゆるオオコウモリ類）ではなく，飛翔する昆虫類を捕食するいわゆる「小型コウモリ類」にのみあてはまる。オオコウモリ類は冬眠しないので，当然ながら年中果物が採食できる気候条件や昼間に休息する場所を提供する樹木が必要である。

コウモリ類の分布に関しては，ヒトが広範囲に農耕を始める以前には前述のような生息条件や移動可能な条件さえ考慮すればよかったと思われる。しかし森林を破壊し，牧草地，田畑，はたまた人口や家屋の密集地という都会をつくりだしたヒトの農耕の営みは，コウモリ類の生活に大きな影響を及ぼしたと思われる。このあたりの経緯を前田（2001）にまとめているので，それを紹介する。

ヒトが地球上に出現しても，当初はコウモリとの関連はほとんどなく，また，ヒトによるコウモリの生活上における影響もなかったと思われる。洞窟を昼間の隠れ家にするコウモリは，ヒトも洞窟などをすみかとして利用していたことから，ヒトによって見つけられ食べものとして捕まえられたかもしれないが，それはごく一部であったろう。しかし，農耕が始まると，コウモリ類の生息もヒトの影響を強く受けだした。すなわち，農耕とは多様性に富んだ林を切り開き，単純な植生をつくりだすことであると考えられるからである。そうなると2つの側面から影響を受けた。隠れ家と餌である。

1つは，昼間の隠れ家である樹洞と洞窟であった。コウモリ類は，その起源時には当然樹洞など樹木を休息場所として利用していたが，大きな集団を形成するといった方向へ進化したものはやがて洞窟を利用しだしたと想像される。このうち，洞窟を利用していた種はさほど影響を受けなかったと思われるが，樹洞利用性のものは大きな打撃を受けた。すなわち，原生林が伐採されて，隠れ家である樹洞をどんどん失っていった。そしてしかたなく，環境（具体的には湿度と温度変化）に対する適応性が強い一部のコウモリ類は，人工建築物などを昼間の隠れ家とするようになり，環境への適応性の弱い種は分布域をどんどん狭めていった。また，ヒトの活動が活発になり鉱山やトンネルなどが掘られ人工の洞窟が出現すると，元来洞窟を利用していたコウモリ類のほかにも，これらを昼間の隠れ家として利用する種も現われだした。

それまでは昼間の隠れ家である樹洞や自然の洞窟がないため分布の拡大に

困難をきたしていた種も，そうなると，餌条件さえ満たされれば，人工建造物や人工洞窟を使用し，分布を拡大することも可能になった。

また最近では温度や湿度変化に強い種は，ヒトの荷物に混ざり，船で分布の拡大をしているのではないかと考えざるをえないような現象も起きている。

2つ目は夜の採餌に関するものである。コウモリ類は非常に多くの昆虫類を捕食する。たとえば，5gくらいの大きさの小型コウモリ1頭は，小型のカくらいの大きさの昆虫ならば一夜に400～500匹くらいの量を捕るといわれている（前田，2001）。コウモリは通常は群れで生活する。もし100頭の群れがそこにいれば，4～5万匹の昆虫類を一夜に必要とする。ヒトが作りだした農地は単純植生のため，昆虫類の発生が恒常的でなくなり，多様性がなくなる。昆虫は種数が非常に多い，すなわち通常であればどこにでも多種多様な昆虫がいるのがあたりまえである。しかし，単純な環境では昆虫類も種数が限定される。また，その発生時期も偏りがたいへん強くなり，ある時期には昆虫が多いが，まったくいなくなる時期もあるというように，変わっていったであろう。そうなると，年中（冬眠期を除き）多量の飛翔昆虫類を捕食するコウモリ類は十分な餌を確保できなくなる。すなわち，ヒトの活動とともに，隠れ家が奪われ，さらに餌条件が十分でなくなっていったと思われる。

さてでは最後に，ヒトにより地理的な生息場所に関して強く影響を受けたと思われるコウモリを1種紹介して本章を終えよう。

クロホオヒゲコウモリ *Myotis pruinosus* という黒っぽい体毛をもち，刺毛の先端に銀色の金属光沢のある毛を交える小型のホオヒゲコウモリがいる。本種は前田（2001）によると，かつて日本列島の南西部に広がっていた照葉樹林帯に広く分布していたコウモリであった。しかし原生林の消失で昼間の隠れ家である樹洞がなくなり，現在ではわずかに残る照葉樹林に点在して分布しているほか，照葉樹林の消失をおぎなうように生息域をブナ帯の下部に広げ，細々と生き延びているという。一方，競合種と思われるヒメホオヒゲコウモリ *M. ikonnikovi* の生息していない四国などでは，ブナ帯の上部にまで分布しているという。しかし，多くの地域ではこの競合種と分布を接していると想像されている。

すなわち，クロホオヒゲコウモリのように，現在の地理的分布に関して，かなりヒトの影響を受けていると想像される種では，動物地理学的観点からその分布を考察しようとすると，ヒトの活動を抜きには語れないということ

になろうし，このようななかで起こる可能性のある形態学的地理的変異についても特別な考慮が必要であろう。

第14章 小コウモリ類超音波音声の地理的変異

山口大学・松村澄子

　直翅類，蛙類，鳥類など盛んな発声活動を行なう動物の音声はコミュニケーション専用に使われており，また大半の音声が人間の可聴帯域にあるため，音響特性の地理的変異や進化について多くの研究成果が報告されている。

　同じく盛んな発声を行なう動物でありながら，小コウモリ類については事情が違っている。小コウモリ類には親子や，仲間，雌雄間で交わすコミュニケーション専用の音声も存在する。しかしその大半は超音波帯域にあるため人間には聞こえず，加えて夜間に飛行する小動物であるため，彼らの会話音が人に気づかれることはほとんどない。さらに，小コウモリ類の音声のおもな機能は発声される超音波の反射音を使った定位法，いわゆるソナー(sonar)またはエコーロケーション(echolocation)であるため，音声の地方変異(いわゆる方言)などについての研究はきわめて少ない。小コウモリ類のエコーロケーションは主要な感覚手段の1つ(聴覚)であるため，夜行性や飛行・飛翔様式など彼らの基本的な生活様式と深くかかわっている。初めにエコーロケーションの基本となる小コウモリ類の超音波音声の特性について簡単に説明しておこう。

　小コウモリ類がエコーロケーション用に発声する超音波音声は，数ミリ秒間に数十kHz周波数下降が起こるFM(Frequency Modulation：周波数変調)型(図1-1 D～G)と，主部が数十ミリ秒の純音で端部に短いFM音をともなうCF(Constant Frequency：一定周波数)型(図1-1 A～C)とに分けられる。それぞれの音声はこのように，短いものなので，パルスと呼ばれる。

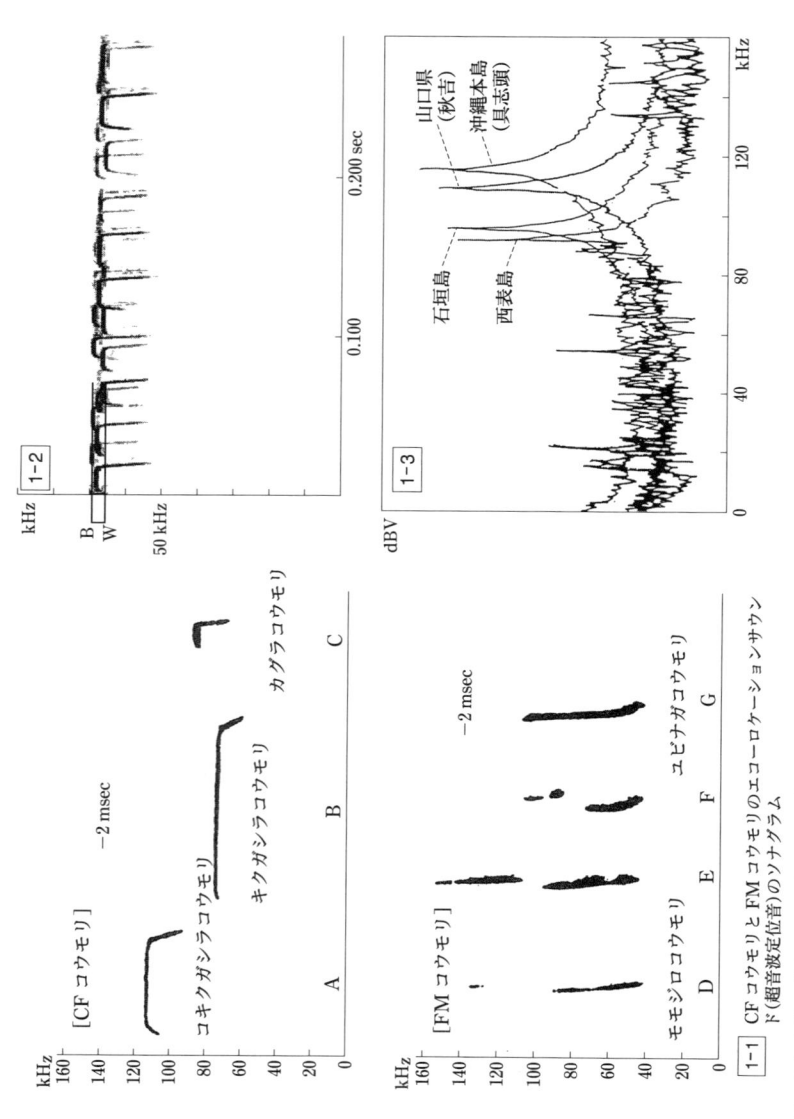

図1 1-1 上段：CF コウモリと FM コウモリのエコーロケーションサウンド（超音波定位音）のソナグラム，1-1 下段：FM コウモリのソナグラム，1-2：キクガシラコウモリのソナグラム，1-3：コキクガシラコウモリ CF 音のスペクトラム（BW），1-3：コキクガシラコウモリ集団の帯域幅

1. FM コウモリ音声の 2 型性

　小コウモリ類の音声多型について，最もまとまった報告となっているのは Jones and Parijs(1993)のヨーロッパアブラコウモリの研究である。ヨーロッパアブラコウモリはヨーロッパに広く分布する FM コウモリの 1 種である。FM コウモリのエコーロケーション用の音声は，パルスごとに周波数変化や強度のパターンが違うのであるが，1 続きのパルス列の周波数分布に着目して，これらの最強中心周波数が 55(53〜58)kHz 型と 45(44〜47)kHz との 2 型に分かれることが明らかになった。しかも繁殖集団はどちらかの音型に明瞭に分かれ，2 型が同所的に生息している場所や一方の型に限られる場所があることもわかった。このように音型が異なる 2 型のあいだには生殖隔離が起こっているが，彼らの外部形質には有意な差は認められなかった。このため Jones らはこの 2 型を潜在的姉妹種とした。その後 Barnet et al. (1997)によって，各哺育集団の全個体は 1 つの音型であるが，一方，遺伝子型はヨーロッパ域内で地理的変異を示すことが明らかにされた。さらに mtDNA にある遺伝子の塩基配列を比較した結果，音型の違う 2 型のアブラコウモリは明らかな別種であると結論づけられた。つまり，外部形質からは 1 種と見られるものが遺伝子型と音声型からは明瞭な 2 種であるという結論となったのである。
　今回，周波数値の地理的変異について紹介するのは東アジアに分布する CF コウモリ類についてである。CF コウモリは旧世界に分布するキクガシラコウモリ科 Rhinolophidae，カグラコウモリ科 Hipposideridae，アラコウモリ科 Megadermatidae など最近は Old-World Leaf-nosed bats と総称されることもある近縁な類である。特に生理学的な研究が進んでいるのはキクガシラコウモリで，定位に使われる CF 音は第二倍音にあたり，Dominant Frequency(DF)と呼ばれる。CF コウモリは別名ドップラーコウモリとも呼ばれる。たとえば DF が 70 kHz のキクガシラコウモリが飛翔すると，コウモリの飛行速度にしたがって発声する音声はドップラー変換され，周波数が変わる。するとこのコウモリはドップラー変化するエコーの周波数が 70 kHz になるように自ら発声する周波数を自分の飛行速度に応じて変化させる(ドップラー変換補償)。物体と自分との相対速度をドップラー変化に

よって感知するためにキクガシラコウモリの聴覚系にはBF周波数を中心とした鋭い聴覚フィルターがそなわっている。つまり，キクガシラコウモリはBFを中心に±2 kHz幅の周波数変化を500 Hzの精度で弁別できるといわれている。このフィルター特性を構成する聴覚神経細胞の集中は網膜の黄斑になぞらえて聴覚斑(acoustic fovea)と呼ばれている。

　以上の説明でCFコウモリの聴覚系がいかにBF，つまりCF周波数値に特殊化しているか，また彼らのCF音がもつ意味を理解していただけたであろうか？　つまり，音で近くの事物や空間を精査する方式において，自分の発声するCF音の周波数と聴覚系は精緻に符号している。したがってCF音がDF周波数値より±2 kHz大きくシフトすると，ぼんやりとしか感知できないことになる。キクガシラコウモリの新生児は，産声に始まり，母とのあいだに活発な音声コミュニケーションを行ない(Matsumura, 1981, 1984)，飛翔開始期までにはそれぞれの個体のCF周波数が定まる。

　上でも述べたように，CFコウモリはすべてドップラーコウモリであるので，CF音はCFコウモリが飛んでいないときに発声する音を対象としなければならない。コウモリが逆さにぶら下がって周囲を探るときに発声するCF音は精査音(scanning sound)，飛んでいないときに発声するCF音は静止期周波数(resting frequency)とも呼ばれる。本章で扱うCF音はこれらを対象とする。

2．CF音周波数の変異の背景

　CFコウモリの周波数変異についての初めての報告はPye(1972)によるアフリカ産カグラコウモリ類の *Hipposideros commersoni* ほか3種についての報告である。このなかで最も顕著な現象として，*H. commersoni* のCF音が56 kHzと66 kHzの2つのバンド帯に分離することが報告された。発端はバットディテクター(超音波探知機)で，数千頭の集団内に明瞭な周波数差が探知されたことが発見に結びついた。同じ洞窟に混在するこの音声による2型は前腕長などの体サイズが有意に2分されるので，亜種の関係にあると結論している。ほかの3種については周波数の個体差が大きく，広いバンド幅を示したので，記載のみにとどめている。筆者は1978年にキクガシラコウモリ(*Rhinolophus ferrumequinum*)の集団間(山口の秋吉台と広島の帝

釈峡)に CF 音周波数変異があることに気づいた。集団の CF 周波数の帯域幅(図1-2)がずれるために個体群間の差であると判断した。また亜種あるいは別種とされる日本のキクガシラコウモリ(*R. f. nippon*)とヨーロッパキクガシラコウモリ(*R. f. ferrumequinum*)との周波数差は約 20 kHz に達する。ヨーロッパキクガシラコウモリ類 CF 音の種間，種内の周波数変異についての報告は，Heller and Helversen(1989)，Jones(1992)，Francis and Habersetzer(1998)がある。Heller and Helversen(1989)は個体差，性差，年齢差はきわめて小さいと述べている。これらの論文のなかで種内の地理的変異についての記載はあるが，CF 音の変異自体への関心はうすく，中心的トピックとしては論じられていない。最近，Kingston ら(2001)によってマレー半島に生息する CF コウモリの一種であるフタイロカグラコウモリ(*Hipposideros bicolor*)に 131 kHz と 142 kHz の 2 つの音型群が同所的に混在することが発見された。この報告については後でまたふれることにする。

今回扱う数値について簡単な説明を加えておこう。キクガシラコウモリ類は図1-1に見られるように，BF 周波数がシャープなピークを示すので，計測は容易である。また集団内に周波数の個体差があり，キクガシラコウモリの 1 集団では BF を中心にしておよそ 3 kHz 内に納まる(図1-2)。これについてはこれまで，複数の集団において録音により確認ずみである。一方，カグラコウモリは集団が大きくなると，キクガシラコウモリの 2 倍ほどのバンド幅に達する(松村，1999)。またカグラコウモリの特徴として飛んでいないときでも，個々のパルス周波数を 0.5 kHz 程度は変化させる。本章の表の数値は未記載資料を含むので，平均値の整数値や最大～最小値で示すことにする。

3. キクガシラコウモリ CF 音周波数の地理的変異

日本国内と韓国で採集したキクガシラコウモリ CF 音周波数値を表 1 に，また採集地を図 2 に示す。日本列島の関東以北に分布する個体群は 65～66 kHz，関東以南は 67～68 kHz，また日本での南限にあたる屋久島も 68 kHz となった。キクガシラコウモリの日々の行動圏は 0.7～4 km(庫本ほか，1969，1973)，また標識調査による冬眠期の分散にともなう少数個体の移動距離は 25～35 km(庫本ほか，1985，1988)と報告されている。キクガシラ

表1 キクガシラコウモリCF周波数の地理的変異

種名	採集地	最小〜最大 (kHz)	平均 (kHz)	個体数
Rhinolophus ferrumequinum nippon	青森県（三戸）	64〜66	65	4
	東北（?）*		65.5	1
	石川県（穴水）		66	4
	千葉県		68	20[*3]
	和歌山県	67〜68	67.5	2
	小豆島	67〜68	68	8
	愛媛県（小田町）	67〜68	67	5
	広島県（帝釈）	66〜66.5	66	5
	山口県（錦町）	67.5〜68.5	68	7
	山口県（秋吉）	68〜70	69	8
	屋久島	67〜69	68	4
	対馬	69〜70	70	6
Rhinolophus f. korai	韓国（慶尚北・南道）	68〜69	69	17
	済州島	71〜72	71.5	34
Rhinolophus f.?	中国（北京）[*2]		75	1

* Taniguchi, 1985 より。採集地不明
[*2] Huihua et al., 2003 より
[*3] 集団の帯域幅を計測

コウモリの国内での分布は広く，このため，個体群間の交流も可能で，全体の変異幅が少ない理由と解釈できる．目を近隣の大陸方向へ転じてみると，対馬では70 kHz，そして，韓国内5カ所の個体群からの結果は69 kHz，済州島では，71.5 kHzとなった．また最近，中国のキクガシラコウモリとカグラコウモリの論文（Huihua et al., 2003）にCF周波数値を見つけた．キクガシラコウモリのCF値は北京市郊外のおそらく14個体で計測されたようであるが，75 kHzとなっている．学名 *Rhinolophus ferrumequinum nippon* は疑わしいが，前腕長の数値から他種との取り違えはありえないので *Rhinolophus ferrumequinum* であると判断し，表に加えた．日本国内のキクガシラコウモリについて遺伝子解析を行なったSakai et al. (2003)の報告によると，ミトコンドリアのチトクロム*b*対立遺伝子において地理的特殊化は見出されないという結論にいたっている．一方，国内，台湾，韓国など多くの洞窟性コウモリを調べ，条虫相からコウモリの分布を研究した澤田（1994，2001）は長期にわたる研究をまとめた総説（Sawada et al., 1991）において，台湾・対馬，韓国・済州島のキクガシラコウモリに日本国内と共通し

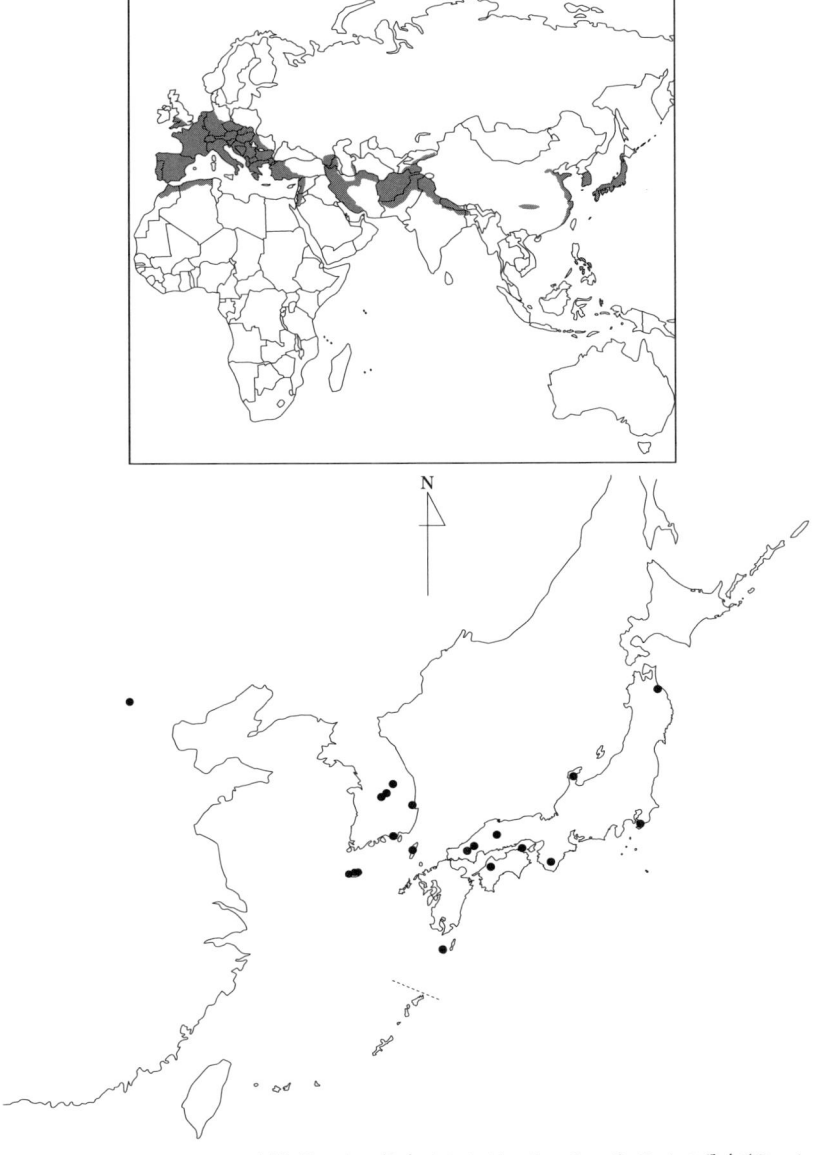

第 14 章 小コウモリ類超音波音声の地理的変異 231

図 2 キクガシラコウモリの採集地。上の枠内はキクガシラコウモリ *R. f.* の分布(Csorba et al., 2003 を改変)。

た条虫の寄生が確認されたことから，キクガシラコウモリの分布は朝鮮半島経由であるという説を述べている。

　キクガシラコウモリ（*R. ferrumequinum*）の世界における分布は西端がイギリスで，東端が日本である。この間の周波数差は 20 kHz に達する。Heller and Helversen(1989)は「ヨーロッパキクガシラコウモリ（*R. f. ferrumequinum*）のヨーロッパ内での CF 周波数値は北西から南東へむかって連続的に減少するクラインが見られるようだ」と述べている。Thomas(1997)は mtDNA の解析により，ヨーロッパのキクガシラコウモリ（*R. f. ferrumequinum*）と日本のキクガシラコウモリ（*R. f. nippon*）は別種であると報告している。今回明らかになったアジア東端での周波数の変異幅は約 9 kHz に達する。中国・北京 75 kHz，済州島 71.5 kHz，対馬 70 kHz，韓国 69 kHz，西南・中部日本では 68 kHz，北日本では 65〜66 kHz で，*Rhinolophus ferrumequinum* としての最も低い周波数値を示し，ゆるやかながら日本列島を北上しながら数値が現象するクラインを示すことになる。体のサイズは北の方が大きい。過去に採集記録と標本がある中国の四川省で数回，本種を狙った調査を行なったが，個体数が少ないようで，生息を確認できるにはいたらなかった。興味深いことに韓国本土部と済州島の個体群間には平均値において 2 kHz，体のサイズを示す指標とされる前腕長において 2 mm の差が認められた。

　以上の結果を総括すると，キクガシラコウモリはおそらく朝鮮半島経由で日本列島に渡来し，北は北海道，南は屋久島へ分布を広げたと想定される。南では渡瀬線を越えず，北はブラキストン線を越えている。また済州島のキクガシラコウモリの値が 71.5 kHz，対馬が 70 kHz となったことは，もしかすると中国大陸の東端から済州島を経て九州経由のルートも想定される。飛翔動物とはいえ，この類は鳥類の「わたり」のように遠距離を季節的に移動するという習性は現在までのところ知られていない。もしキクガシラコウモリが頻繁に海を渡って往来しているとすれば，前述のような島と本土個体群との差は生じないはずである。おそらく渡来や分布拡大の時期はこれらの島々も大陸とつながり，森が広がっていた時期と想定される。その理由はまず，キクガシラコウモリの採餌場は里山の雑木林，植林された森も含め，林内を中心としていることや国内の多くの島（佐渡，三宅島，壱岐・対馬，屋久島など）での生息が確認されていることなども含まれる。コウモリ類の化

石資料が乏しいことはよく知られており，このことが，コウモリ類の古生物地理学の大きな障壁となっている。秋吉台の洞窟から採取された洪積世中期の化石資料からキクガシラコウモリとコキクガシラコウモリが発見されている(長谷川，1980)。河村(1998)は哺乳動物化石の証拠から第四紀における日本列島への哺乳類の移入を中国北部(朝鮮半島経由)ルートと，中国南部(上海・北部九州)ルートの2つがあったと想定している。そこでCF周波数の地理的変異を調べるきっかけとなった秋吉台個体群と，帝釈個体群との周波数値についてであるが，2群とも周波数減少のクラインからややそれる。特に2ルート説の交点にあたる福岡・北九州の周波数値は重要である。済州島71.5 kHz，対馬が70 kHzを示していることは，南ルートも完全には排除できない。キクガシラコウモリは母系できわめて帰還率の高い繁殖集団を形成する(庫本，1986；Sano, 2001)。このため多くの石灰岩洞窟が集中するカルスト地形により生殖隔離が生じたということかもしれない。いずれにしても上海，対馬，福岡・北九州，関東地方の個体群の資料が集まれば，もう少し明瞭な渡来のルートが推論できると思われる。これらの資料を待って，また新たな考察に挑戦することにしたい。

4．コキクガシラコウモリCF音周波数の地理的変異

コキクガシラコウモリの前腕長に示される体サイズの地理的変異についてはMaeda(1978)の報告がある。各地のコキクガシラコウモリの周波数について十数年内に得られた結果(松村，1999)に，その後の資料を加え表2に，また採集地を図3に示す。南へむかうサイズの減少クラインにそってCF周波数値は増加している。これを分類にしたがって区切ると，北海道・本州域のコキクガシラコウモリ *R. cornutus*(奄美大島の *R. c.* 亜種とされるオリイコキクガシラコウモリ *R. cornutus orii*)，沖縄本島のオキナワコキクガシラコウモリ *R. pumilus*，西表島・石垣島のヤエヤマコキクガシラコウモリ *R. perditus* に分かれることになる。CF周波数値は，明瞭な3群に分かれる。しかも北のコキクガシラコウモリと同じくらいの大型であるヤエヤマコキクガシラコウモリは，外部形質の減少や周波数値の増加クラインにおいて，コキクガシラコウモリとは明らかに不連続となる。さらに石垣島と西表島の小型キクガシラコウモリをヤエヤマコキクガシラコウモリ(イリオモテキクガ

表 2 コキクガシラコウモリとカグラコウモリ CF 周波数の地理的変異

種名	採集地	平均周波数(kHz)	最小〜最大(kHz)	前腕長平均(mm)	個体数
Rhinolophus cornutus cornutus	青森県(三戸)	104	103〜104	41	7
	石川県(穴水)	104	104〜105	41	10
	愛媛県(小田町)	105	103〜106	39.5	18
	山口県(秋吉)	106	106〜108	40	15
	福岡県(糸島)	109	108〜110	38.5	7
	対馬	110		39	1
	屋久島	109	108〜109		3
R. c. orii	奄美大島	109	109〜111	38	25
R. pumilus	沖縄島(北部)	109	107〜111	40	20
	(南部)	118	116〜120	39	25
R. perditus	石垣島	97	96〜98	39	10
	西表島	92	92〜93	41	20
R. monoceros	台湾(北部)	110	109〜110		10
	(南部)	115	114〜116	38.5	12

種名	採集地	平均周波数(KHz)	個体数
Hipposideros turpis turpis	石垣島	82	12
	与那国島	78	8
	西表島	77〜84	100*[2]
H. armiger terasensis	台湾　台北(北)	70	4
	墾丁(南)	68	5
H. armiger	四川省　綿陽(北)	66	6
	広安(南)	68	2
	広東省　広州	69	7
	マレーシア*	66	1

* Gould, 1979
*[2] 集団の帯域幅を計測

シラコウモリ *R. imaizumii*)と仮定すると，両島の個体群は限りなく近いが島として隔離されただけの周波数差がある最も近縁な個体群という見解になる。また沖縄本島のオキナワコキクガシラコウモリにおいて，島で隔離されているわけでもないのに，南北の個体群間で5kHz以上の周波数差が認められるが，北部個体群は奄美大島のオリイコキクガシラコウモリに近い周波数を示した。一方，台湾に分布する唯一の小型キクガシラコウモリであるタ

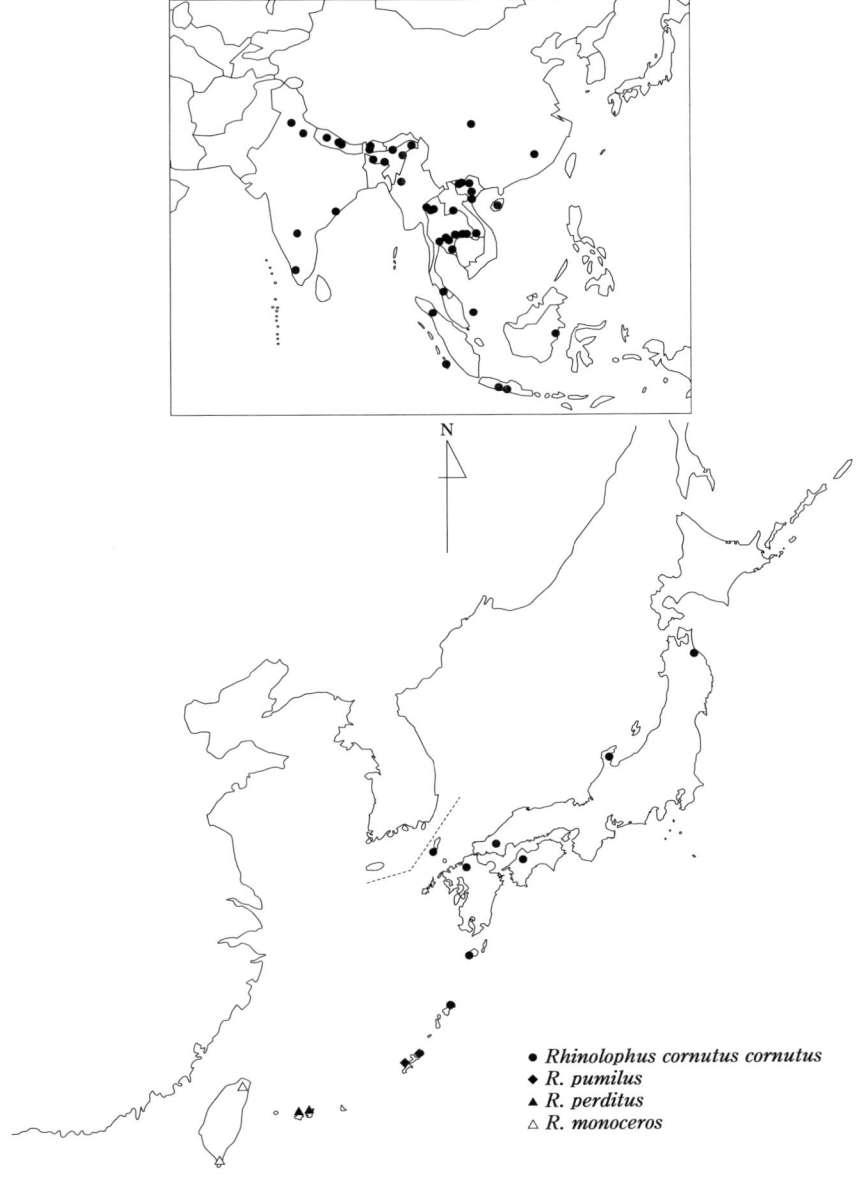

第 14 章 小コウモリ類超音波音声の地理的変異　235

図 3　コキクガシラコウモリの採集地。上の枠内はチビキクガシラコウモリ *R. pusilus* の分布(Csorba et al., 2003)。

- ● *Rhinolophus cornutus cornutus*
- ◆ *R. pumilus*
- ▲ *R. perditus*
- △ *R. monoceros*

イワンヒメキクガシラコウモリ（R. monoceros）も日本のコキクガシラコウモリにたいへん近い周波数値を示す。周波数値は台湾島内で，台北では 110 kHz，最南端の墾丁では 115 kHz と 5 kHz 差を示す。台湾は地形上の特徴として，3000 m 級の山脈があり，島内で地理的隔離が起こっていることは容易に理解できる。

　コキクガシラコウモリの移動距離については，秋吉台での標識調査により 0.5〜5 km 以内ときわめて近距離であることが報告されている（庫本ほか，1969，1973）。行動圏の小さい本種はキクガシラコウモリより顕著に，繁殖場所である洞窟群の局在による隔離効果を受けると考えられる。このことを考慮すると，北海道から本州域，対馬，奄美大島に分布するコキクガシラコウモリの CF 値の増加クラインは隔離による個体群間変異を示すように思われる。澤田・原田（1988）は台湾のタイワンヒメキクガシラコウモリ，ヤエヤマコキクガシラコウモリ，オキナワキクガシラコウモリ，コキクガシラコウモリに共通した，イセ条虫の寄生が確認されたことから，「これらの小型キクガシラコウモリ類は分布上の関連があるように思われる」と述べている。

　ここでまず小型キクガシラコウモリ類の系統と琉球列島，日本列島への渡来の軌跡について考察してみよう。おそらくインド北東部，中国南部，東南アジアにかけて現在も広く分布しているチビキクガシラコウモリ R. pusilus（図 3）を原型とした祖先型が中国南部から渡来し北上したとも考えられる。その根拠としては，現在 5 種に分割されているが，外部形質が近いので，Hill（1992），Servant et al.（2003）によりアジアの小型コウモリ類 pusilus グループとして一括されていることがあげられる。またなぜ南ルートかというと，壱岐・対馬には分布するが，韓国や済州島にはまったく渡来の痕跡がない（化石も含めて分布の形跡がない）からである。この点において，キクガシラコウモリとは異なる分布を示している。前にも述べたように本種は小型で移動距離が小さいので，渡来の時期はおそらく中国大陸と地続きか，大陸から台湾を経由した陸橋の存在した時期が想定される。その後島ごとの隔離が起こり，現在種と判別されるようなグループへ分かれたのであろう。台湾，沖縄島へ分布した祖先種の周波数は 100 kHz 前後であったと想定される。種は違っているが，台湾北部個体群，沖縄島北部個体群，奄美個体群の周波数値がおよそ 100 kHz を示すことがその根拠である。北上しながら大型化し（Maeda，1978），それとともに周波数が低くなるクラインがみられる。一

方，オキナワ島内での変異は5 kHz 以上あり，島として隔離されたほどの差に達している。台湾のタイワンヒメキクガシラコウモリにおいても南北間に類似した周波数差がみられることは興味深い。最も小型であったとされるミヤココキクガシラコウモリ(前田, 2001)の周波数をもはや計測することができないのはたいへん残念である。その値がオキナワコキクガシラコウモリの南部個体群より高いかどうかにより，渡来のルートや祖先型周波数の仮定も大きく変わる可能性もある。また原田ほか(1996)はチトクロム b の塩基配列解析から，これらコキクガシラコウモリ類は本州，奄美諸島，沖縄島，八重山列島，台湾の5つの群に分かれることを報告している。また同じ報告のなかで，チトクロム b の塩基置換からみた系統樹と，mtDNA および rDNA の制限酵素断片長多型から推定した系統樹も発表したがそれらは三様に異なっている。これらのことは，小型キクガシラコウモリ類が台湾，八重山，琉球列島への分布と隔離を繰り返した複雑な渡来や進化の歴史を物語っているのかもしれない。

　以上のように外部形質に基づいた分類の区分と周波数はおおまかには矛盾しないが，問題はヤエヤマコキクガシラコウモリの周波数の不連続性である。Maeda (1978)によって指摘されているように本種の外部形質は日本列島に分布する小型キクガシラコウモリの形態変異のクラインには乗らない。また Hill and Yoshiyuki (1980)により本種はイリオモテキクガシラコウモリとして記載された。そのときの根拠は，外部形質特に鼻葉の形態が，インド洋のアンダマン諸島(図4)に分布するアンダマンキクガシラコウモリに近いということがあげられている。もし吉行(1990)に述べられているように，石垣島に小型コウモリ2種の生息が確認されればこの謎は解明されるかもしれない。興味深いことに，祖先型と思われるチビキクガシラコウモリの周波数値は 90〜95 kHz (Csorba et al., 2003)でヤエヤマコキクガシラコウモリの値に近い。ヤエヤマコキクガシラコウモリは地理的に隣接した台湾や沖縄本島のコキクガシラコウモリと体サイズや周波数値において不連続性を示す。

5. カグラコウモリ CF 音周波数と地理的変異

　カグラコウモリ(ヤエヤマカグラコウモリ *Hipposideros turpis*)の分布は，日本では八重山列島の石垣島，波照間島，西表島，与那国島に限られている

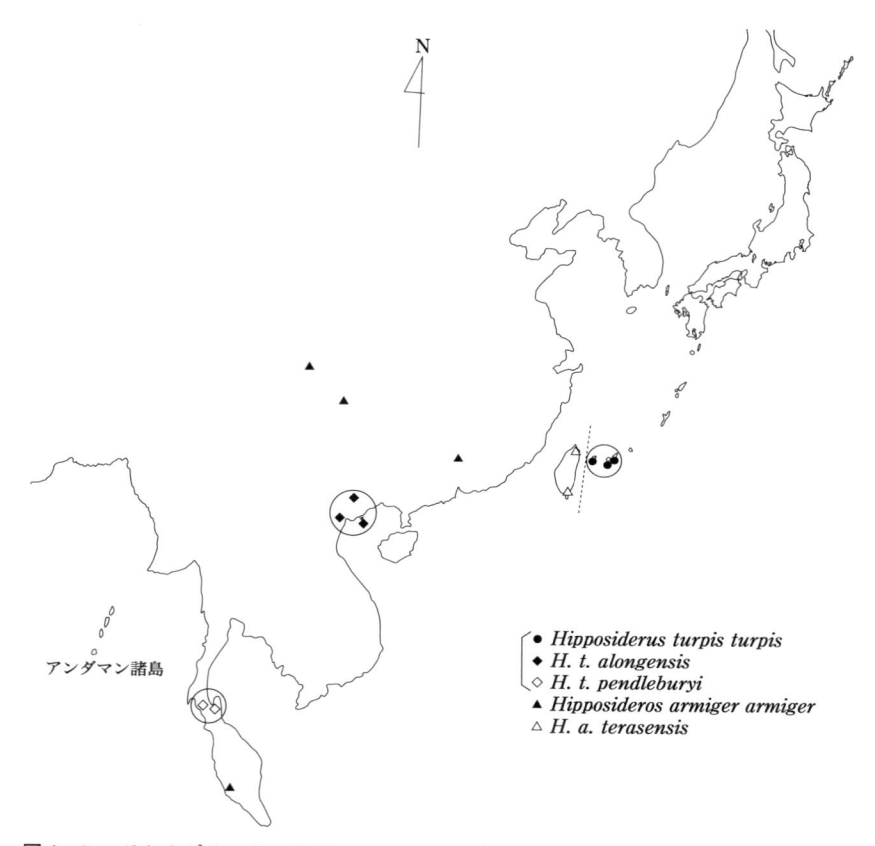

238　第V部　飛行への適応と動物地理

図4　ヒマラヤカグラコウモリ H. armiger とカグラコウモリ H. turpis の採集地と分布。◆，◇はカグラコウモリ●(H. t.)の亜種とされる2種の生息地(Topal, 1993)。マレー半島のヒマラヤカグラコウモリ(H. a. a.)採集地(▲)は Gould(1979)による。

● Hipposiderus turpis turpis
H. t. alongensis
◇ H. t. pendleburyi
▲ Hipposideros armiger armiger
△ H. a. terasensis

(図4)。また国外ではタイ南部とベトナムに亜種が分布する(Csorba, 1990; Corbet and Hill, 1992)。周波数値(表2)に示すように，カグラコウモリ(*H. t. turpis*)と近縁といわれるアジア東南部に分布するヒマラヤカグラコウモリ(*H. armiger armiger*)のCF値は66〜69kであり，分布域内の周波数変異は2〜3kHz程度で広い分布(図4)の割には変異幅が少ない。亜種である台湾のテラソカグラコウモリ *H. a. terasensis* においては，島の南北間の周波数差は2kHzである。またヒマラヤカグラコウモリとしてはマレー半島の個体群が最も低い周波数を，一方，最北の台北の個体群が最も高い周波数

を示した．熱帯系の種とされるカグラコウモリは北の個体群の方が小型である．したがって周波数が北に高いということは，発声器官である声帯の長さが短くなるはずなのでこのことは理にかなっている．またヤエヤマカグラコウモリとの周波数差は 10 kHz であり，外部形質の不連続性(前腕長において平均 20 mm 小さい)とあわせ，明瞭に別種として区別できる．古地理においてもまた現在の距離においてもきわめて近い台湾に，なぜ本種が分布せず，亜種が遠く離れたタイ南部やベトナムに分布するかについては不明である．本種はヤエヤマコキクガシラコウモリとともに，八重山列島(与那国，西表，波照間，石垣)がベトナムやマレー半島と陸続きだった(木崎，1997)とき(第三紀中新世中期：1000 万年以上前)に渡来し，現在も生き残ったという可能性もゼロとは言えない．前田(2001)によると，現在は本種が分布しない宮古島からカグラコウモリらしい下顎骨が発見されているという．いく度も大陸とつながったり，島となったりを繰り返している地域なので複雑な種間競争や絶滅の歴史があったのかもしれない．

　本章で紹介した東アジアの CF コウモリ 3 グループ(小型のコキクガシラコウモリ類，中型のキクガシラコウモリ，大型のカグラコウモリ)は分布も，変異の特徴も，三様に異なっている点が興味深い．またこれら 3 グループのなかで最も変異が大きいのは最小のコキクガシラコウモリグループであり，次いでキクガシラコウモリグループ，カグラコウモリグループの順になっている．この点 3 グループは近縁で，いずれも広短型翼型をもってはいるが，体サイズの制約にともなう移動(飛翔)距離の差を反映していると考えることができよう．

　本章の初めに紹介したように，CF コウモリ CF 音に種間・種内変異があること，またその意義について数編の論文が書かれている(Heller and Helversen, 1989; Jones, 1992; Francis and Habersetzer, 1998; Huihua et al., 2003)が，いずれも十分な結論や説明にはたどりついていない．また新世界に生息する CF コウモリであるヒゲコウモリ *Pteronotus* は旧世界の CF コウモリとの類縁は遠いのであるが，これにも同様な CF 周波数の地理的変異があることが知られている．こうした事実は CF 音の音響レーダーシステムを使うコウモリに共通の理由があることを示唆している．今回，アジア東部で十数年間に収集した資料(松村，1999)に未発表資料を加え総括した．数値は概して，定向的な変異のクラインを示している．つまり，キクガシラコウ

モリとコキクガシラコウモリ（ヤエヤマコキクガシラコウモリは除く）は北ほど体のサイズが大きく，周波数は低い。一方，カグラコウモリは熱帯系のコウモリなので，逆の傾向を示す。

　CF 周波数が変異する理由は，少なくともカグラコウモリにおいては，Pye(1972)に記載されているように，巨大集団での混信回避のために，周波数帯分離が起こることにあるのではないだろうか。その後，周波数の違いによる餌サイズの食い分けに起因する体サイズの分離を経て，集団が分離し，隔離を受けると固定するということが仮定される。前に紹介した Kingston et al.(2001)のフタイロカグラコウモリの音型分離はこの事例にあてはまるのかもしれない。この種では翼型に差が見られ採餌様式やミクロハビタットの利用度に違いが見られるという。西表島におけるカグラコウモリ（*H. t. turpis*）の十数年にわたる新生獣の成長の研究において，気候の不安定さに由来する成長前期の餌量変動が体サイズの変異幅を広げることも観察されている（松村，未発表）。カグラコウモリではほかの 2 種のような顕著なクラインは見られず，また周波数値において八重山列島内における島間の変異は明らかではない。

　一方，キクガシラコウモリにおいてはヨーロッパでも東アジアでも，顕著な東へむかう減少のクラインが認められる。その説明はつけられていないが，コウモリ類のなかでは珍しく西はイギリスから東は日本まで帯状に広がった分布（Csorba et al., 2003）の軌跡と関連するのかもしれない。またキクガシラコウモリ *R. f. nippon* の群れサイズは「小群・分住型」（庫本，1979，1986；佐野，2000，Sano, 2001）で，これが，本種の CF 音の帯域幅が比較的狭い背景と解釈している。キクガシラコウモリ *R. f. nippon* の個体発生の研究において，新生児は親の音声を参照音として発声練習を反復する（松村，1988，1989）。前に述べたように各個体群の全個体は 3 kHz ほどの周波数帯におさまっている。このことは，群れの全個体はこの帯域におさまるように周波数割りあてをしているということになる。当然，新たに生まれた子どもも飛翔期までに，群れで他個体とは異なる周波数をもつということになる。このような超音波は自然環境には存在しない。つまり哺育洞窟にある超音波 CF 音の周波数帯は，母親と群れの全個体がつくりだす新生獣・幼獣のための音環境である（松村，1988）。子コウモリはこの CF 音に刺激されながら，聴覚系を整える。隣接した群れとの交流にともない，中央値から少し偏移し

た周波数をもつ個体が新たに群れへ流入することにより，少しずつ周波数置換が起こるのではないだろうか。最後にコキクガシラコウモリの周波数変異のクラインは3種のなかでは最も明瞭である。この背景としては，小型のコウモリで行動圏が狭いため，繁殖洞窟の局在にともなった生殖隔離が強く働くのではないだろうか。コキクガシラコウモリはキクガシラコウモリと異なり，100〜1万頭規模の大きい群れをつくる。帯域幅の測定や，保育期の音声コミュニケーションについての研究は，本種がきわめて神経質な性質をもつため，まだ十分な資料を集積できていない。

　小コウモリにおいては，FMであれ，CFであれ，音で〝見る〟感度を左右する超音波音声の音響学的特徴の変異がまず起こり，もちろんそれは餌サイズの変更にもつながり，それが地理的隔離などを経て種分化へいたるというシナリオが想定される。ヨーロッパアブラコウモリはこれを最も明瞭に示した，またマレー半島のフタイロカグラコウモリもこれに類した事例といえよう。

　遺伝子の研究に加え，形態学，生態学，行動学，寄生虫学，古生物学などさまざまな分野の知見が統合されることによって，種の系統進化や地理的分布の足跡が明らかになると思う。

これからの動物地理学

終章

北海道大学・増田隆一

1. 動物地理学はおもしろい！

　伝統的な動物地理学では，現在どこにどんな動物種が分布しているかを調査し，その平面的な分布情報に基づいて，過去に起こった分布拡散や移動の歴史が語られてきた。このような古典的で素朴な学問としての動物地理学が，現在進展している生物多様性科学の出発点になったといってもよい。日本列島にかかわる動物地理学の歴史や背景については，本書の序章において詳細に語られている。各章で紹介されているように，現在の動物地理学はそれ自身のなかで解決する学問というよりも，形態学，分類学，分子系統学，生理学，古生物学，考古学など幅広い分野における比較生物学ということができる。

　古くて新しい動物地理学を今後さらに発展させるにはどうしたらよいか？　それには，これからの研究を担う若い研究者や大学院生に「動物地理学はおもしろい」と思わせ，研究に参加してもらうことである。それでは，おもしろい動物地理学とは何だろうか？　単に「動物地理学は重要だ！」と叫んでいても，周囲は振り向いてくれない。やはり，本書の執筆者らのように，研究の最前線に立つ研究者が若い研究者を引きつけるような研究を推進し，その成果を公表しながら「動物地理学はこんなにおもしろいものなんだ！」と主張していくことである。従来の研究体制にとらわれず，新しい見方や技術を取りいれるとともに，他分野との学際的研究を進めていくことが大切である。

一方，研究環境はどうであろうか？　たとえば，わが国の大学理学部生物学科においては系統分類学や自然史に関する研究室は姿を消しつつあり，これは憂うべきことである。しかし，嘆いてばかりもいられないので，前述のように新しい研究の方向性を示しながら動物地理学の重要性を主張することにより，新たな分野を切り開いていく必要がある。たとえば，平成15年度から文部科学省により，北海道大学COEプログラム「新・自然史科学創成」が採択された（北海道大学編，2004）。このCOEプログラムでは，北海道大学において自然史科学に取り組んでいる教員が生物進化学と地球科学の融合をめざした教育・研究を推進しており，まさに動物地理学はその対象となる学際的研究分野である。筆者もそのひとりとして参加しており，このような追い風を受けながら動物地理学の新しい展開を推進したいと考えている。また，近年，わが国の多くの大学において充実しつつある大学博物館を拠点として，動物地理学を含めた自然史研究が発展していくことにも期待している。

一方，動物地理学と地質学や海洋学との接点を模索するために，これまでにいくつかのシンポジウムが行なわれ，若い研究者が中心となって積極的な交流が行なわれてきた。筆者が参加したものでは，1999年3月に東京大学海洋研究所において開かれたシンポジウム「分子海洋学：分子生態学と海洋学の接点」がある。そこでは，生物学の研究者と地質学や海洋学の研究者が，日本列島周辺域の海峡・陸橋の形成史と陸生および水生生物種・集団の遺伝的変異との比較研究から，生物地理に関する議論が活発に行なわれた。その発表の記録は，小島（2000）が世話人となり，『月刊海洋』の「総特集　分子海洋学：分子生態学と海洋学の接点」にまとめられている。また，2002年11月に琉球大学の太田（本書第5章を執筆）が主催して，東アジア島嶼における動植物の生物地理と分子情報に関する国際シンポジウムが開催された（英文のシンポジウム要旨集が発行されている）。さらに，太田（2002）が世話人となり，『遺伝』の「特集　生物地理学，分子生物学と出会う」において，分子生物学の導入による生物地理学の進展が議論された。一方，筆者らのグループは，最近の分子データに基づき，哺乳類の各分類群についてブラキストン線の生物地理学的意義を議論し総説的にまとめた（増田，1999a，1999b；永田，1999；大舘，1999；押田，1999）。これらの議論において共通していることは，対象とする動物がもっている遺伝的・分子系統進化的特徴を

2. 遺伝情報と動物地理学研究

前述のシンポジウムや特集論文そして本書でも紹介されているように、新しい手法として、DNA 塩基配列情報を使った分子系統解析が動物地理学分野で大いに威力を発揮している(図1)。地理的に隔離された集団間において、独立して、かつ時間軸にほぼ比例してDNAの突然変異が生起することが、動物集団間の遺伝的分化を生みだす。分子系統と適応形質の関係を明白にすることが今後の課題として残されているが、現段階では、集団間の遺伝的分化を明らかにすることができる分子系統解析は、動物地理的歴史をたどる適切な手法であると思われる。

本書で注目したいのは、現在の動物集団の分子情報から、これまで考えら

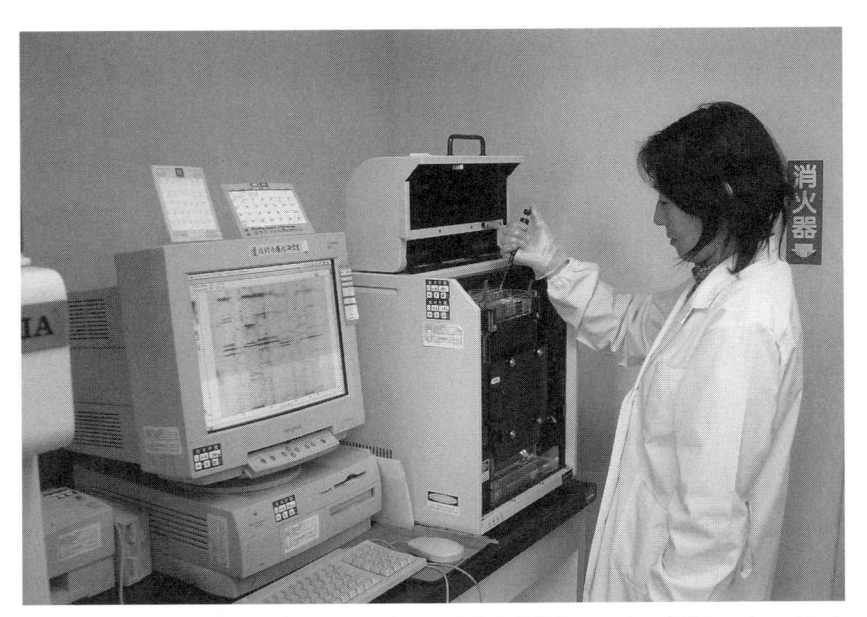

図1 DNA 分析は動物地理学において大いに威力を発揮している。自動シーケンサにより、DNA 塩基配列を解読する。北海道大学における筆者らの研究室にて、井田幸子さんの協力による。

れなかった分布境界線が見えてくることである．たとえば，ブラキストン線を超えて分布する動物種について，北海道と本州の集団を調べてみると，種によって移動の歴史が異なることがわかってきた．第2章で紹介されているニホンジカでは，ブラキストン線は遺伝的な分布境界線にはなっていない．一方，本書では紹介しなかったが，筆者らのグループが行なった哺乳類イタチ科のイイズナ *Mustela nivalis* の mtDNA 分析に基づく考察では，ブラキストン線を境として北海道集団と東北地方集団のあいだで遺伝的分化が起きており，北海道集団と本州集団とは大陸からの渡来ルートが異なるものと考えられた（Kurose et al., 1999）．それに対し，イイズナと同様な分布域もつ近縁種オコジョ *Mustela erminea* では，北海道集団と東北地方集団とのあいだで遺伝的分化がほとんど進んでいなかった（Kurose et al., 1999）．見かけ上，分布域が似通っている近縁種どうしであっても，分子情報の導入により，その渡来や移動の歴史は種によって異なることがあることが明らかとなってきた．また，第3章で紹介されているように，北海道ヒグマ集団におけるmtDNAタイプの分布パターンは，地理的クラインを示すのではなく，異なる系列の mtDNA が異所的に分布し，大陸間や大陸内におけるダイナミックな移動の歴史を反映しているという予想を超えた知見も得られつつある．

　一方，日本列島にとどまらず，大陸に広く分布する動物について DNA 情報を導入することにより，更新世以降の地球環境の変遷が動物移動の歴史と深く結びついていることがわかってきた．特に，ユーラシア大陸と北米大陸にまたがって分布するヒグマ（本書第3章）やアカシカ（第10章）の移動の歴史は，ベーリング海峡の形成史や中央アジアの砂漠の形成史とを考えあわせることによって，より深く理解できる．第1章のトガリネズミ類の地理的変異もユーラシア大陸の最終氷期以降の環境変遷と大きく関係していることが浮き彫りになった．

　分子情報から分岐年代が推定できることも利点の1つである．しかし，第4章の両生類の研究においても議論されているように，異なる分子マーカーによって推定される分岐年代の値にずれが生ずることがある．また，最初に分子マーカーの分子進化速度（分子時計）の基準をどのように設定するかによって，計算される分岐年代の値が異なってくる．それの解決策の1つとして，分子情報から島集団の分岐年代を推定した場合，その値と地質学的な島の形成年代や地理的隔離の年代との比較を行ない，分岐年代を検証する必要

がある。また，集積した分子進化速度のデータを近縁種間で比較検討することも重要だ。第 4 章および第 5 章で紹介されているように，南西諸島の島ごとに近縁種が生息する両生類や爬虫類では，このような研究が進めやすいものと思われる。

　以上のように DNA 分析は動物地理学にとってきわめて有効な武器となる。一方，本書に登場した分子系統解析の多くが，速い進化速度をもつ mtDNA をマーカーとするものである。一般的に知られているように，mtDNA は細胞質のミトコンドリア内に存在するため，母親(卵の細胞質)から子(受精卵の細胞質)へ遺伝する母系遺伝様式をとる。つまり，mtDNA の情報には父方の遺伝的要素は含まれていないと考えられている。今後は，父親に由来する DNA(オスのみがもっている遺伝子)の系統も探っていく必要がある。哺乳類でいえばオス Y 染色体上の遺伝子から得られる情報である。さらに，両親から遺伝(両性遺伝またはメンデル遺伝ともいう)する常染色体上の遺伝子の流れも検討すべきである。各動物集団について，このようなデータセットが得られれば，かなり深い移動の歴史を追跡できることになろう。

3. 直接過去を知るための古代 DNA 分析：その有効性と問題点

　遺伝子解析のなかでも「古代 DNA 分析」は今後の動物地理学の新しい展開のためにも注目すべき手法であり，ここではその可能性を考えてみたい。古代 DNA は ancient DNA の和訳であり，遠い過去に死亡した生物の身体(出土骨などの遺存体)の一部から取りだした DNA のことを指している。「古代」という言葉は，聞き手には有史以前の時代(たとえば，恐竜が存在した数千万年前から数億年前)を想像させるかもしれない。しかし，古代 DNA には，数十年から数百年前に作製された博物館標本や数百年から数千年を経た考古遺跡から出土するミイラや骨の DNA も含まれている。よって，「古代 DNA」のみではなく，「古 DNA」とか「考古 DNA」，「埋蔵 DNA」という用語が使われることもある。

　従来の動物地理学では，現在の動物集団の分布パターンやその分子系統的関係から過去の移動の歴史を推定することがおもな研究手法であった。しかし，「過去を知るために過去を直接調べる」ことができれば，より詳細な動物地理を語ることができる。古代 DNA 分析は，その可能性を実現化する研

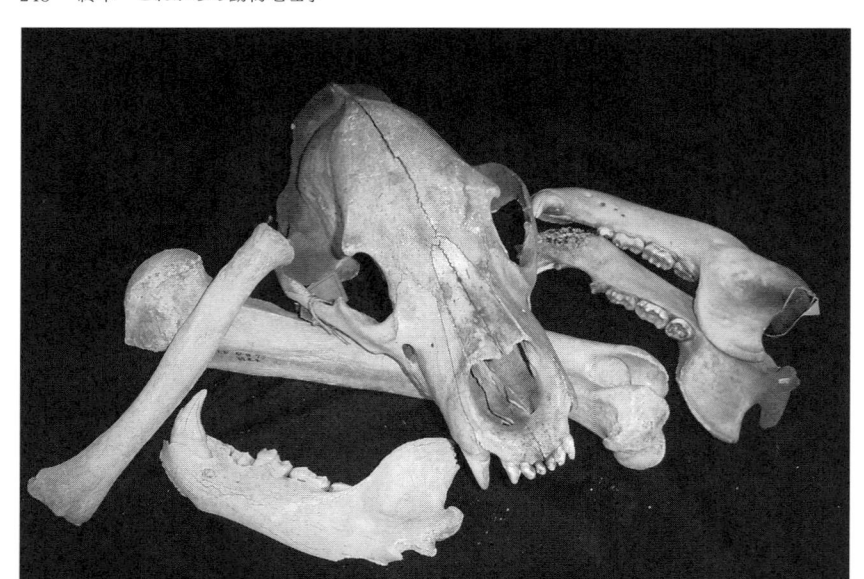

図2 過去を知るためには過去を直接調べる。考古遺跡からの出土骨や古い博物館標本を用いた古代 DNA 分析は，動物地理学研究に新しい展開をもたらす可能性を秘めている。図は博物館に保管されているヒグマの出土骨など。

究手法といえる（図2）。

　ここで，動物遺存体を用いた古代 DNA 分析の有効性を考えてみると，(1)絶滅種の系統進化的位置および多様性変動の検討，(2)動物と人間社会・文化との関係に関する学際的研究，(3)集団構造の時代的変遷の検討，などがあげられる。これらの有効性について，筆者らのグループがこれまでに取り組んできた古代 DNA 研究の成果を例にしながら考えてみる。

　まず，(1)「絶滅種の系統進化的位置」の研究例として，更新世に絶滅したマンモス *Mammuthus primigenius* の分子系統解析をあげることができる。従来，マンモスは現生種アジアゾウ *Elephas maximus* またはアフリカゾウ *Loxodonta africana* のどちらに近縁であるかが古生物学の分野では未解決となっていた。臼歯の形態から，どちらかというとマンモスとアジアゾウの近縁性が示唆されていたが，決定的なものではなかった。食性によって歯の形態は短期間でも変化することがあるからだ。この系統進化的問題を解決すべく，海外の研究者のあいだでもマンモス mtDNA 遺伝子の部分配列から分

子系統関係が考察されたが，最終的な結論にはいたっていなかった。そこで，筆者らのグループは，シベリア永久凍土から発掘された約2万5000年前のマンモス組織から，チトクロム *b* 遺伝子および12S rRNA遺伝子という進化速度が異なる2つのmtDNA遺伝子の全塩基配列を世界で初めて決定し，その分子系統解析により，マンモスがアジアゾウよりもアフリカゾウに近縁であることを発表した（Noro et al., 1998）。この結果は，その後の海外の研究者からも支持されている（Debruyne et al., 2003）。シベリアから発掘されるマンモス遺存体の地理的変異および多様性の年代的変遷に関する研究において，今後，古代DNA分析を導入していくことにより，遺伝的多様性の度合いと絶滅過程の関係が明らかになっていくものと思われる。

　マンモス研究の成果は更新世の遺存体を対象としたものであるが，一般的に日本列島から出土する動物遺存体は更新世より新しい時代，すなわち，縄文時代以降（完新世）の遺跡からのものが圧倒的に多い。古代人の住居跡や貝塚などの遺跡から発掘される動物骨は，生前に人間の生活と何らかのかかわり（食料，日用品の材料，儀礼での使用など）があったと考えられる。そのような遺跡出土骨の古代DNA分析により，思いがけずに，前述の「(2)動物と人間社会・文化との関係に関する学際的研究」に発展することもある。筆者らは，北海道礼文島のオホーツク文化期の遺跡から出土したヒグマ頭骨の古代DNA分析と現代ヒグマの動物地理的特徴を比較することにより，古代人の異文化間交流について新しい知見を得ることができた（Masuda et al., 2001）。礼文島で発見されたオホーツク文化期（紀元後5〜11世紀に北海道のオホーツク沿岸域や南サハリン（樺太）で栄えた狩猟・漁労を中心とした文化）の遺跡から数多くのヒグマ頭骨が出土し，なかには儀礼に使用されたと思われる穿孔のある頭骨も含まれている。しかし，現在の礼文島にはヒグマが自然分布しておらず，過去の時代にも分布の証拠がないので，これらの礼文島古代ヒグマは島外から持ち込まれたと考えられる。よって，それらの生前の生息地を同定するために，出土ヒグマ骨のmtDNAタイプを決定し，現生ヒグマのmtDNAタイプの地理的分布と照合してみた。その結果，礼文島のヒグマ骨のうち，2歳以上で春に死亡した成獣（ヒグマの死亡年齢や死亡季節は歯の年輪から推定できる）は道北‐道央型DNAをもつのに対し，1歳未満の幼獣のほとんどは秋に死亡し道南型DNAを有していた（図3。現生ヒグマの道北‐道央型DNAおよび道南型DNAの詳細については第3章

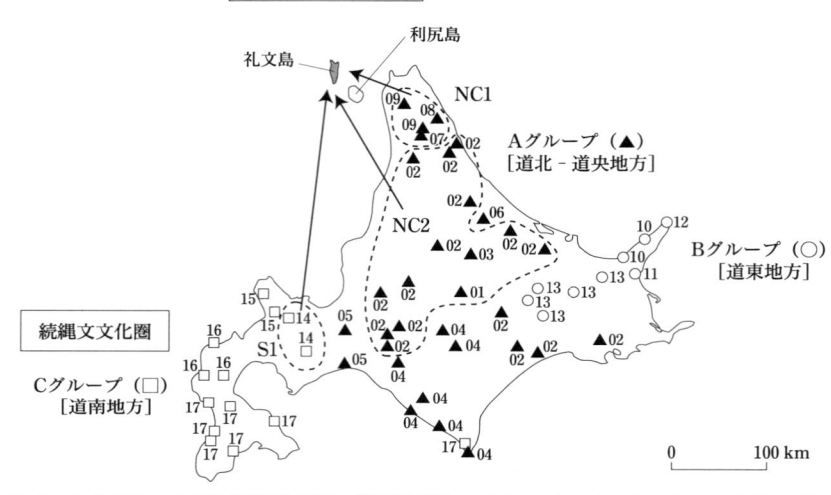

図 3 古代 DNA 分析と動物地理学の学際的研究により，思いがけない新しい知見も得られる（Masuda et al., 2001 より改変）．礼文島のオホーツク文化期出土ヒグマ骨の DNA 情報を北海道本島の現代ヒグマ DNA（図中の表記については，第 3 章の図 1 B 参照）と比較解析することにより，クマ送り儀礼の起源や古代文化の交流がみえてきた．NC1，NC2，S1 は地域を，矢印は礼文島へのヒグマの人為的移動を示す．

を参照のこと）．考古学的には，当時の道南地方はオホーツク文化圏ではなく，本州の東北地方と関係の深い続縄文文化が展開していたと考えられている．礼文島の古代子グマからの道南型 DNA の発見は，春に捕らえられた道南の子グマが礼文島へ移され，秋にクマ送り儀礼に使用されたことを示唆している．さらに，アイヌ文化において行なわれてきた「春から秋まで飼育して儀礼に使用する飼育型クマ送り」の起源が少なくともオホーツク文化期にまでさかのぼること，子グマに対する価値観がオホーツク文化と続縄文文化という異文化の人々のあいだで共有されていたことが，古代ヒグマ DNA 分析と現生ヒグマの動物地理学から考察された（Masuda et al., 2001；増田ほか，2002）．これは，従来の考古学，動物学，遺伝学など単独の分野からは予想できなかった成果である．第 9 章に紹介されているイノシシの起源や家畜化に関する研究においても，日本列島の各時代の遺跡から出土する骨の古代 DNA 分析が導入されており，現生 DNA のみではわからなかった新知見が得られている．

次に3つ目の古代DNAの有効性「(3)集団構造の時代的変遷」について述べよう。筆者らのグループは，北海道ヒグマの三重構造の成立過程を調べるため，縄文時代の遺跡・貝塚から出土したヒグマ骨の古代DNA分析を進めている（増田・高橋，2004）。縄文文化期出土のヒグマ骨には顕著な儀礼の形跡は認められていないので，上述のオホーツク文化期出土のヒグマ骨のような，元来の生息地から遠隔地への遺体の移動はなかったものと推定している。北海道では土壌の性質により，縄文期の前である更新世の地層からのヒグマ骨出土例は，他種の獣骨を含めて知られていない。よって，第3章で紹介したアラスカ永久凍土出土の更新世ヒグマ化石のような古い時代の遺存体が，北海道の地層から入手される可能性は低い。まだ結論にいたっていないが，これまでの古代DNA分析により，縄文時代のヒグマにおいても，少なくとも現代の北海道ヒグマ集団と同じ3系統のmtDNAが存在したようである（増田・高橋，2004）。今後の詳細な古代DNA分析と年代測定や出土地点の比較により，北海道におけるヒグマの移動史に新しい知見がもたらされるものと期待している。

以上，古代DNA分析の有効性について述べてきたが，いくつかの課題や問題点も残されている。最も大きな問題点は，埋蔵されていた動物骨におけるDNAの断片化である。断片化したDNAから遺伝情報を解読し，それをつなぎあわせていくことで，考察検討にたえうる遺伝情報量を得なければならないため，古代DNA分析には，現生のDNAを扱う分析よりも労力と時間がかかる。土壌中に埋蔵されている骨では，一般的に時間を経ているほどそのDNAの破壊が進んでいる。今のところデータに信頼性のある古代DNA情報は古くても，前述のマンモスのような数万年前の更新世の化石までといわれている。もちろん，数万年前以降の標本でも，すべてのDNA分析が成功するわけではない。

出土骨中にDNAが残存していても，埋蔵中に形成されたり，土壌中から骨中に侵入してきた「分析反応への阻害物質」が存在し，それを除去または不活化する必要がある。また，分析技術である遺伝子増幅法（PCR）の反応条件や適切なPCRプライマー塩基配列の設定も古代DNA分析成功の重要な鍵となる。標本の表面や実験器具に付着していた他個体のDNAが実験操作の段階で混入してくることもある。これを防ぐには，分析の各段階で，外来DNAが混入していないことをモニタリングする必要がある。このように，

各標本の状態により経験と工夫が必要とされる。

　そのほかの問題点としては，出土骨からの核DNAの増幅が困難なことである。これまで報告されている古代DNAはmtDNAを対象とするものが多いのに対し，核DNAの情報はきわめて少ない。細胞の種類にもよるが，1個の細胞の細胞質中には数千個のミトコンドリアが存在し，1つのミトコンドリア内部には数個のmtDNAがはいっている。よって，1個の細胞につき数千〜数万個のmtDNAが存在することになる。骨を形成している骨細胞でも同じことである。それに対し，細胞の核に存在する遺伝子は，相同染色体に1対，つまり2コピーがのっているのみである。よって，破壊や断片化が進んでいる骨細胞DNAからmtDNAの特定遺伝子をPCR増幅することができても，コピー数の少ない核DNAの特定遺伝子をPCR増幅するには技術的に困難であることが多い。もしこの難問を克服することができれば，化石や考古標本を用いて過去の動物集団の核遺伝子頻度を解析したり，Y染色体上の父系遺伝子の分子系統をたどることができるようになり，mtDNAの結果と比較したより深い動物地理学的考察が可能となる。

4．動物地理学におけるローカル研究の重要性

　動物地理学研究では，各地域における動物集団を調査・採集して分析する。しかし，本書の執筆陣のような精力的な研究者であっても，対象とする調査地すべての自然環境を把握し，各地域の動物集団を十分に理解することはしばしば困難である。多くの場合，各地の博物館や資料館において，その地域の自然史研究に精力的に取り組んでいる学芸員等の協力を得てはじめて研究を進めることができる。日本列島の広域にわたる動物地理を見渡している研究者と各地域で自然史研究に取り組んでいる博物館・資料館の学芸員等が連携を強めることが，今後の動物地理学の発展にとってきわめて重要であると考える。

　最近充実してきた電子情報ネットワークを通して，各地の動物情報を発信・受信することもこの連携を助けてくれるであろう。さらに，各国内において動物地理的歴史が詳細に研究されていけば，次のステップとして，たとえば，アジアの各国間で連携することにより，アジアの動物地理の姿が明らかになってくる。まさに，動物地理学はローカルの自然史研究とともに発展

する学問といえる。

　また，近年，各地で急速に増加しつつあるペットや家畜など移入種の帰化は，多くの固有種を含んでいる日本列島の生物相や生態系を変えつつある。移入種も在来種も人為的にその分布域を変えられつつあることは事実であり，移入種の問題は新たな動物地理学の課題としても今後取り組んでいかなければならないであろう。

引用文献

[はじめに]

Ashton, K. G., M. C. Tracy and A. Queiroz. 2000. Is Bergmann's rule valid for mammals? Am. Nat., 156: 390-415.

Bergmann, C. 1847. Über die verhältnisse der wärmeökonomie der thiere zu ihrer grösse. Göttinger Studien. Pt. 1: 595-708.

James, F. C. 1970. Geographic size variation in birds and its relationship to climate. Ecology, 51: 365-390.

[日本の動物地理]

Abe, H. 1999. Diversity and conservation of mammals of Japan. In "Recent Advances in the Biology of Japanese Insectivora: proceedings of the symposium on the biology of insectivores in Japan and on the wildlife conservation" (ed. Yokohata, Y. and S. Nakamura), pp.89-104. Hiba Society of Natural History.

Harada, M., A. Ando, K. Tsuchiya and K. Koyasu. 2001. Geographical variations in chromosomes of the Greater Japanese Shrew-mole, *Urotrichus talpoides* (Mammalia: Insectivora). Zool. Sci., 18: 433-442.

長谷川善和．1985．ウルム氷期における宮古島ピンザアブ洞穴堆積物からの脊椎動物遺骸群集．ピンザアブ洞穴発掘調査報告書，pp.29-32, 177-180．沖縄県教育委員会．

Hikida, T. and J. Motokawa. 1999. Phylogeographical relationships of the skinks of the genus *Eumeces* (Reptilia: Scincidae) in East Asia. In "Tropical Island Herpetofaunas: origin, current diversity and conservation" (ed. H. Ota), pp.231-247. Elsevier, Amsterdam.

Hikida, T. and H. Ota. 1997. Biogeography of reptiles in the subtropical East Asian Islands. In "Proceedings of the Symposium on the Phylogeny, Biogeography and Conservation of Fauna and Flora of East Asian Region" (ed. Lue, K. -Y. and T. -H. Chen), pp.11-28. National Science Council, R. O. C., Taipei.

亀井節夫・樽野博幸・河村善也．1988．日本列島の第四紀地史への哺乳動物相のもつ意義．第四紀研究，26：293-303．

河村善也・亀井節夫・樽野博幸．1989．日本の中・後期更新世の哺乳動物相．第四紀研究，28：317-326．

木崎甲子郎・大城逸郎．1981．琉球列島のおいたち．琉球の自然史(木崎甲子郎編著)，pp.8-37．築地書館．

Masuda, R., M. C. Yoshida, F. Shinyashiki and G. Bando. 1994. Molecular phylogenetic status of the Iriomote Cat *Felis iriomotensis*, inferred from mitochondrial DNA sequence analysis. Zool. Sci., 11: 597-604.

増田隆一．2002．ヒグマは三度，北海道に渡って来た．遺伝，56(2)：47-52．

Ohdachi, S., R. Masuda, H. Abe, J. Adachi, N. E. Dokuchaev, V. Haukisalmi and M. C. Yoshida. 1997. Phylogeny of Eurasian soricine shrews (Insectivora, Mammalia) inferred from the mitochondrial cytochrome b gene sequences. Zool. Sci., 14: 527-532.

Okamoto, M. 1999. Phylogeny of Japanese moles inferred from mitochondrial CO1 gene sequences. In "Recent Advances in the Biology of Japanese Insectivora: proceedings of the symposium on the biology of insectivores in Japan and on the wildlife conservation" (ed. Yokohata, Y. and S. Nakamura), pp.21-27. Hiba Society of Natural History.

小野有五・五十嵐八枝子．1991．北海道の自然史．219 pp．北海道大学図書刊行会．

大嶋和雄．1990．第四紀後期の海峡形成史．第四紀研究，29：193-208．

Ota, H. 1998. Geographic patterns of endemism and speciation in amphibians and reptiles of the Ryukyu Archipelago, Japan, with special reference to their paleogeographical implications. Res. Popul. Ecol. 40: 189-204.

太田英利．2002．生物地理学，分子生物学と出会う：特集にあたって．遺伝，56(2)：31-34．

Sclater, P. L. 1858. On the general geographical distribution of the members of the class Aves. Proc. Linn. Soc., 2: 130-145.

曽田貞滋．2002．DNA が語る日本列島のオサムシの分化．遺伝，56(2)：67-73．

鈴木仁．2002．日本産野生ネズミ類の起源と地理的変異．遺伝，56(2)：57-61．

Suzuki, H., T. Hosoda, S. Sakurai, K. Tsuchiya, I. Munechika and V. P. Korablev. 1994. Phylogenetic relationship between the Iriomote cat and the leopard cat, *Felis bengalensis*, based on the ribosomal DNA. Japanese J. Genet., 69: 397-406.

Suzuki, H., S. Minato, S. Sakurai, K. Tsuchiya and I. M. Fokin. 1997. Phylogenetic position and geographic differentiation of the Japanese dormouse, *Glirulus japonicus*, revealed by variations among rDNA, mtDNA and the Sry gene. Zool. Sci., 14: 167-173.

Suzuki, H., K. Tsuchiya and N. Takezaki. 2000. A molecular phylogenetic framework for the Ryukyu endemic rodents *Tokudaia osimensis* and *Diplothrix legata*. Molecular Phylogenetics and Evolution, 15: 15-24.

玉手英利．2002．じつは大陸で分かれた北と南のニホンジカ．遺伝，56(2)：53-56．

徳田御稔．1941．日本生物地理．201 pp．古今書院．

徳田御稔．1969．生物地理学．199 pp．築地書館．

土屋公幸．1974．日本産アカネズミ類の細胞学的および生化学的研究．哺乳動物学雑誌，6：67-87．

氏家宏(編)．1990．沖縄の自然：地形と地質．271 pp．ひるぎ社．

Wallace, A. R. 1876. The Geographical Distribution of Animals. London.

[DNA より示唆される北海道産トガリネズミ群集の成立過程]

阿部永．1985．適応放散からみた現生トガリネズミ類の分類，分布，生態．スンクス．実験動物としての食虫目トガリネズミ科動物の生物学(近藤恭司監修)，pp.20-37．学会出版センター．

阿部永(監修・著)．1994．日本の哺乳類．195 pp．東海大学出版会．

阿部永・呉弘植・大舘智志・韓尚勲．2001．韓国済州島産トガリネズミ(*Sorex* sp.)の分類学的検討．2001 年度日本哺乳類学会大会要旨．日本哺乳類学会．

Arheim, N., M. Krystal, R. Schmickel, G. Wilson, O. Ryder and E. Zimmer.1980. Molecular evidence for genetic exchanges among ribosomal genes on non-homologous chromosomes in man and apes. Proc. Natl. Acad. Sci. USA, 73: 7323-7327.

直海俊一郎．2002．生物体系学．337 pp．東京大学出版会．

Avise, J. C. 2000. Phylogeography. The History and Formation of Species. 447pp. Harvard University Press. Cambridge, Massachusetts.

Brooks, D. R. and D. A. McLeannan. 1991. Phylogeny, Ecology, and Behavior: a research program in comparative biology. 434pp. The University of Chicago Press, Chicago.

Churchfield, S. 1990. The Natural History of Shrews. 178pp. A & C Black, London.
Connel, J. H. 1980. Diversity and the coevolution of competitors, or the ghost of competition past. Oikos, 35: 131-138.
Dokuchaev, N. E. 1990. Ecology of Shrews in North-east Asia. 160pp. Nauka, Moscow. (In Russian).
Dokuchaev, N. E., S. Ohdachi, H. Abe. 1999. Morphometric status of shrews of the *Sorex caecutiens/shinto* group in Japan. Mammal Study, 24: 67-78.
Dolgov, V. A. 1985. Shrews of the Old World. 232pp. Moscow State University Press, Moscow. (In Russian).
長谷川善和．1966．日本の第4紀小型哺乳動物化石層について．化石，11：31-40．
Hutchison, D. W. and A. R. Templeton. 1999. Correlation of pairwise genetic and geographic distance measures: inferring the relative influences of gene flow and drift on the distribution of genetic variability. Evolution, 53: 1898-1914.
五十嵐八重子．2000．北方四島の地史的・生態的意義：北海道とのつながりについて．ワイルドライフ・フォーラム，6：11-21．
木元新作・武田博清．1989．群集生態学入門．198 pp．共立出版．
佐藤宏明・山本智子・安田弘法(編著)．2001．群集生態学の現在．427 pp．京都大学学術出版会．
MacArthur, R. H. and E. O. Wilson. 1967. The Theory of Island Biogeography. 203pp. Princeton University Press, Princeton.
MacDonald, G. 2003. Biogeograpy. Introduction to space, time and life. 518pp. John Wiley & Sons, New York.
宮下直・野田隆史．2003．群集生態学．187 pp．東京大学出版会．
向井貴彦．2001．魚類の種分化プロセスにおける交雑と遺伝子浸透．魚類学雑誌，48：1-18．
Naitoh, Y. 2003. Geographic variations in nuclear DNAs of two shrew species (Insectivora, Mammalia), *Sorex unguiculatus* and *S. caecutiens*. 56pp. 北海道大学大学院地球環境科学研究科修士論文．
根井正利．1989．分子進化遺伝学(五条堀孝・斎藤成也訳)．433 pp．培風館．
Nei, M. and S. Kumar. 2000. Molecular Evolution and Phylogenetics. 333pp. Oxford University Press, Oxford.
Nesterenko, V. A. 1999. Insectivores of the south Far East and their communities. 172pp. Dalhauka, Vladivostok. (In Russian).
Nesterenko, V. A., I. S. Sheremetyev and E. V. Alexeeva. 2002. Dynamics of the shrew taxocene structure in the late Quaternary of the southern Far East. Paleontological Journal, 36: 535-540.
野澤謙．1994．動物集団の遺伝学．329 pp．名古屋大学出版会．
Ohdachi, S. 1992a. Home ranges of sympatric soricine shrews in Hokkaido, Japan. Acta Theriologica, 37: 91-101.
Ohdachi, S. 1992b. Female reproduction in three species of *Sorex* in Hokkaido, Japan. J. Mam., 73: 445-457.
Ohdachi, S. 1994. Total activity rhythms of three soricine species in Hokkaido. J. Mamm. Soc. Japan, 19: 89-99.
大舘智志．1995．北海道野生動物研究最前線(トガリネズミ)．Rise，5：110-111．
Ohdachi, S. 1995a. Diets and abundances of three sympatric shrew species in northern Hokkaido. J. Mamm. Soc. Japan, 20: 89-99.
Ohdachi, S. 1995b. Burrowing habits and earthworm preference of three species of *Sorex* in Hokkaido. J. Mamm. Soc. Japan, 20: 85-88.

Ohdachi, S. 1996. Longevity of shrews in Hokkaido under captivity. Mammal Study, 21: 65-69.
Ohdachi, S. 1997. Laboratory experiments on spatial use and aggression in three sympatric species of shrew in Hokkaido. Mammal Study, 22: 11-26.
大舘智志．1999．食虫類をめぐるブラキストン線に関する問題－主にトガリネズミ類を中心として．哺乳類科学，39：329-336．
Ohdachi, S. and K. Maekawa. 1990a. Geographic distribution and relative abundance of four species of soricine shrews in Hokkaido, Japan. Acta Theriologica, 35: 261-267.
Ohdachi, S. and K. Maekawa. 1990b. Relative age, body weight, and reproductive condition in three species of *Sorex* (Soricidae; Mammalia) in Hokkaido. The Research Bulletins of the College Experiment Forests, Faculty of Agriculture, Hokkaido University, 47: 535-546.
Ohdachi, S., R. Masuda, H. Abe, J. Adachi, N. E. Dokuchaev, V. Haukisalmi,and M. C. Yoshida. 1997. Phylogeny of Eurasian soricine shrews (Insectivora, Mammalia) inferred from the mitochondrial cytochrome *b* gene sequences. Zool. Sci., 14: 527-532.
Ohdachi, S., N. E. Dokuchaev, M. Hasegawa and R. Masuda. 2001. Intraspecific phylogeny and geographic variation of six species of northeastern Asiatic *Sorex* shrews based on the mitochondrial cytochrome *b* sequences. Mol. Ecol., 10: 2199-2213.
Ohdachi, S. D., H. Abe and S.-H. Han. 2003. Phylogenetical positions of *Sorex* sp. (Insectivora, Mammalia) from Cheju Island and *S. caecutiens* from the Korean Peninsula, inferred from mitochondrial cytochrome *b* gene sequences. Zool. Sci., 20: 91-95.
大嶋和雄．1991．第四紀後期における日本列島周辺の海水準変動．地学雑誌，100：967-975．
小野有五・五十嵐八重子．1991．北海道の自然史．219 pp．北海道大学図書刊行会．
Posada, D. and K. A. Crandall. 1998. Modeltest: testing the model of DNA substitution. Bioinformatics, 14: 817-818.
曽田貞滋．2000．分子系統で見るオサムシの進化．オオオサムシ亜属は平行進化したのか？ インセクタリゥム，37：176-185．
曽田貞滋．2002．DNAが語る日本列島のオサムシの分化．遺伝，56：67-73．
Strimmer, K. and A. von Haeseler. 1996. Quartet puzzling: a quartet maximum-likelihood method for reconstructing tree topologies. Mol. Biol. Evol., 13: 964-969.
鈴木仁．1994．リボソームDNAの遺伝的分化：小型哺乳類の系統解析．哺乳類科学，34：67-79．
Suzuki, H., K. Tsuchiya, M. Sakaizumi, S. Wakana, O. Gotoh, N. Saitou, K. Moriwaki, and S. Sakurai. 1990. Differentiation of restriction sites in ribosomal DNA in the genus *Apodemus*. Biochem. Genet., 28: 137-149.
ワイリー，E. O.1991．系統分類学：分岐理論と実際（宮正樹・西田周平・沖山宗雄訳）．528 pp．文一総合出版．
Wolsan, M. and Hutterer, R. 1998. A list of living species of shrews. *In* "Evolution of Shrews" (ed. Wójcik J. M. and M. Wolsan), pp.425-448. Mammalian Research Institute, Polish Academy of Sciences, Białowieża.

[DNAに刻まれたニホンジカの歴史]
阿部永（監修・著）．1994．日本の哺乳類．195 pp．東海大学出版会．

Aquadro, C. F. and B. D. Greenberg. 1983. Human mitochondrial DNA variation and evolution: analysis of nucleotide sequences from seven individuals. Genetics, 103: 287-312.
Blakiston, T. W. 1883. Zoological indications of ancient connection of the Japan Islands with the Continent. Transact. Asiat. Soc. Japan, 11: 126-140.
Bowcock, A. M., A. Ruiz-Linares, J. Tomfohrde, E. Munch, J. R. Kidd and L. L. Cavalli-Sforza. 1994. High resolution of human evolutionary trees with polymorphic microsatellites. Nature, 368: 455-457.
Brown, W. M., M. Jr. Gorge and A. C. Wilson. 1979. Rapid evolution of animal mitochondrial DNA. Proc. Natl. Acad. Sci. USA, 76: 1967-1971.
遠藤秀紀．1996．日本産偶蹄類の学名・和名について．哺乳類科学，35：203-209．
Felsenstein, J. 1985. Confidence limits on phylogenies: an approach using the bootstrap. Evolution, 39: 783-791.
長谷川善和・冨田幸光・甲能直樹・小野慶一・野苅家宏・上野輝彌．1988．下北半島尻屋地域の更新世脊椎動物群集．国立科博専報，21：17-44．
細井栄嗣・山田昌宏・永田純子・玉手英利・金森弘樹・田戸裕之・小澤忍．2003．本州におけるニホンジカ2系統の重複分布地域の特定．日本哺乳類学会2003年度大会プログラム講演要旨集，p.113．日本哺乳類学会．
Igota, H., M. Sakuragi, H. Uno, K. Kaji, M. Kaneko, R. Akamatsu and K. Maekawa. 2004. Seasonal migration patterns of female sika deer in eastern Hokkaido, Japan. Ecol. Res., 19: 169-178.
伊藤健雄・高槻成紀．1987．五葉山地域におけるニホンジカの分布域と季節移動．山形大学紀要，11：411-430．
亀井節夫・河村善也・樽野博幸．1987．哺乳動物相．日本第四紀地図解説（日本第四紀学会編），pp.86-89．東京大学出版会．
河村善也・亀井節夫・樽野博幸．1989．日本の中・後期更新世の哺乳動物相．第四紀研究，28：317-326．
Kimura, M. 1980. A simple method for estimating evolutionary rates of base substitutions through comparative studies of nucleotide sequences. J. Mol. Evol., 16: 111-120.
近藤憲久．1982．日本の哺乳類相：種の生態，古環境および津軽海峡の影響について．哺乳類科学，43・44：131-144．
丸山直樹．1981．ニホンジカ Cervus nippon TEMMINCK の季節移動と集合様式に関する研究．東京農工大学農学部学術報告，23：85．
三浦慎悟．1974．丹沢山塊桧洞丸におけるシカ個体群の生息域の季節変化．哺乳動物学雑誌，6：51-62．
永田純子．1999．日本産偶蹄類の遺伝学的知見とブラキストン線について．哺乳類科学，39：343-350．
Nagata, J., R. Masuda and M. C. Yoshida. 1995. Nucleotide sequences of the cytochrome *b* and 12SrRNA genes in the Japanese sika deer *Cervus nippon*. J. Mamm. Soc. Japan, 20: 1-8.
Nagata, J., R. Masuda, H. B. Tamate, S. Hamasaki, K. Ochiai, M. Asada, S. Tatsuzawa, K. Suda, H. Tado and M. C. Yoshida. 1999. Two genetically distinct lineages of the sika deer, *Cervus nippon*, in Japanese islands: comparison of mitochondrial D-loop region sequences. Mol. Phyl. Evol., 13: 511-519.
那須孝悌．1980．ウルム氷期最盛期の古植生について．ウルム氷期以降の生物地理に関する総合研究．文部省科学研究費補助金総合研究(A) 334049 昭和45年度報告書（亀井節夫代表），pp.55-66．
沖縄県教育委員会．1996．ケラマジカ保護対策緊急実態調査報告書．201 pp．沖縄県教育

委員会．

大嶋和雄．1991．第四紀後期における日本列島周辺の海水準変動．地学雑誌，100：967-975．

大泰司紀之．1986．ニホンジカにおける分類・分布・地理的変異の概要．哺乳類科学，53：13-17．

Saitou, N. and M. Nei. 1987. The neighbor-joining method: a new method for reconstructing phylogenetic trees. Mol. Biol. Evol., 4: 406-425.

Sakaguti, K. and E. W. Jameson Jr. 1962. The Siphonoptera of Japan. Pacific Insects Monograph, 3. 169pp. Entomology Department, Bernice P. Bishop Museum, Honolulu.

Takahashi, H. and K. Kaji. 2001. Fallen leaves and unpalatable plants as alternative foods for sika deer under food limitation. Ecol. Res., 16: 257-262.

高槻成紀．1991．草食獣の採食生態：シカを中心に．現代の哺乳類学(朝日稔・川道武男編)，pp.119-144．朝倉書房．

Takatsuki, S., K. Suzuki and H. Higashi. 2000. Seasonal elevational movements of sika deer on Mt. Goyo, northern Japan. Mammal Study, 25: 107-114.

Tamate, H. B., S. Tatsuzawa, K. Suda, M. Izawa, T. Doi, K. Sunagawa, M. Miyahara and H. Tado. 1998. Mitochondrial DNA variation in local populations of the Japanese sika deer, *Cervus nippon*. J. Mamm., 79: 1396-1403.

Uno, H. and K. Kaji. 2000. Seasonal movements of female sika deer in eastern Hokkaido, Japan. Mammal Study, 25: 45-57.

Whitehead, G. K. 1993. The Whitehead Encyclopedia of Deer. 597pp. Swan Hill Press.

Wilson, R. W. 2001. An Investigation into the Phylogeography of Sika Deer (*Cervus nippon*) Using Microsatellite Markers. 132pp. Master thesis of Univ. of Edinburgh, UK.

山田昌宏・細井栄嗣・小澤忍・永田純子・田戸裕之・玉手英利．1999．四国地方におけるニホンジカの遺伝的多様性．日本哺乳類学会1999年度大会プログラム講演要旨集，p.183．日本哺乳類学会．

[ヒグマの系統地理的歴史とブラキストン線]

ブロムレイ，G. F. 1972．南シベリアのヒグマとツキノワグマ(藤巻裕蔵，新妻昭夫訳)．134 pp．北苑社．

Hewitt, G. M. 1999. Post-glacial re-colonization of European biota. Biol. J. Linn. Soc., 68: 87-112.

北海道環境科学研究センター．2000．ヒグマ・エゾシカ生息実態調査報告書Ⅳ：野生動物分布等実態調査(ヒグマ：1991〜1998年度)．118 pp．北海道環境科学研究センター．

門崎允昭・河原淳・江草真治・林光・若菜早月．1990．日本産ヒグマとツキノワグマの外部寄生虫(Ⅰ)．野兎研究会誌，17：59-77．

門崎允昭・小澤良之・河原淳．1993．日本産ヒグマとツキノワグマの外部寄生虫(Ⅱ)．森林野生動物研究会誌，19：24-41．

河村善也．1982．日本産のクマの化石．ヒグマ，13：24-27．

河村善也．2003．風穴洞穴の完新世および後期更新世の哺乳類遺体．北上山地に日本更新世人類化石を探る：岩手県大迫町アバクチ・風穴洞穴遺跡の発掘(百々幸雄・瀧川渉・澤田純明編)，pp.284-386．東北大学出版会．

Kurten, B. 1980. Pleistocene Mammals of North America. 442 pp. Columbia Univ. Press, New York.

Leonard, J. A., R. K. Wayne and A. Cooper. 2000. Population genetics of ice age brown bears. Proc. Natl. Acad. Sci. USA, 97: 1651-1654.

Mahmut, H., R. Masuda, M. Onuma, M. Takahashi, J. Nagata, M. Suzuki and N. Ohtaishi. 2002. Molecular phylogeography of the red deer (*Cervus elaphus*) populations in Xinjiang of China: Comparison with other Asian, European, and North American populations. Zool. Sci., 19: 485-495.

増田隆一．2002．ヒグマは三度，北海道へ渡って来た．遺伝，56(2)：47-52．

Masuda, R., K. Murata, A. Aiurzaniin and M. C. Yoshida. 1998. Phylogenetic status of brown bears *Ursus arctos* of Asia: a preliminary result inferred from mitochondrial DNA control region sequences. Hereditas, 128: 277-280.

Masuda, R., T. Amano and H. Ono. 2001. Ancient DNA analysis of brown bear (*Ursus arctos*) remains from the archeological site of Rebun Island, Hokkaido, Japan. Zool. Sci., 18: 741-751.

Matsuhashi, T., R. Masuda, T. Mano and M. C. Yoshida. 1999. Microevolution of the mitochondrial DNA control region in the Japanese brown bear (*Ursus arctos*) population. Mol. Biol. Evol., 16: 676-684.

Matsuhashi, T., R. Masuda, T. Mano, and K. Murata. Aiurzaniin, A. 2001. Phylogenetic relationships among worldwide populations of the brown bear *Ursus arctos*. Zool. Sci., 18: 1137-1143.

Mazza, R. and M. Rustioni. 1994. On the phylogeny of Eurasian bears. Palaeontographica Abt. A, 230: 1-38.

日本第四紀学会編．1987．日本第四紀地図．東京大学出版会．

Ohdachi, S., T. Aoi, T. Mano and T. Tsubota. 1992. Growth, sexual dimorphism, and geographical variation of skull dimensions of the brown bear *Ursus arctos* in Hokkaido. J. Mamm. Soc. Japan, 17: 27-47.

大島和雄．2000．日本列島周辺の海峡形成史．月刊海洋，32：208-213．

岡田秀明・山中正美．2001．ヒグマ．知床ライブラリー3：知床のほ乳類II(斜里町立知床博物館編)，pp.10-137．北海道新聞社．

小野有五・五十嵐八枝子．1991．北海道の自然史．219 pp．北海道大学図書刊行会．

小澤良之・門崎允昭．1996．北海道産ヒグマに寄生するマダニ類の年間動態．森林野生動物研究会誌，22：29-42．

Servheen, C., S. Herrero and B. Peyton (compilers). 1999. Bears. Status Survey and Conservation Action Plan. 309pp. IUCN/SSC Bear and Polar Bear Specialist Groups. IUCN, Grand, Switzerland and Cambridge, UK.

Shields, G. F. and T. D. Kocher. 1991. Phylogenetic relationships of North American ursids based on analysis of mitochondrial DNA. Evolution, 45: 218-221.

Taberlet, P. and J. Bouvet. 1994. Mitochondrial DNA polymorphism, phylogeography, and conservation genetics of the brown bear *Ursus arctos* in Europe. Proc. R. Soc. Lond. B, 255: 195-200.

Talbot, S. and G. F. Shields. 1996. A phylogeny of the bears (Ursidae) inferred from complete sequences of three mitochondrial genes. Mol. Phylogenet. Evol., 5: 567-575.

Vila, C., P. Savolainen, J. E. Maldonado, I. R. Amorim, J. E. Rice, R. L. Honeycutt, K. A. Crandall, J. Lundeberg and R. K. Wayne. 1997. Multiple and ancient origins of the domestic dog. Science, 276: 1687-1689.

米田政明・阿部永．1976．エゾヒグマ(*Ursus arctos yesoensis*)の頭骨における性的二型および地理的変異について．北海道大学農学部邦文紀要，9：265-276．

[両生類の地理的変異]

Beerli, P., H. Hotz and T. Uzzell. 1996. Geologically dated sea barriers calibrate a protein clock for Aegean water frogs. Evolution, 50: 1676-1687.

Brown, W. M., M. George and A. C. Wilson. 1979. Rapid evolution of animal mitochondrial DNA. Proc. Nat. Acad. Sci. USA, 76: 1967-1971.
Caccone, A., M. C. Milinkovitch, V. Sbordoni and J. R. Powell. 1997. Mitochondrial DNA rates and biogeography in European newts (genus *Euproctus*). Syst. Biol., 46: 126-144.
Hayashi, T. and M. Matsui. 1988. Biochemical differentiation in Japanese newts, genus *Cynops* (Salamandridae). Zool. Sci., 5: 1121-1136.
疋田努. 2002. 爬虫類の進化. ii+234 pp. 東京大学出版会.
Kawamura, T., M. Nishioka, M. Sumida and M. Ryuzaki. 1990. A electrophoretic study of genetic differentiation in 40 populations of *Bufo japonicus* distributed in Japan. Sci. Rep. Lab. Amphib. Biol. Hiroshima Univ., 10: 1-51.
木村政昭. 1996. 琉球弧の第四紀古地理. 地学雑誌, 105：259-285.
木崎甲子郎・大城逸郎. 1980. 琉球列島のおいたち. 琉球の自然史(木崎甲子郎編), pp. 8-37. 築地書館.
小池裕子・松井正文. 2003. 保全遺伝学. 299 pp. 東京大学出版会.
Matsui, M. 1984. Morphometric variation analyses and revision of the Japanese toads (Genus *Bufo*, Bufonidae). Contrib. Biol. Lab., Kyoto Univ., 26：209-428.
Matsui, M. 1987. Isozyme variation in salamanders of the *nebulosus-lichenatus* complex of the genus *Hynobius* from eastern Honshu, Japan, with a description of a new species. Jpn. J. Herpetol., 12: 50-64.
Matsui, M., T. Sato, S. Tanabe and T. Hayashi. 1992. Electrophoretic analyses of systematic relationships and status of two hynobiid salamanders from Hokkaido (Amphibia: Caudata). Herpetologica, 48: 408-416.
Matsui, M., Y. Misawa, K. Nishikawa and S. Tanabe. 2000. Allozymic variation of *Hynobius kimurae* Dunn (Amphibia: Caudata). Comp. Bioch. Physiol. B, 125: 115-125.
Matsui, M., K. Nishikawa, S. Tanabe and Y. Misawa. 2001. Systematic study of *Hynobius tokyoensis* from Aichi Prefecture, Japan: a biochemical survey (Amphibia: Urodela). Comp. Bioch. Physiol. B, 130: 181-189.
中村健児・上野俊一. 1963. 原色日本両生爬虫類図鑑. 214+40 pp. 保育社.
Nishikawa, K., M. Matsui, S. Tanabe and S. Sato. 2001. Geographic enzyme variation in a Japanese salamander *Hynobius boulengeri* Thompson (Amphibia: Caudata). Herpetologica, 57: 281-294.
Nishioka, M., M. Sumida and H. Ohtani. 1992. Differentiation of 70 populations in the *Rana nigromaculata* group by the method of electrophoretic analyses. Sci. Rep. Lab. Amphib. Biol. Hiroshima Univ., 11: 1-70.
Nishioka, M., K. Kodama, M. Sumida and M. Ryuzaki. 1993. Systematic evolution of 40 populations of *Rana rugosa* distributed in Japan elucidated by electrophoresis. Sci. Rep. Lab. Amphib. Biol. Hiroshima Univ., 12: 83-131.
佐藤井岐雄. 1943. 日本産有尾類総説. 520 pp. 日本出版社.
Sawada, S. 1963a. Studies on the local races of the Japanese newt, *Triturus pyrrhogaster* Boie. I. Morphological characters. J. Sci. Hiroshima Univ. B-1., 21: 135-165.
Sawada, S. 1963b. Studies on the local races of the Japanese newt, *Triturus pyrrhogaster* Boie. II. Sexual isolation mechanisms. J. Sci. Hiroshima Univ. B-1., 21: 167-180.
Sumida, M. and M. Nishioka. 1994. Genetic differentiation of the Japanese brown frog, *Rana japonica*, elucidated by electrophoretic analyses of enzymes and blood proteins. Sci. Rep. Lab. Amphib. Biol. Hiroshima Univ., 13: 137-171.
Tan, A.-M. and D. Wake. 1995. MtDNA phylogeography of the California newt

Taricha torosa（Caudata, Salamandridae). Mol. Phylogenet. Evol., 4: 383-394.

[琉球列島および周辺離島における爬虫類の生物地理]

Fairbanks, R. G. 1989. A 17,000-year glacio-eustatic sea level record: influence of glacial melting rates on the Younger Dryas event and deep-ocean circulation. Nature, 342: 637-642.

疋田努．2002．爬虫類の進化．234 pp．東京大学出版会．

疋田努．2003．東アジア島嶼域における爬虫類の生物地理：分子と形態から見た地理的分布．生物科学，54：205-220．

Hikida, T. and H. Ota. 1997. Biogeography of reptiles in the subtropical East Asian Islands. *In* "Proceedings of the Symposium on the Phylogeny, Biogeography and Conservation of Fauna and Flora of East Asian Region" (ed. Lue, K.-Y. and T.-H. Chen), pp.11-28. National Science Council, R.O.C. Taipei.

Hikida, T., H. Ota and M. Toyama. 1992. Herpetofauna of an encounter zone of Oriental and Palearctic elements: Amphibians and reptiles of the Tokara Group and adjacent islands in the northern Ryukyus, Japan. Biol. Mag. Okinawa, (30): 29-43.

Hopkins, D. M. 1982. Aspects of the paleoecology of Beringia during the late Pleistocene. *In* "Paleoecology of Beringia" (ed. D. M. Hopkins, J. V. Matthews, Jr., C. E. Schweger and S. B. Young), pp.3-28. Academic Press, New York.

Ineich, I. 1999. Spatio-temporal analysis of the unisexual-bisexual *Lepidodactylus lugubris* complex (Reptilia, Gekkonidae). *In* "Tropical Island Herpetofauna: origin, current diversity, and conservation" (ed. H. Ota), pp.199-228. Elsevier Science, Amsterdam.

海上保安庁（編）．1978．東シナ海の深度分布図．海上保安庁．

Kato, J., H. Ota and T. Hikida. 1994. Biochemical systematics of the *latiscutatus* species group of the genus *Eumeces* (Scincidae: Reptilia) from East Asian islands. Biochem. Syst. Ecol., 22: 491-500.

木村政昭．1996．琉球弧の第四紀古地理．地学雑誌，105：259-285．

木村政昭．2002．琉球弧の成立と古地理．琉球弧の成立と生物の渡来(木村政昭編)，pp. 19-54．沖縄タイムス社．

北大東村教育委員会(編)．1986．北大東村誌．1025 pp．北大東村教育委員会．

木崎甲子郎(編)．1985．琉球弧の地質誌．278 pp．沖縄タイムス社．

木崎甲子郎・大城逸朗．1980．琉球列島のおいたち．琉球の自然史(木崎甲子郎編)，pp. 8-37．築地書館．

黒田登美雄・小澤智生・古川博恭．2002．古生物から見た琉球弧の古環境．琉球弧の成立と生物の渡来(木村政昭編)，pp.85-102．沖縄タイムス社．

前田喜四雄．2001．日本コウモリ研究誌．203 pp．東京大学出版会．

南大東村教育委員会(編)．1990．南大東村誌(改訂版)．1230 pp．南大東村教育委員会．

Motokawa, J. and T. Hikida. 2003. Genetic variation and differentiation in the Japanese five-lined skink, *Eumeces latiscutatus* (Reptilia: Squamata). Zool. Sci., 20: 97-106.

Motokawa, M. 2000. Biogeography of living mammals in the Ryukyu Islands. Tropics 10: 63-71.

Motokawa, M., L.-K. Lin, H.-C. Cheng, and M. Harada. 2001. Taxonomic status of the Senkaku mole, *Nesoscaptor uchidai*, with special reference to variation in *Mogera insularis* from Taiwan (Mammalia: Insectivora). Zool. Sci., 18: 733-740.

永井亀彦．1938．南西諸島の動物分布．鹿児島県史蹟名勝天然記念物調査報告書，(4)：49-52．

中村健児・上野俊一．1963．原色日本両生爬虫類図鑑．214＋40 pp．保育社．

Nei, M. 1978. Estimation of average heterozygosity and genetic distance from a small sample number of individuals. Genetics, 89: 583-590.

西田睦．1990．分子データから探る琉球列島の生物地理．沖縄生物学会誌, (28)：25-42.

大嶋和雄．1990．第四紀後期の海峡形成史．第四紀研究，29：193-208．

Ota, H. 1989. A review of the geckos (Lacertilia: Reptilia) of the Ryukyu Archipelago and Taiwan. In "Current Herpetology in East Asia" (ed. M. Matsui, T. Hikida and R. C. Goris), pp.222-261. Herpetological Society of Japan, Kyoto.

太田英利．1996．トカラ列島における爬虫・両生類の分散，分化と保全．日本の自然：地域編-8，南の島々（中村和郎・氏家宏・池原貞雄・田川日出夫・堀信行編），pp.161-163．岩波書店．

Ota, H. 1998. Geographic patterns of endemism and speciation in amphibians and reptiles of the Ryukyu Archipelago, Japan, with special reference to their paleogeographical implications. Res. Popul. Ecol., 40: 189-204.

Ota, H. 2000a. Current status of the threatened amphibians and reptiles of Japan. Popul. Ecol., 42: 5-9.

Ota, H. 2000b. The current geographic faunal pattern of reptiles and amphibians of the Ryukyu Archipelago and adjacent regions. Tropics, 10: 51-62.

太田英利．2002．古地理の再構築への現生生物学にもとづくアプローチの強みと弱点：特に琉球の爬虫・両生類を例として．琉球弧の成立と生物の渡来（木村政昭編），pp. 175-186．沖縄タイムス社．

Ota, H. 2003. A new subspecies of the agamid lizard, *Japalura polygonata* (Hallowell, 1861) (Reptilia: Squamata), from Yonagunijima Island of the Yaeyama Group, Ryukyu Archipelago. Cur. Herpetol., 22: 61-71.

Ota, H. 2004. Notes on reproduction and variation in the blue-tailed lizard, *Eumeces elegans* (Reptilia: Scincidae), on Kita-kojima Island of the Senkaku Group, Ryukyu Archipelago. Cur. Herpetol., 23: 37-41.

太田英利・当山昌直．1992．南・北大東島の爬虫・両生類．ダイトウオオコウモリ：沖縄県天然記念物緊急調査報告書31，pp.63-72．沖縄県教育委員会．

Ota, H., N. Sakaguchi, S. Ikehara and T. Hikida. 1993. The herpetofauna of the Senkaku Group, Ryukyu Archipelago. Pacific Sci., 47: 248-255.

Ota, H., M. Toyama, Y. Chigira and T. Hikida. 1994. Systematics, biogeography and conservation of the herpetofauna of the Tokara Group, Ryukyu Archipelago: New data and review of recent publications. WWFJ Sci. Rep., 2(2): 163-177.

Ota, H., K. Furuse and J. Yagishita. 1995. Colonization of two exotic reptiles on Hachijojima Island of the Izu Group, Japan. Biol. Mag. Okinawa, (33): 55-59.

Ota, H., H. Miyaguni and T. Hikida. 1999. Geographic variation in the endemic skink, *Ateuchosaurus pellopleurus*, from the Ryukyu Archipelago, Japan. J. Herpetol., 33: 106-118.

Ota, H., M. Honda, S.-L. Chen, T. Hikida, S. Panha, H.-S. Oh and M. Matsui. 2002. Phylogenetic relationships, taxonomy, character evolution, and biogeography of the lacertid lizards of the genus *Takydromus* (Reptilia: Squamata): a molecular perspective. Biol. J. Linnean Soc., 76: 493-509.

Radtkey, R. R., S. C. Donnellan, R. N. Fisher, C. Moritz, K. A. Hanley and T. J. Case. 1995. When species collide: the origin and spread of an asexual species of gecko. Proc. Royal Soc. London, 259: 145-152.

Sato, H. and H. Ota. 1999. False biogeographical pattern derived from artificial animal transportations: a case of the soft-shelled turtle, *Pelodiscus sinensis*, in the

Ryukyu Archipelago, Japan. *In* "Tropical Island Herpetofauna: origin, current diversity, and conservation" (ed. H. Ota), pp.317-334. Elsevier Science, Amsterdam.
千石正一(編). 1979. 原色両生爬虫類. 206 pp. 家の光協会.
Shy, J.-Y. and P. K. L. Ng. 1998. On two new species of *Geothelphusa* Stimpson, 1858 (Decapoda, Brachyura, Potamidae) from the Ryukyu Islands, Japan. Crustaceana, 71: 778-784.
Toda, M., T. Hikida and H. Ota. 1997. Genetic variation among insular populations of *Gekko hokouensis* (Reptilia: Squamata) near the northeastern borders of the Oriental and Palearctic zoogeographic regions in the northern Ryukyus, Japan. Zool. Sci., 14: 859-867.
戸田守・諸喜田茂充・西田睦. 2003. 琉球列島の生物相の歴史的成り立ち. 琉球列島の陸水生物(西田睦・鹿谷法一・諸喜田茂充編), pp.25-32. 東海大学出版会.
Wiley, E. O. 1981. Phylogenetics. 439 pp. John Wiley & Sons, New York.
Yamashiro, S., M. Toda and H. Ota. 2000. Clonal composition of the parthenogenetic gecko, *Lepidodactylus lugubris*, at the northernmost extremity of its range. Zool. Sci., 17: 1013-1020.

[アジアのネズミ類相の成因に関する時空間要因]
阿部永(監修・著). 1994. 日本の哺乳類. 195 pp. 東海大学出版会.
Arakawa, Y., C. Nishida-Umehara, Y. Matsuda, S. Sutou and H. Suzuki. 2002. X chromosomal localization of mammalian Y-linked genes in two XO species of Ryukyu spiny rat. Cytogenet. Genome Res., 99: 303-309.
Brown, J. H. and M. V. Lomolino. 1998. Biogeography (2nd ed.). Sinauer Associates. Sunderland, MA.
岩佐真宏. 1998a. 紀伊半島産ヤチネズミ類について. 南紀生物, 40: 22-24.
岩佐真宏. 1998b. ヤチネズミ類における染色体とDNAの変異. 哺乳類科学, 38: 145-158.
Iwasa, M. A. and H. Suzuki. 2002. Evolutionary networks of maternal and paternal gene lineages in voles (*Eothenomys*) endemic to Japan. J. Mammal., 83: 852-865.
Iwasa, M. A., Y. Utsumi, K. Nakata, I. V. Kartavtseva, I. A. Nevedomskaya, N. Kondoh and H. Suzuki. 2000. Geographic patterns of cytochrome *b* and *Sry* gene lineages in gray red-backed vole, *Clethrionomys rufocanus* (Mammalia, Rodentia) from Far East Asia including Sakhalin and Hokkaido. Zool. Sci., 17: 477-484.
岡本宗裕. 1998. 日本産モグラは何種か？：ミトコンドリアDNAからみた日本産モグラの系統関係. 食虫類の自然史(阿部永・横畑泰志編), pp.21-27. 比婆科学教育振興会.
金子之史. 1992. 四国における野ネズミ3種の地形的分布. 日本生物地理学会, 47: 127-141.
堀田満. 1974. 植物の分布と分化. 400 pp. 三省堂.
Kawamura, Y. 1989. Quarternary rodent faunas in the Japanese Islands (Part 2). Memoirs of the Faculty of Science, Kyoto University, Series of Geology and Mineralogy, 54: 1-235.
Kennett, J. P. 1995. A review of polar climatic evolution during the Neogene, based on the marine sediment record. *In* "Paleoclimate and Evolution with Emphasis on Human Origins" (ed., E. Vrba et al.), Yale University Press, Yale.
Sato, J. J. and H. Suzuki. 2004. Phylogenetic relationships and divergence times of the genus Tokudaia within Murinae (Muridae; Rodentia) inferred from the nucleotide sequences encoding the mitochondrial cytochrome *b* gene and nuclear recombination-activating gene 1 and interphotoreceptor retinoid-binding protein.

Canad. J. Zool., 82: 1343-1356.

Sekijima, R. and K. Sone. 1994. Role of interspecific competition in the coexistence of *Apodemus argenteus* and *A. speciosus*. Ecol. Res., 9: 237-244.

Serizawa, K., H. Suzuki and K. Tsuchiya. 2000. A phylogenetic view on species radiation in *Apodemus* inferred from variation of nuclear and mitochondrial genes. Biochem. Genet., 38: 27-40.

Serizawa, K., H. Suzuki, M. A. Iwasa, K. Tsuchiya, M. V. Pavlenko, I. V. Kartavtseva, G. N. Chelomina, N. Dokuchaev and S.-H. Han. 2002. A spatial aspect on mitochondrial DNA genealogy in *Apodemus peninsulae* from East Asia. Biochem. Genet., 40: 149-161.

Shimada, T. 2001. Hoarding behaviors of two wood mouse species: Different preference for acorns of two Fagaceae species. Ecol. Res., 16: 127-133.

Shinohara, A., K. L. Campbell and H. Suzuki. 2003. Molecular phylogenetic relationships of moles, shrew-moles and desmans from the new and old worlds. Mol. Phylogenet. Evol., 27: 247-258.

Suzuki, H., K. Tsuchiya, M. Sakaizumi, S. Wakana and S. Sakurai. 1994. Evolution of restriction sites of ribosomal DNA in natural populations of the field mouse, *Apodemus speciosus*. J. Mol. Evol., 38: 107-112.

Suzuki, H., M. Iwasa, M. Harada, S. Wakana, M. Sakaizumi, S.-H. Han, E. Kitahara, Y. Kimura, I. Kartavtseva and K. Tsuchiya. 1999. Molecular phylogeny of red-backed voles in Far East Asia based on variation in ribosomal and mitochondrial DNA. J. Mammal., 80: 512-521.

Suzuki, H., K. Tsuchiya and N. Takezaki. 2000. A molecular phylogenetic framework for the Ryukyu endemic rodents *Tokudaia osimensis* and *Diplothrix legata*. Mol. Phylogenet. Evol., 15: 15-24.

Suzuki, H., J. J. Sato, K. Tsuchiya, J. Luo, Y.-P. Zhang, Y.-X. Wang and X.-L. Jiang. 2003. Molecular phylogeny of wood mice (*Apodemus*, Muridae) in East Asia. Biol. J. Linnean Soc., 80: 469-481.

鈴木仁．2003．小型哺乳類．保全遺伝学(小池裕子・松井正文編)，pp.159-174．東京大学出版会．

Suzuki, H., T. Shimada, M. Terashima, K. Tsuchiya and K. Aplin. 2004a. Temporal, spatial, and ecological modes of evolution of Eurasian *Mus* based on mitochondrial and nuclear gene sequences. Mol. Phylogenet. Evol., 33: 626-646.

Suzuki, H., S. P. Yasuda, M. Sakaizumi, S. Wakana, M. Motokawa and K. Tsuchiya. 2004b. Differential geographic patterns of mitochondrial DNA variation in two sympatric species of Japanese wood mice, *Apodemus speciosus* and *A. argenteus*. Genes and Genet. Syst., 79: 165-176.

徳田御稔．1969．生物地理学．199 pp．築地書館．

Tsuchiya, K., H. Suzuki, A. Shinohara, M. Harada, S. Wakana, M. Sakaizumi, S.-H. Han, L.-K. Lin and A. P. Kryukov. 2000. Molecular phylogeny of East Asian moles inferred from the sequence variation of the mitochondrial cytochrome *b* gene. Genes Genet. Syst., 75: 17-24.

Tsuchiya, K. 1974. Cytological and biochemical studies of *Apodemus speciosus* group in Japan. J. Mammal. Soc. Jap., 6: 67.

Yamada, F., M. Takaki and H. Suzuki. 2002. Molecular phylogeny of Japanese Leporidae, the Amami rabbit *Pentalagus furnessi*, the Japanese hare *Lepus brachyurus*, and the mountain hare *Lepus timidus*, inferred from mitochondrial DNA sequences. Genes Genet. Syst., 77: 107-116.

Wakana, S., M. Sakaizumi, K. Tsuchiya, M. Asakawa, S.-H. Han, K. Nakata and H. Suzuki. 1996. Phylogenetic implications of variations in rDNA and mtDNA in red-backed voles collected in Hokkaido, Japan, and in Korea. Mammal Study, 21: 15-25.

[野ネズミと線虫による寄主 – 寄生体関係の動物地理]
浅川満彦．1995．日本列島産野ネズミ類に見られる寄生線虫相の生物地理学的研究：特にヘリグモソームム科線虫の由来と変遷に着目して．酪農大紀，自然科学，19：285-379．
浅川満彦．1997a．鼠類に見られる寄生虫とその採集．獣医寄生虫学検査マニュアル（今井壮一・神谷正男・平詔亨・芽根士郎編），pp.242-256．文永堂出版．
浅川満彦．1997b．朝鮮半島および日本列島に産するネズミ亜科とハタネズミ亜科に寄生するヘリグモソームム科線虫：その分類と生物地理．長崎生物誌，(48)：74-78．
浅川満彦．1998a．日本列島産ヤチネズミ類と寄生線虫類との宿主：寄生体関係成立に関しての一考察．哺乳類科学，38：171-180．
浅川満彦．1998b．離島に生息する野ネズミの寄生虫：特に絶滅現象に着目して．北海道森林保全協会創立50周年記念誌50年の歩み，pp.63-64．北海道森林保全協会．
浅川満彦．2002．輸入ペットの寄生蠕虫類：宿主 – 寄生体関係の均衡を乱すエイリアン．外来種ハンドブック（日本生態学会編），pp.220-221．地人書館．
浅川満彦．2003．国際獣類会議で報告された感染症・寄生虫症の研究動向．獣医畜産新報，56：243-246．
浅川満彦・長谷川英男．2003．日本で記録された鳥類と哺乳類の寄生線虫類．日本生物地理学会報，58：79-93．
Asakawa, M., Y. Yokoyama, S.-I. Fukumoto and A. Ueda. 1983. A study of the internal parasites of *Clethrionomys rufocanus bedfordiae* (Thomas). Jpn. J. Parasitol., 32: 399-411.
浅川満彦・原田正史・沢田勇．1990．台湾南投県産キクチハタネズミから得られたヘリグモソームム科線虫 *Heligmosomoides* sp. の記録．日本生物地理学会報，45：35-38．
浅川満彦・青木康博・田中律正・宮田渡・内川公人・柳平祖徳・原田正史・子安和弘・長谷川英男．1993a．本州中央部に産するアカネズミ類の寄生蠕虫相．市立大町山岳博物館研究報告，(43)：1-19．
浅川満彦・福本真一郎・大林正士．1993b．北米産ハタネズミ亜科から検出された寄生線虫類寄生虫誌，42(増)：113．
Asakawa, M., K. Hagiwara, L.-F. Liao, W. Jiang, S.-S. Yan, J.-J. Chai, Y. Oku and M. Ito. 2001a. Parasitic nematodes and acanthocephalan obtained from wild murids and dipodids captured in Xinjiang-Uygur, China. Biogeography, 3: 1-11.
Asakawa, M. and A. Sainsbury. 2002. First case of nematodiasis caused by *Heligmosomoides polygyrus* (Dujardin, 1845) (Nematoda: Trichostrongyloidea: Heligmosomidae) from common dormouse (*Muscardinus avellanarius*). *In* "Program and Abstracts of the 8th Meeting of the Japanese Society of Zoo and Wildlife Medicine, September 5~8, 2002, Fukushima, Japan" (ed. Mizoguchi, T.), p. 67. Office of Fukushima-Kenmin-no-Mori, Fukushima.
Beveridge, I. 1986. Coevolutionary relationships of the helminth parasites of Australian marsupials. *In* "Coevolution and Systematics" (ed. Stone, A. R. and D. L. Hawksworth), pp.93-117. Clarendon Press, Oxford.
Chabaud, A. G. 1981. Host range and evolution of nematode parasites of vertebrates. Parasitology, 82: 169-170.
Chabaud, A. G. and E. R. Brygoo. 1964. L'endémisme les helminthes de Madagascar. Comp. Rend. sommaire Séances Soc. Biogeogr., (356): 3-13.

Chabaud, A. G., M.-C. Durette-Desset, B. L. Lim and G. Dubost. 1978. Parasitic nematodes of the Tragulidae in relationship with other helminth groups. Malay. Nat. J., 31: 189-195.

Cowan, P., J. Clark, D. Heath, M. Stankiewicz and J. Meers. 2000. Predators, parasites, and diseases of possums. In "The Brushtail Possum" (ed. Montague, T. L.), pp.82-91. Manaaki Whenua Press, New Zealand.

Drόżdż, J. 1966. Studies on helminths and helminthiases in Cervidae. II. The helminth fauna in Cervidae in Poland. Acta Parasitol. Polon., 14: 1-13.

Drόżdż, J. 1967. Studies on helminths and helminthiases in Cervidae. III. Historical formation of helminthofauna in Cervidae. Acta Parasitol. Polon., 14: 287-300.

Gardner, S. L. and D. P. Jasmer. 1983. *Heligmosomoides thomomyos* sp. n. (Nematoda: Heligmosomidae) from pocket gophers, *Thomomys* spp. (Rodentia: Geomyidae), in Oregon and California. Proc. Helminthol. Soc. Wash., 50: 278-284.

長谷川英男・浅川満彦．1991．琉球列島を含む日本産ネズミのギョウチュウ類とその由来．沖縄生物学会誌，29：1-9．

Hasegawa, H. and M. Asakawa, M. 2003. Parasitic helminth fauna of terrestrial vertebrates in Japan. In "Progress of Medical Parasitology in Japan Vol. 7" (ed. Otsuru, M., S. Kamegai and S. Hayashi). Meguro Parasitological Museum, Tokyo. 129-145.

Itagaki, T., K. I. Tsutsumi, K. Ito and Y. Tsutsumi. 1998. Taxonomic status of the Japanese triploid forms of Fasciola: comparison of mitochondrial ND1 and COI sequences with *F. hepatica* and *F. gigantica*. J. Parasitol., 84, 445-8.

金子之史．1992．四国における野ネズミ3種の地形的分布．日本生物地理学会報，47：127-140．

Kawamura, Y. 1991. Quaternary mammalian faunas in the Japanese Islands. Quaternary Res., 30: 213-220.

Kontrimavichus, V. L. 1976. [Dispersal of helminths during the migration of mammals over the Bering Land Bridge (using Musyelidae as an example)]. In "Beringiya v kainozoe (Mater. Vses. Simp. Beringiiskaya Susha i ee znachenie dlya razvitiya golarkticheskikh flor i faun v kainozoe, Khabarovsk, 10-15 Maya 1973)", pp.376-382. Akad. Nauk SSSR, Vladivostok, U.S.S.R.: (in Russian with English summary).

Kurochkin, Yu. V. and B. I. Badamshin. 1968. [Occurrence of *Echinophthirius horridus* on the Caspian seal and the origin of its parasites]. Trudy astrakh. Zapovedn. (Sb. gel'mint. Rabot), 11: 199-208. (In Russian).

Montgomery, S. S. J. and W. I. Montgomery. 1989. Spatial and temporal variation in the infracommunity structure of helminths of *Apodemus sylvaticus* (Rodentia: Muridae). Parasitology, 98: 145-150.

松立大史・三好康子・田村典子・村田浩一・丸山総一・木村順平・野上貞雄・前田喜四雄・福本幸夫・赤迫良一・浅川満彦．2003．我が国に定着した外来齧歯類(タイワンリス *Callosciurus erythraeus* およびヌートリア *Myocastor coypus*)の寄生蠕虫類に関する調査．野生動物医学会誌，8：63-67．

村上興正・鷲谷いづみ．2002．外来種と外来種問題．外来種ハンドブック(日本生態学会編)，pp.3-4．地人書館．

小野有五・五十嵐八枝子．1991．北海道の自然史．238 pp. 北海道大学図書刊行会．

大嶋和雄．1990．第四紀後期の海峡形成史．第四紀研究，29：193-208．

Ota, K. 1985. Life forms and ecological distribution of wild murid rodents in Hokkaido, Japan. In "Contemporary Mammalogy in China and Japan" (ed. Kawamichi, T.), pp.33-35. Mammalogical Society of Japan, Kyoto.

Sakata, K. and M. Asakawa. 1999. Parasitic helminth survey of *Apodemus argenteus* (Muridae: Rodentia) collected on Awashima Island, Niigata Pref., Japan. Biogeography, 1: 93-97.

佐藤未希・八木欣平・曽根啓子・織田銑一・立澤史郎・長谷川英男・浅川満彦．2004．外来齧歯類ヌートリア *Myocastor coypus* における肝蛭の疫学調査および糞線虫の寄生状況．第138回日本獣医学会大会講演要旨集，p.66．

Simpson, G. G. 1965. The Geography of Evolution. XI+249pp. Hilton, N. Y.

Sudhaus, M. and M. Asakawa. 1991. First record of the larval parasitic nematode *Rhabditis orbitalis* from Japanese wood mice (*Apodemus* spp.). J. Helminthol., 65: 232-233.

坪田敏男・和秀雄・羽山伸一・大泰司紀之・甲斐知恵子・柵木利昭・島田章則・大西義博・浅川満彦・酒井健夫．2000．日本における野生動物医学教育の確立に向けての提言．野生動物医学会誌，5(2)：ろ-ほ．

Windsor, D. A. (1995): Equal rights for parasites. Conserv. Biol., 9: 1-2.

横山良秀・浅川満彦・福本真一郎・上田晃・高尾善則・米田豊．1985．北海道江別市産ハツカネズミより得た *Heligmosomoides polygyrus bakeri* (Heligmosomidae: Nematoda)．寄生虫誌，34(補)：78．

吉野智生・川上和人・宮城靖子・浅川満彦．2004．離島で外来種化した野生鳥類の寄生虫学的調査．第10回日本野生動物医学会大会講演要旨集，p.47．

[ニホンイノシシの分布・サイズ・変異]

姉崎智子．2003a．先史時代におけるイノシシ飼育の検討：臼歯サイズの時間的変化．動物考古学，20：23-39．

姉崎智子．2003b．日本人類学会第57回伊達大会ポスター発表．

Angela von den Driesch. 1976. A Guide to the Measurement of Animal Bones from Archaeological Site. Peabody Museum.

Fujita, M., Y. Kawamura and N. Murase. 2000. Middle Pleistocene wild boar remains from NT Cave, Niimi, Okayama Prefecture, west Japan. J. Geosci., Osaka City Univ., 43, Art. 4: 57-95.

Hayashi, Y., T. Nishida, K. Mochizuki and S. Seta. 1977. Sex and age determination of the Japanese wild boar (*Sus scrofa leucomystax*) by the lower teeth. Jpn. J. Vet. Sci., 39: 165-174.

Endo, H., Y. Hayashi, M. Sasaki, Y. Kurosawa, K. Tanaka and K. Yamazaki. 2000. Geographical variation of mandible size and shape in the Japanese wild pig (*Sus scrofa leucomystax*). Journal of Veterinary Medicine Society, 62(8): 815-820.

Hongo, H., T. Anezaki, K. Yamazaki, O. Takahashi and H. Sugawara. 2005. Hunting or Management?: status of pigs in the Jomon Period, Japan. Pigs and Humans, Univ. of Durham. (in press).

石黒直隆・山崎京美．2001．伊豆諸島および北海道出土縄文イノシシについてのDNA分析結果．縄文時代島嶼部イノシシに関する基礎的研究，pp.54-55．平成11～12年度科学研究費補助金(基盤研究(C)(2))研究成果報告書．

Koike, H. and Y. Hayashi. 1984. Age estimation of Japanese wild boar, excavated from the archaeological sites. *In* "Preservation Science related Ancient Cultural Assets and the Humanities and Natural Science: report of research project, grant-in-aid for specific research", (ed. General Research Group of Ancient Cultural Assets), pp.519-524.

Meadow, R. H. 1981. Early animal domestication in South Asia: a first report of the faunal remains from Mehrgrah, Pakistan. *In* "South Asian Archaeology 1979" (ed.

H. Härtel), pp.143-179. Dietrich Reimer Verlag, Berlin.
Niimi, M. 1991. Determination of the age and mortal season of wild boars excavated from Ikawazu site, Aichi Prefecture. National Museum of Japanese Historical Research Report, 29: 123-143.
高橋理. 2001. 北海道におけるイノシシ. 縄文時代島嶼部イノシシに関する基礎的研究, pp.26-39. 平成11～12年度科学研究費補助金(基盤研究(C)(2))研究成果報告書.
Watanobe, T., N. Ishiguro, M. Nakano, A. Matsui, H. Hongo, K. Yamazaki and O. Takahashi. 2004. Prehistoric Sado Island populations of *Sus scrofa* distinguished from contemporary Japanese wild boar by ancient mitochondrial DNA. Zool. Sci., 21: 219-228.
Yamazaki, K., O. Takahashi, H. Sugawara, N. Ishiguro and H. Endo. 2005. Wild boar remains from the Neolithic (Jomon Period) sites on the Izu Islands and in Hokkaido, Japan: the first steps of animal domestication (ed Vigne, J.-D., J.Peters and D. Helmer), pp.162-180. 9th ICAZ Conference, Durham 2002. (in press).
Zeder, M. A. 2001. A metrical analysis of a collection of modern goats (*Capra hircus aegagrus* and *C. h. hircus*) from Iran and Iraq: implications for the study of caprine domestication. J. Archaeological Sci., 28: 61-79.

[イノシシの遺伝子分布地図と起源]

Cann, R. L., M. Stoneking, and A. C. Wilson. 1987. Mitochondrial DNA and human evolution. Nature, 325: 31-36.
Clement, M., D. Posada and K. A. Crandall. 2000. TCS: a computer program to estimate gene genealogies. Mol. Ecol., 9: 1657-1659.
Dobson, M. and Y. Kawamura. 1998. Origin of the Japanese land mammal fauna: Allocation of extant species to historically-based categories. Quaternary Res., 37: 385-395.
Fujita, M., Y. Kawamura and N. Murase. 2000. Middle Pleistocene wild boar remains from NT cave, Niimi, Okayama prefecture, west Japan. J. Geosci. Osaka City Univ., 43: 57-93.
Giuffra, E., J. M. H. Kijas, V. Amarger, Ö. Carlborg, J. T. Jeon and L. Andersson. 2000. The origin of the domestic pig: independent domestication and subsequent introgression. Genetics, 154: 1785-1791.
Groves, C. P. and P. Grubb. 1993. The Eurasian Suids *Sus* and *Babyrousa*. *In* "Pigs, Peccaries, and Hippos" (ed. Oliver, W. L. R.), pp.107-191. IUCN, UK.
Hongo, H., N. Ishiguro, T. Watanobe, N. Shigehara, T. Anezaki, V. T. Long, D. V. Binh, N. T. Tien and N. H. Nam. 2002. Variation in mitochondrial DNA of Vietnamese pigs: relationships with Asian domestic pigs and Ryukyu wild boars. Zool. Sci., 19: 1329-1335.
Ishiguro, N., Y. Naya, M. Horiuchi and M. Shinagawa. 2002. A genetic methods to distinguish Crossbred inobuta from Japanese wild boars. Zool. Sci., 19: 1313-1319.
川村善也・亀井節夫・樽野博幸. 1989. 日本の中・後期更新世の哺乳動物相. 第四紀研究, 28：317-326.
Kijas, J. M. H. and L. Andersson. 2001. A phylogenetic study of the origin of the domestic pig estimated from the near-complete mtDNA genome. J. Mol. Evol., 52: 302-308.
木村政昭. 1996. 琉球弧の第四紀古地理. 地学雑誌, 105：259-285.
Kimura, M. 1980. A simple method for estimating evolutionary rate of base substitutions through comparative studies of nucleotide sequence. J. Mol. Evol., 16: 111-120.

Knowles, L. L. and W. P. Maddison. 2002. Statistical phylogeography. Mol. Ecol., 11: 2623-2635.

Kurosawa, Y. and K. Tanaka. 1988. Electrophoretic variants of serum transferrin in wild pig populations of Japan. Anim. Genet., 19: 31-35.

Kurosawa, Y., T. Oishi, K. Tanaka and S. Suzuki. 1979. Immunogenetic studies on wild pigs in Japan. Anim. Blood Groups Biochem. Genet., 10: 227-233.

Morii, Y., N. Ishiguro, T. Watanobe, M. Nakano, H. Hongo, A. Matsui and T. Nishimoto. 2002. Ancient DNA reveals genetic lineage of *Sus scrofa* among archaeological sites in Japan. Anthropol. Sci., 110: 313-328.

直良信夫．1937．日本史前時代に於ける豚の問題．人類学雑誌，52：286-296．

Nei, M. 1987. Molecular Evolutionary Genetics. Columbia Univ. Press, New York.

Neigel, J. E. and J. C. Avise. 1993. Application of a random-walk model to geographic distributions of animal mitochondrial DNA variation. Genetics, 135: 1209-1220.

Neigel, J. E., R. M. Ball and J. C. Avise. 1991. Estimation of single generation migration distances from geographic variation in animal mitochondrial DNA. Evolution, 45: 423-432.

西本豊弘．1991．弥生時代のブタについて．国立歴史民俗博物館研究報告，36：175-189．

西本豊弘．1993．弥生時代のブタの形質について．国立歴史民俗博物館研究報告，50：49-63．

Ohshima, K. 1990. The history of straits around the Japanese islands in the Late-Quaternary. Quaternary Res., 29: 193-208.

Okumura, N., Y. Kurosawa, E. Kobayashi, T. Watanobe, N. Ishiguro, H. Yasue and T. Mitsuhashi. 2001. Genetic relationship amongst the major non-coding regions of mitochondrial DNAs in wild boars and several breeds of domesticated pigs. Anim. Genet., 32: 139-147.

小澤智生．2000．縄文・弥生時代に豚は飼われていたか？　季刊考古学，73：17-22．

Ruvinsky, A. and M. F. Rothschild. 1998. Systematics and evolution of the pig. *In* "The Genetics of the Pig" (ed. Rothschild, M. F. and A. Ruvinsky), pp.1-16. CAB International, Oxon.

Slatkin, M. 1993. Isolation by distance in equilibrium and nonequilibrium populations. Evolution, 47: 264-279.

Templeton, A. R. 1998. Nested clade analyses of phylogeographic data: testing hypotheses about gene flow and population history. Mol. Ecol., 7: 381-397.

Templeton, A. R. and C. F. Sing. 1993. A cladistic analysis of phenotypic associations with haplotypes inferred from restriction endonuclease mapping. IV. Nested analyses with cladogram uncertainty and recombination. Genetics, 134: 659-669.

Templeton, A. R., E. Routman and C. A. Phillips. 1995. Separating population structure from population history: a cladistic analysis of the geographical distribution of mitochondrial DNA haplotypes in the tiger salamander, *Ambystoma tigrinum*. Genetics, 140: 767-782.

Watanobe, T., N. Okumura, N. Ishiguro, M. Nakano, A. Matsui, M. Sahara. and M. Komatsu. 1999. Genetic relationship and distribution of the Japanese wild boar (*Sus scrofa leucomystax*) and Ryukyu wild boar (*Sus scrofa riukiuanus*) analyzed by mitochondrial DNA. Mol. Ecol., 8: 1509-1512.

Watanobe, T., N. Ishiguro, N. Okumura, M. Nakano, A. Matsui, H. Hongo and H. Ushiro. 2001. Ancient mitochondrial DNA reveals the origin of *Sus scrofa* from Rebun Island, Japan. J. Mol. Evol., 52: 281-289.

Watanobe, T., N. Ishiguro, M. Nakano, H. Takamiya, A. Matsui and H. Hongo. 2002.

Prehistoric Introduction of Domestic Pigs onto the Okinawa Islands: Ancient Mitochondrial DNA Evidence. J. Mol. Evol., 55: 222-231.
Watanobe, T., N. Ishiguro and M. Nakano. 2003. Phylogeography and population structure of the Japanese wild boar *Sus scrofa leucomystax*: Mitochondrial DNA variation. Zool. Sci., 20: 1477-1489.
Watanobe T., N. Ishiguro, M. Nakano, A. Matsui, H. Hongo, K. Yamazaki and O. Takahashi. 2004. Prehistoric Sado Island populations of *Sus scrofa* distinguished from contemporary Japanese wild Boar by ancient mitochondrial DNA. Zool. Sci., 21: 219-228.

[土壌環境がモグラの分布を制限する]
Abe, H. 1967. Classification and biology of Japanese Insectivora (Mammalia). I. Studies on variation and classification. J. Fac. Agr., Hokkaido Univ., 55: 191-265.
阿部永．1974．二種のモグラの分布境界線における14年間の変化．哺動学誌，6：13-23．
Abe, H. 1985. Changing mole distribution in Japan. *In* "Contemporary Mammalogy in China and Japan" (ed. Kawamichi, T.), pp.108-112. Mamm. Soc. Jpn.
Abe, H. 1996. Habitat factors affecting the geographic size variation of Japanese moles. Mammal Study, 21: 71-87.
阿部永．1998．食虫類とは何か．食虫類の自然史(阿部永・横畑泰志編)，pp.1-24．比婆科学教育振興会．
Abe, H. 1999. Diversity and conservation of mammals of Japan. *In* "Recent Advances in the Biology of Japanese Insectivora-Proceedings of the Symposium on the Biology of Insectivores in Japan and on the Wildlife Conservation" (ed.Yokohata, Y. and S. Nakamura), pp.89-104. Hiba Society of Natural History, Shiobara.
Abe, H. 2001. Soil hardness, a factor affecting the range expansion of *Mogera wogura* in Japan. Mammal Study, 26: 45-52.
阿部永．2001．モグラ類における遺存個体群とその維持機構．哺乳類科学，41：35-52．
Kawada, S., M. Harada, Y. Obara, S. Kobayashi, K. Koyasu and S. Oda. 2001. Karyosystematic analysis of Japanese talpine moles in the genera *Euroscaptor* and *Mogera* (Insectivora, Talpidae). Zool. Sci., 18: 1003-1010.
Okamoto, M. 1999. Phylogeny of Japanese moles inferred from Mitochondrial CO1 gene sequences. *In* "Recent Advances in the Biology of Japanese Insectivora: proceedings of the symposium on the biology of insectivores in Japan and on the wildlife conservation" (ed.Yokohata, Y. and S. Nakamura), pp.21-27. Hiba Society of Natural History, Shiobara.

[シルクロードの動物地理]
朝日稔・三浦慎悟・森美保子・権藤真禎(訳)．1981．中国の動物地理，pp.15-41，pp.193-248．
阿布力米提・阿布都卡廸爾．2002．新疆哺乳類(獣綱)名録．干旱区研究，19(増刊)．75 pp．科学出版社．
Albon, S. D., T. H. Clutton-Brock and R. Langvatn. 1992. Cohort variation in reproduction and survival: implication for population demography. *In* "The Biology of Deer" (ed. Brown, R. D.), pp.423-428. Springer-Verlag, New York.
Aquadro, C. F. and B. D. Greenberg. 1983. Human mitochondrrial DNA variation and evolution: analysis of nucleotide sequences from seven individuals. Genetics, 103: 287-312.
浅田正彦．1996．房総半島におけるニホンジカの生態学的特性．56 pp．東京大学大学院

博士論文.
在田一則. 1988. ヒマラヤはなぜ高い. 172 pp. 青木書店.
E. H.コルバート・M.モラレス. 1994. 脊椎動物の進化(天野雅男ほか訳). 554 pp. 築地書館.
Dawson, M. R. 1967. Fossil history of the families of recent mammals. In "Recent Mammals of the World: a synopsis of families" (ed. Anderson, S. and J. K. Jones, Jr.), Ronald Press Co., New York.
Geist, V. 1971. The relation of social evolution and dispersal in ungulates during the Pleistocene, with emphasis on the Old World deer and genus Bison. Quat. Res., 1: 283-315.
Geist, V. 1987. Bergmann's rule is invalid. Can. J. Zool., 65: 1035-1038.
Geist, V. 1998. Deer of the World. Stackpole Books, Mechanicsburg.
IUCN-The World Conservation Union. 1993. 1994 IUCN red list of threatened animals. 286pp.
Kahlke, H. D. 1968. Zur relativen chronologie ostasiatischer mittelpleistozanen Faunen und Hominodae-Funde. In "Evolution and Hominization" (ed. Kurth, G.), pp.91-118. Gustav Fischer, Stuttgart.
Klein, D. R. and H. Strandgaard. 1972. Factors affecting growth and body size of roe deer. J. Wildl. Manag., 36(1): 64-79.
Koenigswald, G. H. R. V. 1939. The relationship between the mammalian fauna of Java and China, with special reference to earlyman. Peking Nat. Hist. Bull., 13: 293-298.
高行宜. 1993. 新疆馬鹿的生存現状与飼養. 野生動物, (10)：2-8.
高行宜・谷景和. 1985. 新疆的馬鹿. 野生動物, (2)：24-26.
喬建芳. 1996. 葉爾羌馬鹿(Cervus elaphus yarkandensis)的食性, 栖息地和生存現状. 碩士研究生畢業論文. 新疆生物土壌沙漠研究所.
喬建芳・高行宜. 1997. 葉爾羌馬鹿的食性研究. 地方病通報, 12：12-17.
李明・王小明・盛和林・玉手英利・増田隆一・永田純子・大泰司紀之. 1998. 馬鹿四個亜種的起源和遺伝分化研究. 動物学研究, 19(3)：177-183.
Maglio, V. J. 1979. Pleistocene faunal evolution in Africa and Eurasia. In "After the Australopihecines" (ed. Butzer, K. W. and G. L. L. Isaac), pp.419-476. Mouton Publishers, Hague and Paris.
Mahmut, H. 2002. Ph. D. Thesis: Studies on genetic and morphological characteristics and conservation of the red deer (Cervus elaphus) in Xinjiang, China. 77pp. Grad. Sch. Vet. Med., Hokkaido Univ.
Mahmut, H., S. Ganzorig, M. Onuma, R. Masuda, M. Suzuki and N. Ohtaishi. 2001. A preliminary study on the genetic diversity of Xinjiang Tarim red deer (Cervus elaphus yarkandensis) using microsatellite DNA method. Jpn. J. Vet. Res., 49: 231-237.
Mahmut, H., R. Masuda, M. Onuma, M. Takahashi, J. Nagata, M. Suzuki and N. Ohtaishi. 2002a. Molecular Phylogeography of the red deer (Cervus elaphus) populations in Xinjiang of China: comparison with other Asian, European, and North American Populations. Zool. Sci., 19: 485-495.
Mahmut, H., M. Suzuki, S. Ganzorig, T. Aniwar, A. Ablimit. and N. Ohtaishi. 2002b. The present status of the Tarim red deer in Xinjiang, China. Biosph. Conserv., 4: 79-86.
マハムト　ハリク・増田隆一・アブリミット　アブダカディル・大泰司紀之. 2003. 中国新疆ウイグル自治区に分布する哺乳類の現況と保全. 哺乳類科学, 43：1-17.

三浦慎悟．1986．シカ科動物の進化と社会・その課題．哺乳類科学，53：19-23．
Morden, W. J. 1927. Across Asia a snows and deserts. Putnam, New York.
大泰司紀之．1992．中国鹿類的起源和進化．中国鹿類動物（盛和林等編），pp.8-18．華東師範大学出版社，上海．
大泰司紀之．1995．アカシカ：最も繁栄しているアカシカ．畜産の研究，1：132-139．
Polziehn, R. O. and C. Strobeck. 1998. Phylogeny of wapiti, red deer, sika deer, and other North American cervids as determined from mitochondrial DNA. Mol. Phylogenet. Evol., 10: 249-258.
Primack, R. B. 1993. Essentials of Conservation Biology. Sinauer Associates. Sunderland, Massachusetts.
羅寧・谷景和．1993．塔里木馬鹿的現状及其保護利用対策．内陸干旱区動物学集刊，1：38-41．
城間恒宏．1998．ニホンジカの頭蓋骨形態の地理的変異：おもにケラマジカの形態に関する亜熱帯島嶼環境の影響について．87 pp．琉球大学大学院理学研究科修士論文．
鷲谷いづみ・矢原徹一．1996．保全生態学入門．270 pp．文一総合出版．

［滑空性リス類の進化を探る］

Archer, M. 1984. Evolution of arid Australia and its consequences for vertebrates. In "Vertabrate Zoogeography and Evolution in Australia" (ed. Archer, M. and Clayon, G.), pp.97-108. Hesperian Press, Perth.
Austad, S. N. and K. E. Fischer. 1991. Mammalian aging, metabolism and ecology from the bats and marsupials. J. Gerontol., 46B: 47-53.
Black, C. C. 1963. A review of the North American Tertiary Sciuridae. Bull. Mus. Comp. Zool., 130(3): 109-248.
Bruijn, H. de. 1999. Superfamily Sciuroidea. In "The Miocene Land Mammals of Europe" (ed. Rössner, G. E. and K. Heissig), pp.271-280. Verg Dr. Friedrich Pfeil, München.
Chatterjee, K. and A. Majhi. 1975. Chromosomes of the Himalayan flying squirrel *Petaurista magnificus*. Mammalia, 39: 447-450.
Dolan, P. G. and D. C. Carter. 1977. *Glaucomys volans*. Mammalian Species, 78: 1-6.
Endo, H., K. Yokokawa and Y. Hayashi. 1998. Functional anatomy of gliding membrane muscles in the sugar glider (*Petaurus brevicepis*). Ann. Anat., 180: 93-96.
Fahlbusch, V. 1985. A multidisciplinary analysis. In "Evolutionary Relationships among Rodents" (ed. Luckett, P. W. and J. L. Hartenberger.), pp.617-619. Plenum, New York.
Forsman, E. D., E. C. Meslow and H. M. Wight. 1984. Distribution and biology of the spotted owl in Oregon. Wildl. Mon., 87: 1-64.
Francis, C. M. 2001. Mammals of South-East Asia. 18pp. New Holland Publishers, London.
Garg, G. S. and T. Sharma. 1972. Chromosomes of the flying squirrel, *Hylopetes a. alboniger* (Hodgson). Indian Biol., 4: 45-49.
Geiser, F. and P. Stapp. 2000. Energetics and thermal biology of gliding mammals. In "Biology of Gliding Mammals" (ed. Goldingay, R. and J. S. Scheibe), pp.149-166. Filander Verlag, Fürth.
Goldingay, R. L. 2000. Gliding mammals of the world: diversity and ecological requirements. In "Biology of Gliding Mammals" (ed. Goldingay, R. and J. S. Scheibe), pp. 9-23. Filander Verlag, Fürth.
Goldingay, R. L. 1986. Feeding behaviour of the yellow-bellied glider *Petaurus australis*

(Marsupialia: Petauridae) at Bombala, New South Wales. Aust. Mammal., 9: 17-25.

Gupta, B. B. 1966. Notes on the gliding mechanism in the flying squirrel. Occasional Papers of the Mus. of Zool., Univ. of Michigan, 645: 1-7.

Hall, D. D. 1991. Diet of the northern flying squirrel at Sagehen Creek, California. J. Mammal., 72: 615-617.

Harlow, R. F. and A. T. Doyle. 1990. Food habitats of southern flying squirrel (*Glaucomys volans*) collected from red-cockaded woodpecker (*Picoides borealis*) colonies in Southern California. Amer. Mid. Natural., 124: 187-191.

Hight, M. E., M. Goodman and W. Prychodko. 1974. Immunological studies of the Sciuridae. Syst. Zool., 23: 12-25.

Holloway, J. C. 1998. Metabolism and thermoregulation in the sugar glider, *Petaurus breviceps* (Marsupialia). Ph.D. thesis, Univ. of New England, Armidale.

Holmes, D. J. and S. N. Austad. 1994. Fly now, die later: life history correlates of gliding and flying mammals. J. Mammal., 75: 224-226.

Howard, J. 1989. Diet of *Petaurus breviceps* (Marsupialia: Petauridae) in a mosaic of coastal woodland and health. Aust. Mammal., 12: 15-21.

Jackson, S. M. 1999. Glide angle in the genus *Petaurus* and a review of gliding in mammals. Mammal Review, 30: 9-30.

Kavanagh, R. P. and M. J. Lambert. 1990. Food selection by the greater glider, *Petauroides volans* is foliar nitrogen a determinant of habitat quality? Austral. Wildl. Res., 17: 285-299.

Kawamichi, T. 1997. Seasonal changes in the diet of Japanese giant flying squirrel in relation to reproduction. J. Mammal., 78: 204-212.

Kraft, R. 1990. Modern flying lemurs. *In* "Grimek's Encyclopedia of Mammals" (ed. Parker, S. P.), pp.636-639. McGraw-Hill, New York.

Lee, P-F., D. R. Progulske and Y-S. Lin. 1986. Ecological studies on two sympatric *Petaurista* species in Taiwan. Bull. Inst. Zool. Acad. Sinica, 25: 113-124.

Li, T., P. C. M. O'Brien, L. Biltueva, B. Fu, J. Wang, W. Nie, M. A. Ferguson-Smith, A. S. Graphodatsky and F. Yang. 2004. Evolution of genome organizations of Chrom. Res., 12: 317-335.

Maser, C., J. M. Trappe and R. A. Nussbaum. 1978. Fungal-small mammal interrelationships with emphasis on Oregon coniferous forests. Ecology, 59: 799-809.

Maser, Z., C. Maser and J. M. Trappe. 1985. Food habitat of the northern flying squirrel (*Glaucomys sabrinus*) in Oregon. Can. J. Zool., 63: 1084-1088.

McKeever, S. 1960. Food of the northern flying squirrel in northeastern California. J. Mammal., 41: 270-271.

Mein, P. and J. P. Romaggi. 1991. Un Gliridé (Mammalia, Rodentia) planeur dans le Miocène supérieur de l'ardèche: une adaptation non retrouvée dans la nature actuelle. Geobios, 13: 45-50. (In French with English abstract).

Mercer, J. M. and L. Roth. 2003. The effect of cenozoic global change on squirrel phylogeny. Science, 299: 1568-1572.

Muul, L. and B. L. Lim. 1978. Comparative morphology, food habits, and ecology of some Malaysian arboreal rodents. *In* "The Ecology of Arboreal Folivores" (ed. Montgomery, G. G.), pp.361-368. Smithsonian Inst. Press, Washington D. C.

Nadler, C. .F. and D. M. Lay. 1971. Chromosomes of the Asian flying squirrel *Petaurista petaurista* (Pallas). Experientia, 27: 1225.

Oshida, T. and Y. Obara. 1991. Karyotypes and chromosome banding patterns of a male Japanese giant flying squirrel, *Petaurista leucogenys* TEMMINK. Chrom. Inf.

Serv., 50: 26-28.
Oshida, T. and M. C. Yoshida. 1996. Banded karyotypes and the localization of ribosomal RNA genes of Eurasian flying squirrel, *Pteromys volans orii* (Mammalia, Rodentia). Caryologia, 49(3-4): 219-225.
Oshida, T. and M. C. Yoshida. 1998. A note on the chromosomes of the white-bellied flying squirrel *Petinomys setosus* (Rodentia, Sciuridae). Chrom. Sci., 2: 119-121.
押田龍夫・吉田廸弘. 1999. アジア産リス科動物の染色体および核型進化. 野生動物医学会誌, 4(2): 135-141.
Oshida, T. and M. C. Yoshida. 1999. Chromosomal localization of nucleolus organizer regions in eight Asian squirrel species. Chrom. Sci., 3: 55-58.
Oshida, T., H. Satoh and Y. Obara. 1992. A preliminary note on the karyotypes of giant flying squirrels *Petaurista alborufus* and *P. petaurista*. J. Mammal. Soc. Jpn., 16(2): 59-69.
Oshida, T., R. Masuda and M. C. Yoshida. 1996. Phylogenetic relationships among Japanese species of the family Sciuridae (Mammalia, Rodentia), inferred from nucleotide sequences of mitochondrial 12S ribosomal RNA genes. Zool. Sci., 13: 615-620.
Oshida, T., N. Hachiya, M. C. Yoshida and N. Ohtaishi. 2000a. Comparative anatomical note on the origin of the long accessory styliform cartilage of the Japanese giant flying squirrel, *Petaurista leucogenys*. Mammal Study, 25: 35-39.
Oshida, T., N. Hiraga, M. C. Yoshida and T. Nojima. 2000b. Anatomical and histological note on the origin of the long accessory styliform cartilage of the Russian flying squirrel, *Pteromys volans orii*. Mammal Study, 25: 41-48.
Oshida, T., L-K. Lin, H. Yanagawa, H. Endo and R. Masuda. 2000c. Phylogenetic relationships among six flying squirrel genera, inferred from mitochondrial cytochrome *b* gene sequences. Zool. Sci., 17: 485-489.
Oshida, T., Y. Obara, L-K. Lin and M. C. Yoshida. 2000d. Comparison of banded karyotypes between two subspecies of the red and white giant flying squirrel *Petaurista alborufus* (Mammalia, Rodentia). Caryologia, 53(3-4): 261-267.
Oshida, T., H. Yanagawa, M. Tsuda, S. Inoue and M. C. Yoshida. 2000e. Comparisons of the banded karyotypes between the small Japanese giant flying squirrel, *Pteromys momonga* and the Russian flying squirrel, *P. volans* (Rodentia, Sciuridae). Caryologia, 53(2): 133-140.
Oshida, T., L-K. Lin, H. Yanagawa, T. Kawamichi, M. Kawamichi and V. Cheng. 2002. Banded karyotypes of the hairy-footed flying squirrel *Belomys* (*Trogopterus*) *pearsonii* (Mammalia, Rodentia) from Taiwan. Caryologia, 55(3): 207-211.
Quin, D., R. Goldingay, S. Churchill and D. Engel. 1996. Feeding behaviour and food availability of the yellow-bellied glider in north Queensland. Wildl. Res., 23: 637-646.
Rausch, V. R. and R. L. Rausch. 1982. The karyotype of the Eurasian flying squirrel, *Pteromys volans* (L.), with a consideration of karyotypic and other distinction in *Glaucomys* spp. (Rodentia: Sciuridae). Proc. Biol. Soc. Wash., 95(1): 58-66.
Schindler, A-M., R. J. Low and K. Benirschke. 1973. The chromosomes of the New World flying squirrels (*Glaucomys volans* and *Glaucomys sabrinus*) with special reference to autosomal heterochromatin. Cytologia, 38: 137-146.
Scholey, K. 1986. The climbing and gliding locomotion of the giant red flying squirrel *Petaurista petaurista* (Sciuridae). Bionta-report, 5: 187-204.
Sharpe, D. and R. L. Goldingay. 1998. Feeding behaviour of the squirrel glider at Bungawalbin Nature Reserve, north-eastern NSW. Wildl. Res., 25: 243-254.

Smith, A. P. 1982. Diet and feeding strategy of the marsupial sugar glider in temperate Australia. J. Animal. Ecol., 51: 149-166.
Stapp, P. 1992. Energetic influences on the life history of *Glaucomys volans*. J. Mammal., 73: 914-920.
Stapp, P. 1994. Can predation explain life-history strategies in mammalian gliders? J. Mammal., 75: 227-228.
Steppan, S. J., B. L. Storz and R. S. Hoffmann. 2004. Nuclear DNA phylogeny of the squirrels (Mammalia: Rodentia) and the evolution of arboreality from c-myc and RAG1. Mol. Phylogenet. Evol., 30: 703-719.
Strahan, R. 1983. The Australian Museum Complete Books of Australian Mammals. Angus and Robertson Pub., London.
Storch, G., B. Engesser and M. Wuttke. 1996. Oldest fossil record of gliding in rodents. Nature, 379: 439-441.
Thorington, R. W. Jr. 1984. Flying squirrels are monophyletic. Science, 225: 1048-1050.
Thorington, R. W. Jr. and K. Darrow. 2000. Anatomy of the squirrel wrist: bones, ligaments, and muscles. J. Morph., 246: 85-102.
Thorington, R. W. Jr., K. Darrow and C. G. Anderson. 1998. Wingtip anatomy and aerodynamics in flying squirrels. J. Mammal., 79: 245-250.
Thorington, R. W. Jr., D. Pitassy and S. A. Jansa. 2002. Phylogenies of flying squirrels (Pteromyinae). J. Mammal. Evol., 9: 99-135.
Thorington, R. W. Jr. and B. J. Stafford. 2001. Homologies of the carpal bones in flying squirrels (Pteromyinae): a review. Mammal Study, 26: 61-68.
Tsuchiya, K. 1979. A contribution to the chromosome study in Japanese mammals. Proc. Jpn. Acad., 55(B): 191-195.
Waters, J. R. and C. J. Zabel. 1995. Northern flying squirrel densities in fir forests of northeastern California. J. Wildl. Manage., 59: 858-866.
Wells-Gosling, N. and L. R. Heany. 1984. *Glaucomys sabrinus*. Mammalian Species, 229: 1-8.
Wischusen, E. W. and M. E. Richmond. 1998. Foraging ecology of the Philipine flying lemur (*Cynocephalus volans*). J. Mammal., 46: 65-71.
柳川久．1993．旧大陸のモモンガと新大陸のモモンガ．動物と動物園，45(6)：30-31．
Young, H-S. and S-S. Dhaliwal. 1976. Variarion in the karyotype of the red giant flying squirrel *Petaurista petaurista* (Rodentia, Sciuridae). Malay. J. Sci., 4(A): 9-12.

[コウモリ類における地理的変異と動物地理]
阿部永(監修・著)．1994．日本の哺乳類．195 pp．東海大学出版会．
Allen, G. M. 1920. A bat new to the Japanese fauna. J. Mamm., 1: 139.
Corbet, G. B. and J. E. Hill. 1991. A World List of Mammalian Species (3rd. ed.). 243pp. Oxford Univ. Press, New York.
Fukui, D., K. Maeda, D. A. Hill, S. Matsumura and N. Agetsuma. 2005. Geographical variation in the cranial and external characters of the little tube-nosed bat, *Murina silvatica* in the Japanese archipelago. Acta Theriologica, 59: (in press).
船越公威．1998．鹿児島県口永良部島，屋久島および種子島産の翼手類と食虫類．哺乳類科学，38(2)：293-298．
長谷川善和．1985．ピンザアブ洞穴のヤマネ，コウモリ類，ケナガネズミ．ピンザアブ洞穴発掘調査報告，pp.83-91．沖縄県教育委員会．
Koopman, K. F. 1993. Order Chiroptera. In: "Mammal Species of the World (2nd. ed.)" (ed. Wilson, D. E. and D. A. M. Reeder), pp.137-241. Smithonian Inst., USA.

庫本正．1972．秋吉台産コウモリ類の生態および系統分類学的研究．秋吉台科学博物館報告, 8：7-119．

Maeda, K. 1978. Variations in Bent-winged bats, *Miniopterus schreibersi* Kuhl, and Least horseshoe bats, *Rhinolophus cornutus* Temminck, in the Japanese Islands I. External characters. In: "Procceding of the Fourth International Bat Research Conference", (ed. R. J. Olembo, J. B. Castelino and F. A. Muture), pp.177-187. Kenya Nat, Acad, Advancement of Arts and Sciences, Kenya literature Bureau.

Maeda, K. 1982. Studies on the classification of *Miniopterus* in Eurasia, Australia and Melanesia. Honyurui Kagaku (Mamm. Sci.), Suppulement (1). 176pp.

Maeda, K. 1988. Age and sexual variations of the cranial characters in the Least horseshoe bats, *Rhinolophus cornutus* Temminck. J. Mamm. Soc. Japan, 13: 43-50.

前田喜四雄．2000．徳之島からのリュウキュウテングコウモリ, *Murina ryukyuana* Maeda & Matsumura, 1998 の記録．沖縄生物学会誌, 38：65-67．

前田喜四雄．2001．日本コウモリ研究誌－翼手目の自然史．203 pp. 東京大学出版会．

Maeda, K. and S. Matsumura. 1998. Two new species of Vespertilionid bats, *Myotis* and *Murina* (Vespertilionidae: Chiroptera) from Yanbaru, Okinwa Island, Okinawa Prefecture, Japan. Zoological Science, 15: 301-307.

前田喜四雄・赤澤泰・松村澄子．2001．南西諸島徳之島におけるコウモリ類の生息実態およびコウモリの新記録．東洋蝙蝠研究所紀要, (1)：1-9．

Maeda, K., M. Harada and T. Kobayashi. 1982. Roost observations and classification of *Miniopterus* in Madai Cave, Sabah, East Malaysia. Zool. Mag., 91: 125-134.

前田喜四雄・西井一浩・小栗太郎．2002．奄美大島からのヤンバルホオヒゲコウモリ *Myotis yanbarensis* とリュウキュウテングコウモリ *Murina ryukyuana* の初記録．東洋蝙蝠研究所紀要, (2)：16-17．

下謝名松栄．1978．南・北大東島および沖縄島南部地域の洞穴動物相．沖縄県天然記念物調査シリーズ第14集, 沖縄県洞穴実態調査報告 I (沖縄県教育委員会編), pp.75-112．沖縄県．

Shump, K. A. and A. U. Shump. 1982. Mammalian species (185) *Lasiurus cinensis*. 5pp. Amer. Soc. Mammalogists.

Yoshiyuki, M. 1970. A new species of Insectivorous bats of the Genus *Murina* from Japan. Bull. Nat. Sci. Mus., 13: 195-198.

Yoshiyuki, M. 1989. A Systematic Study of the Japanese Chiroptera. 242pp. Nat. Sci. Mus., Tokyo.

Yoshiyuki, M., S. Hattori and K. Tsuchiya 1989. Taxonomic analysis of two rare bats from the Amami Islands (Chiroptera, Mollosidae amd Rhinolophidae). Memoires of the Nat. Sci. Mus., 22: 215-225.

[小コウモリ類超音波音声の地理的変異]

Barnet, E. M., R. Deaville, T. M. Burland, M. W. Bruford, G. Jones, P. A. Racey and R. K. Wayne 1977. DNA answers the call of pipisterelle bat species. Nature, 387: 138-139.

Corbet, G. B. and J. E. Hill 1992. The Mammals of the Indomalayan Region. 488pp. Oxford Univ. Press, Oxford.

Csorba, G. Z., P. U. Jhelyi and N. Thomas 2003. Horseshoe Bats of the World. 160pp. Alana Books, Shropshire.

Francis, C. M. and J. Habersetzer 1998. Interspecific and intraspecific variation in echolocation call frequency and morphology of horseshoe bats, *Rhinolophus* and *Hipposideros*. *In* "Bat Biology and Conservation" (ed. T. H. Kunz and P. A. Racey),

pp.169-178. Smithsonian Inst. Press, Washington D. C.
Gould, E. 1979. Neonatal vocalizations of ten species of Malaysian bats (Megachiroptera and Microchiroptera). Amer. Zool., 19: 481-491.
長谷川善和．1980．秋吉台の石灰洞と哺乳類化石．秋吉台の鍾乳洞：石灰洞の科学（河野通弘編），pp.219-229．帰水会．
原田正史・鈴木仁・林良恭．1996．チトクローム b の塩基配列から見たコキクガシラコウモリ類の分子系統．日本哺乳類学会1996年度大会プログラム・講演要旨集，p.39．
Heller, K.-G. and O. Helversen 1989. Resource partitioning of sonar frequency bands in rhinolophoid bats. Oecologia, 80: 178-186.
Hill, J. E. 1992. A systematic view. In "The Mammals of the Indomalayan Regions" (ed. Corbet G. B. and J. E. Hill), pp.54-161. Oxford Univ. Press, Oxford.
Hill, J. E. and M. Yoshiyuki 1980. A new species of *Rhinolophus* (Chiroptera, Rhinolophidae) from Iriomote Island, Ryukyu Islands, with notes on the Asiatic members of the *Rhinolophus pusillus* group. Bull. Nat. Sci. Mus. Ser. A (Zoology), 6(3): 119-189.
Huihua, Z., Z. Shuyi, Z. Mingxue and Z. Jing. 2003. Correlations between call frequency and ear length in bats belonging to the families Rhinolophidae and Hipposideridae. J. Zool., Lond., 259: 189-195.
Jones, G. and Van Parijis, S. M. 1993. Bimodal echolocation in pipistrelle bats: are cryptic species present? Proc. R. Soc. Lond. B 251: 119-125.
Jones, G. 1992. Sex and age differences in the echolocation calls of the lesser horseshoe bat, *Rhinolophus hipposideros*. Mammalia, 56(2): 190-193.
河村善也．1998．第四紀における日本列島への哺乳類の移動．第四紀研究，37(3)：251-257．
Kingston, T., M. C. Lara, G. Jones, Z. Akbar, T. H. Kunz and C. J. Schneider. 2001. Acoustic divergence in two cryptic *Hipposideros* species: a role for social Selection? Proc. R. Soc. Lond. B 268: 1381-1386.
木崎甲子郎．1997．生物の来た道．沖縄の自然を知る（池原貞雄・加藤祐三編著），14-32．築地書館．
庫本正．1972．秋吉台産コウモリ類の系統動物学的研究．秋吉台科学博物館報告，8：7-119．
庫本正．1979．キクガシラコウモリの出産哺育群．秋吉台科学博物館報告，14：27-44．
庫本正．1986．キクガシラコウモリにおける出産哺育群の動態．秋吉台科学博物館報告，21：37-50．
庫本正・下泉重吉・中村久．1969．秋吉台におけるバンデイング法によるコウモリ類の動態調査Ⅰ．秋吉台科学博物館報告，6：1-26．
庫本正・下泉重吉・中村久．1973．秋吉台におけるバンデイング法によるコウモリ類の動態調査Ⅱ．秋吉台科学博物館報告，9：1-18．
庫本正・下泉重吉・中村久．1985．秋吉台におけるバンデイング法によるコウモリ類の動態調査Ⅳ．秋吉台科学博物館報告，20：25-44．
庫本正・下泉重吉・中村久．1988．秋吉台におけるバンデイング法によるコウモリ類の動態調査Ⅴ．秋吉台科学博物館報告，23：39-54．
Maeda, K.. 1978. Variations in bent-winged bats, *Miniopterus schreibersi* Kuhl, and Least horseshoe bats, *Rhinolophus cornutus* Teminck in the Japanese Islands. Proc. Of 4th International Bat Res. Conf., Nat. Acad. Ad. Of Arts and Sciences, Kenya Lit. Bureau, pp.177-187.
前田喜四雄．2001．日本コウモリ研究誌．203 pp．東京大学出版会．
Matsumura, S. 1981. Mother-infant communication in a horseshoe bat (*Rhinolophus*

ferrumequinum Nippon): vocal communication in three-week old infants. J. Mammal., 62: 20-28.

Matsumura, S. 1984. Mother-infant ultrasonic communication in bats. *In* "Animal Behavior: neurophysiological and ethological approaches" (ed. Aoki, K., S. Ishii and H. Morita), pp.187-197. Japan Sci. Soc Press and Springer-Verlag, Verlin.

松村澄子．1988．コウモリの生活戦略序論．192 pp．東海大学出版会．

松村澄子．1989．コウモリの超音波通信．生物物理，29(1)：25-29．

松村澄子．1999．カグラコウモリ，キクガシラコウモリ野外集団の超音波周波数の帯域幅．生物ソナー：その工学的応用の検討(渡辺好章編)，pp.11-13．平成9年度～11年度科学研究費補助金(基盤(B)(1))研究成果報告書．

Pye, J. D. 1972. Bimodal distribution of constant frequencies in some hipposiderid bats (Mammalia: Hipposideridae). J. Zool., Lond., 166: 323-335.

Sakai, T., Y. Kikkawa, K. Tsuchiya, M. Harada, M. Kanou, M. Yoshiyuki and H. Yonekawa. 2003. Molecular phylogeny of Japanese Rhinolophidae based on variations in the complete sequence of the mitochondrial cytochrome *b* gene. Genes. Genet. Syste., 78: 179-189.

澤田勇．1994．日本のコウモリ洞総覧．自然史研究雑誌，2-4：53-80．

澤田勇．2001．台湾・韓国のコウモリ洞．奈良産業大学 産業と経済，15：95-67．

澤田勇・原田正史．1998. *Vampirolepis isensis* (Cestoidea: Hymenolepididae) from *Rhinolophus monoceros* and systematic connection between Formosan and Japanese lesser horseshoe bats. 動物分類学会誌，37：20-23．

Sawada, I., M. Harada and M.-H. Yoon. 1991. Cestode Fauna of Bats in the South of Korea，動物分類学会誌，45：25-29．

佐野明．2000．石川県出雲廃坑群におけるキクガシラコウモリ個体群の研究．67 pp．金沢大学大学院自然科学研究科博士論文．

Sano, A. 2000. Regulation of crèche size by intercolonial migrations in the Japanese greater horseshoe bat, *Rhinolophus ferrumequinum Nippon*. Mamm. Study, 25: 95-105.

Servants, A. G., C. M. Francis and R. E. Ricklefs. 2003. Phylogeny and biogeography of the horseshoe bats. *In* "Horseshoe Bats of the World" (ed. Csorba, G., P. Ujhelyi and N. Thomas), pp.54-161. Alana Books, Shropshire.

Taniguchi, I. 1985. Echolocation sounds and hearing of the greater Japanese horseshoe bat (*Rhinolophus ferrumequinum Nippon*). J. Comp. Physiol. A, 156: 185-188.

Thomas, N. M. 1997. A systematic review of selected Afro-Asiatic Rhinolophidae (Mammalia: Chiroptera): an evaluation of taxonomic methodologies. Unpublished Ph. D. Thesis, Harrison Zool. Mus. Sevenoaks.

Topal, Gy. 1993. Taxonomic status of *Hipposideros larvatus Alongensis* Bourret, 1942 and occurrence of *H. turpis* Bangs, 1901 in Vietnam (Mammalia, Chiroptera). Acta Zool. Hungarica, 39: 267-288.

吉行瑞子．1990．キクガシラコウモリ類(2)，日本の哺乳類，74-77．

[これからの動物地理学]

Debruyne, R., V. Barriel and P. Tassy. 2003. Mitochondrial cytochrome *b* of the Lyakhov mammoth (Proboscidea, Mammalia): new data and phylogenetic analyses of Elephantidae. Mol. Phylogenet. Evol., 26: 421-434.

北海道大学編．2004．北大・未知へのAmbition：21世紀COEプログラム紹介．106 pp．北海道大学図書刊行会．

小島茂明．2000．分子海洋学：遺伝子で調べる海洋環境変動史．月刊海洋，32：205-208．

Kurose, N., R. Masuda and M. C. Yoshida. 1999. Phylogeographic variation in two mustelines, the least weasel *Mustela nivalis* and the ermine *Mustela erminea* of Japan, based on mitochondrial DNA control region sequences. Zool. Sci., 16: 971-977.
増田隆一．1999a．遺伝子から検証する哺乳類のブラキストン線．哺乳類科学，39：323-328．
増田隆一．1999b．ブラキストン線(津軽海峡)に関する食肉類の生物地理と遺伝的特徴．哺乳類科学，39：351-358．
増田隆一・髙橋理．2004．縄文ヒグマの古代DNA分析と動物地理的変遷．日本哺乳類学会2004年度大会プログラム・講演要旨．p.73．
Masuda, R., T. Amano and H. Ono. 2001. Ancient DNA analysis of brown bear (*Ursus arctos*) remains from the archeological site of Rebun Island, Hokkaido, Japan. Zool. Sci., 18: 741-751.
増田隆一・天野哲也・小野裕子．2002．古代DNA分析による礼文島香深井A遺跡出土ヒグマ遺存体の起源：オホーツク文化における飼育型クマ送り儀礼の成立と異文化交流．動物考古学，19：1-14．
永田純子．1999．日本産偶蹄類の遺伝学的知見とブラキストン線について．哺乳類科学，39：343-350．
Noro, M., R. Masuda, I. A. Dubrovo, M. C. Yoshida and M. Kato. 1998. Molecular phylogenetic inference of the woolly mammoth *Mammuthus primigenius*, based on complete sequences of mitochondrial cytochrome *b* and 12S ribosomal RNA genes. J. Mol. Evol., 46: 314-326.
大舘智志．1999．食虫類をめぐるブラキストン線に関する問題：主にトガリネズミ類を中心として．哺乳類科学，39：329-336．
押田龍夫．1999．日本産リス科動物の自然史とブラキストン線．哺乳類科学，39：337-342．
太田英利．2002．生物地理学，分子生物学と出会う：特集にあたって．遺伝，56(2)：31-34．

索 引

【ア行】
アカシカ　178
アカネズミ　113
　　アカネズミ類　98
アカハラモモンガ属　203
亜種分類　33
アズマモグラ　164
網状進化　98
アメリカアカリス属　204
アメリカモモンガ属　199,200,203
　～205
アルタイ山脈　185
アロザイム
　　アロザイム分析　64
　　アロザイム法　81,83,85
安定同位体　130
異種間遺伝的交流　97
異所的種分化　97
伊豆諸島　130
遺存
　　遺存個体群　173
　　遺存固有種　78
遺伝
　　遺伝的境界線　38,41
　　遺伝(的)距離　37,67,82
　　遺伝的交流　38
　　遺伝的多様性(度)　22,108,190
　　遺伝的浮動　28
　　遺伝的分化　82
　　遺伝的変異　83,88
　　遺伝的要因　190
　　遺伝的類似性　84
遺伝子
　　遺伝子座　84
　　遺伝子組成　84

遺伝子流動　42,83,106,150
遺伝子流入　28
移入種　253
イノシカ追い詰め　158
イノシシ　129,143
入江貝塚　138
隠蔽種　3
ウーリームササビ　196
ウロコオリス科　195
ウロコオリス属　195
エイリアン・ヘルミンス　112
エオマイド科　201,202
エコーロケーション　225
エゾヤチネズミ　113
エチゴモグラ　163
大隅海峡　5
オガサワラヤモリ　89
オキナワトカゲ　83
オホーツク文化　157,249

【カ行】
海峡
　　大隅海峡　5
　　宗谷海峡　6,56
　　朝鮮海峡　5
　　津軽海峡　5,30,46,121,138
　　対馬海峡　5
　　トカラ海峡　78,79,81～83,85
　　ベーリング海峡　56
　　間宮海峡　6
蛔虫　111
海洋島　88
外来種　89,111
カエル目　68
核DNA　43

283

核型変異　108
核リボゾームRNA遺伝子　18
隔離　82,140
過去の競争の亡霊　15
可塑性　42
滑空性哺乳類　195
香深井A遺跡　157
体サイズ　185
環境
　　環境指標　114
　　環境変動　101
　　環境要因　185,190
完新世　58,249
肝蛭　111,112
管理　139
寒冷環境　141
気候変動　108
旧北区　1,77,78
距離による隔離　28
近隣結合(NJ)法　36
グアノ　215,217,218
区系生物地理学　1
クサビオモモンガ属　200,202,204,205
クマ送り儀礼　250
クライン　145,189,212,215
繰り返し配列　183
クローン　89,90,92
ケアシモモンガ属　203,204
形質置換　171
形態的変異　83
系統
　　系統進化　181
　　系統地理学　16
齧歯類　111
ケムリモモンガ属　200
慶良間ギャップ　5,76,78
古(代)DNA(分析)　55,143,158,247
後期更新世前期　152
交雑　22
　　種間交雑　89

　　戻し交雑　89
更新世　58,129,249
鉤頭動物　111
コウベモグラ　165
咬耗　132
小型化　136
小型サンショウウオ類　64
五口動物　111
コビトモモンガ　196
コントロール領域　36,49,178

【サ行】
最終氷期　51,85,87,121
在来種　89
サドモグラ　163
里山　143
3倍体　89,92
飼育　130,139
シカ科　33,180
自然史研究　244
自然生態系　115
指標線虫　120
姉妹種の共存　97
島ブタ　157
シマリス属　204
12S rRNA　204
収斂進化　197,198
16S rRNA　204
種間交雑　89
宿主-寄生体関係　111
主成分分析　187
シュミット線　4
縄文　130
　　縄文時代　249
　　縄文人　134
照葉樹　218
　　照葉樹林　223
ジリス属　204
シルクロード　182
新疆　178
　　新疆産アカシカ　179

索　引　285

仁形成部位　208
針状軟骨　196,197
生活史　117
制限酵素断片長多型　18,109
生物学的制御　124
生物群集　15
生物多様性科学　243
生物地理学　32,46,94
絶滅　116
　　　絶滅危惧亜種　190
　　　絶滅種　248
尖閣諸島　86,88
線形動物　111
染色体　206,208
線虫　111
蠕虫　111
旋毛虫　111
創始者効果　84
宗谷海峡　6,56
続縄文時代　156

【タ行】
第三紀起源　104
第三後臼歯　134
大東諸島　88〜90,92
大洋島　220
第四紀　108,180
大陸
　　　大陸移動　181
　　　大陸棚　86
　　　大陸島　221
タイワンリス　113
多系統　203
多重交雑　92
多変量解析法　81
タリム盆地　179
単為生殖　89
単系統　203〜205
チトクロム b 遺伝子　18,70,146,204,205
中央アジア　178

中期更新世後期　152
聴覚斑　228
朝鮮海峡　5
地理的
　　　地理的クライン　139,246
　　　地理的形質傾斜　212
　　　地理的勾配　145
　　　地理的パターン　81,83,84
　　　地理的分断　96
　　　地理的変異　34,46,185
津軽海峡　5,30,46,121,138
ツキノワグマ　45
対馬海峡　5
敦賀 - 尾張線　72
適応　141
　　　適応放散　161
天山山脈　185
頭蓋形態　187
島嶼化現象　35
動物
　　　動物遺存体　248
　　　動物境界線　40
　　　動物考古学　129
　　　動物地理疫学　124
　　　動物地理学　243
東洋区　1,77,78
トカラ海峡　78,79,81〜83,85
トカラギャップ　63
トガリネズミ　16
突然変異　92
ドブネズミ　115

【ナ行】
南西諸島　73
二次狭窄　208
二次的接触　106
二次的な種　116
ニッチ
　　　ニッチの転換　96
　　　ニッチの分化　99
2倍体　89,92

286　索　　引

ニホンイノシシ　144
日本固有種　102
ニホンジカ　33
ヌートリア　111
ネズミ亜科　117
年齢推定　132

【ハ行】
ハタネズミ亜科　116
蜂須賀線　76,78
ハツカネズミ(類)　94,115
八田線　1,132
ハネオモモンガ属　200,204,205
歯の萌出　132
ハプロタイプ　37
比較生物学　243
ヒグマ　45
　　北米大陸のヒグマ　53
　　ヨーロッパのヒグマ　51
ピグミーウロコオリス属　195
避難所　58
ヒミズ亜科　161
ヒメネズミ　113
病原生物拡散の予測　124
ヒヨケザル科　197
ヒヨケザル属　197
びん首効果　84
フィリピンヒヨケザル　197
フィルター・ブリッジ効果　123
フクロムササビ　197
　　フクロムササビ属　200
フクロモモンガ　197
　　フクロモモンガ属　200
父系遺伝子　252
付随体　208
ブラキストン線　1,39,46,121,132
プレーリードッグ属　204
分化　81
分岐年代　39,50,70,246
分散　81
分子系統　179

分子系統樹　36
　　分子系統地理学　46
分子情報　3
分子進化　33
分子時計　11,39,70,101,246
分断　81,82
平行進化　198
ヘリグロヒメトカゲ　81
ベーリング
　　ベーリング海峡　56
　　ベーリング陸橋　53,122,185
ベルクマンの規則　45,189
変異　136
扁形動物　111
北米大陸のヒグマ　53
母系遺伝　42,49
北海道　130
　　北海道石狩低地帯線　4
　　北海道ヒグマ集団の三重構造　49
ホッキョクグマ　45,57
ボトルネック効果　191
哺乳類固有種　58
本質的な種　116
本州
　　本州南海岸線　4
　　本州陸塊　121

【マ行】
マイクロサテライトDNA　43
間宮海峡　6
マーモット属　204
マレーヒヨケザル　197
マンモス　248
ミゾバムササビ属　200
南先島諸島線　76
ミナミヤモリ　82
三宅線　1
宮部線　4
ムササビ亜科　196
ムササビ属　199,200,203〜205,208
モグラ亜科　161

模式標本　　215, 218
戻し交雑　　89
モモンガ属　　200, 203〜205

【ヤ行】
野生動物医学　　125
ヤマネ科　　201
ヤマネ属　　202
弥生
　　弥生時代　　153
　　弥生ブタ　　153
有尾目　　64
洋上分散　　84, 86
幼虫移行症　　114
与那国海峡　　76
ヨーロッパのヒグマ　　51

【ラ行】
リス科　　196
リス属　　204
陸橋　　50, 83, 86, 87
　　陸橋形成　　108
　　ベーリング陸橋　　53, 122, 185
リュウキュウイノシシ　　144
琉球弧　　146
両生類　　63
類線形動物　　111
礼文華貝塚　　138

【ワ行】
渡瀬線　　1, 63, 78

【A】
Albanensia 属　　202
Aliveria 属　　202

【B】
Blackia 属　　202, 205

【C】
c-myc　　205

Cervus nippon　　33
CF コウモリ　　227

【D】
Dominant Frequency (DF)　　227
Driesch　　137

【E】
Ea 抗原　　145

【F】
Fasciola sp. 1　　112
FM コウモリ　　227
Forsythia 属　　202

【G】
Ga 抗原　　145

【I】
IRBP　　204

【L】
LSI　　137

【M】
Mammuthus primigenius　　248
Miopetaurista 属　　202
MP 樹　　148
mtDNA　　36, 68, 130, 143, 204, 205
　　mtDNA 調節領域　　146

【N】
Nested clade 法　　153
NJ 樹　　148

【O】
Oligopetes 属　　202, 205

【P】
phylogeograpy　　16
Pliopetaurista 属　　202

【R】
RAG1　205
refugia　58
rRNA 遺伝子　208

【S】
Sus
　Sus scrofa　129

Sus scrofa leucomystax　144
Sus scrofa riukiuanus　144

【U】
Ursus
　Ursus arctos　45
　Ursus maritimus　45
　Ursus thibetanus　45

著者紹介

浅川　満彦(あさかわ　みつひこ)
　　1959年生まれ
　　2001年　英国王立獣医大学大学院野生動物医学修士課程修了
　　現　在　酪農学園大学獣医学部教授　博士(獣医学)

阿部　永(あべ　ひさし)
　　別　記

石黒　直隆(いしぐろ　なおたか)
　　1952年生まれ
　　1976年　帯広畜産大学畜産学部獣医学科卒業
　　現　在　岐阜大学応用生物科学部教授　獣医学博士

太田　英利(おおた　ひでとし)
　　1959年生まれ
　　1988年　京都大学大学院理学研究科博士課程中退
　　現　在　兵庫県立大学自然・環境科学研究所教授　博士(理学)

大舘　智氏(智志)(おおだち　さとし)
　　1963年生まれ
　　1995年　北海道大学大学院理学研究科博士課程修了
　　現　在　北海道大学低温科学研究所助教　博士(理学)

押田　龍夫(おしだ　たつお)
　　1962年生まれ
　　1997年　北海道大学大学院理学研究科博士課程単位取得退学
　　現　在　帯広畜産大学畜産生命科学研究部門准教授　博士(理学)

鈴木　仁(すずき　ひとし)
　　1956年生まれ
　　1985年　神戸大学大学院自然科学研究科博士課程修了
　　現　在　北海道大学地球環境科学研究院准教授　博士(学術)

高橋　理(たかはし　おさむ)
　　1958年生まれ
　　1988年　東北大学大学院文学研究科博士課程単位取得中退
　　現　在　千歳市埋蔵文化財センター文化財調査係

永田　純子(ながた　じゅんこ)
　　1969年生まれ
　　1997年　北海道大学大学院地球環境科学研究科博士課程修了
　　現　在　森林総合研究所主任研究員　博士(地球環境科学)

前田喜四雄(まえだ　きしお)
　　1944年生まれ
　　1972年　北海道大学大学院農学研究科博士課程単位取得退学
　　現　在　奈良教育大学名誉教授　農学博士

増田　隆一(ますだ　りゅういち)
　　別　記

松井　正文(まつい　まさふみ)
　　1950年生まれ
　　1975年　京都大学大学院理学研究科博士課程中退
　　現　在　京都大学大学院人間・環境学研究科教授　理学博士(京大)

松村　澄子(まつむら　すみこ)
　　1947年生まれ
　　1976年　九州大学大学院農学研究科博士課程修了
　　現　在　山口大学大学院理工学研究科准教授　理学博士

馬合木提　哈力克(マハムト　ハリク)
　　1959年生まれ
　　2002年　北海道大学大学院獣医学研究科博士課程修了
　　現　在　中国新疆大学生命科学与技術学院教授　博士(獣医学)

渡部　琢磨(わたのべ　たくま)
　　1970年生まれ
　　2001年　岩手大学大学院連合農学研究科博士課程修了
　　現　在　シグマアルドリッチジャパン株式会社ライセンス事業部　博士(農学)

増田　隆一（ますだ　りゅういち）
1960年岐阜県関市生まれ
1989年　北海道大学大学院理学研究科博士課程修了
現　在　北海道大学大学院理学研究院准教授
　　　　理学博士
主　著　動物の自然史（分担執筆，北大図書刊行会），保全遺伝学（分担執筆，東京大学出版会），環境保全・創出のための生態工学（分担執筆，丸善），琉球弧の成立と生物の渡来（分担執筆，沖縄タイムス），希少猛禽類保護の現状と新しい調査法（分担執筆，技術情報協会），The LEC Rat（分担執筆，Springer-Verlag）など

阿部　永（あべ　ひさし）
1933年徳島県吉野川市生まれ
1961年　北海道大学大学院農学研究科博士課程修了
　　　　元北海道大学農学部教授　農学博士
主　著　現代の哺乳類学（分担執筆，朝倉書店），生態学からみた北海道（共編，北大図書刊行会），日本の哺乳類（監修，東海大学出版会），食虫類の自然史（共編，比婆科学教育振興会），日本産哺乳類頭骨図説（北大図書刊行会）など

動物地理の自然史――分布と多様性の進化学――
2005年5月25日　第1刷発行
2011年3月10日　第3刷発行

　　　　編著者　増田隆一・阿部　永
　　　　発行者　吉田克己

　　　発行所　北海道大学出版会
　　　札幌市北区北9条西8丁目　北海道大学構内（〒060-0809）
　　　Tel. 011(747)2308・Fax. 011(736)8605・http://www.hup.gr.jp/

アイワード　　　　　　　　　　　　© 2005　増田隆一・阿部　永

ISBN 978-4-8329-8101-0

動物の自然史 —現代分類学の多様な展開—	馬渡峻輔編著	A5・288頁 価格3000円
絶滅した日本のオオカミ —その歴史と生態学—	B.ウォーカー著 浜　健二訳	A5・356頁 価格5000円
ヒグマ学入門 —自然史・文化・現代社会—	天野哲也 増田隆一編著 間野　勉	A5・294頁 価格2800円
増補版 日本産哺乳類頭骨図説	阿部　永著	B5・290頁 価格9000円
骨格標本作製法	八谷　昇著 大泰司紀之	B5変型・146頁 価格8000円
ニホンカモシカの解剖図説	杉村　誠著 鈴木　義孝	B4変型・90頁 価格14000円
反芻類家畜の解剖図説	杉村　誠 山下　忠幸著 阿部　光雄	B5・128頁 価格4500円
エゾシカの保全と管理	梶　光一 宮木雅美編著 宇野裕之	B5・266頁 価格4500円
野生動物の交通事故対策 —エコロード事始め—	大泰司紀之 井部真理子編著 増田　泰	B5・210頁 価格6000円
知床の動物 —原生的自然環境下の脊椎動物群集とその保護—	大泰司紀之編著 中川　元	B5・420頁 価格12000円
カラスの自然史 —系統から遊び行動まで—	樋口広芳編著 黒沢令子	A5・306頁 価格3000円
鳥の自然史 —空間分布をめぐって—	樋口広芳編著 黒沢令子	A5・270頁 価格3000円
淡水魚類地理の自然史 —多様性と分化をめぐって—	渡辺勝敏編著 髙橋　洋	A5・298頁 価格3000円
魚の自然史 —水中の進化学—	松浦啓一編著 宮　正樹	A5・248頁 価格3000円
稚魚の自然史 —千変万化の魚類学—	千田哲資 南　卓志編著 木下　泉	A5・318頁 価格3000円
トゲウオの自然史 —多様性の謎とその保全—	後藤　晃編著 森　誠一	A5・294頁 価格3000円
蝶の自然史 —行動と生態の進化学—	大崎直太編著	A5・286頁 価格3000円

北海道大学出版会

価格は税別